"芯"质生态环境卫士的学缘传创培养模式
——理论分析与实践探索

黄凤莲　钟云华　著

化学工业出版社

·北京·

内容简介

本书聚焦"芯"质生态环境卫士的学缘传创培养模式，通过系统的理论分析与丰富的实践探索，构建了四圈联动的培养体系，并结合典型案例对其有效性进行了充分验证。学缘传创模式以"情怀、知识、技术、资本"四维素养为核心，突破了传统环保教育的单一技术导向，将学科传承与创新转化深度融合，实现了人才培养的系统性与协同性。在实践层面，通过校企协同、校地合作等路径，有效提升了学生的创新创业能力与社会责任感。通过这一模式，长沙环境保护职业技术学院在人才培养、科学研究、社会服务和文化传承方面均取得了显著成效。

本书适合教育工作者、环保行业从业者、创新创业研究者以及关注生态文明建设的读者阅读，旨在为创新创业人才培养提供理论指导与实践参考，推动生态文明建设与可持续发展。

图书在版编目（CIP）数据

"芯"质生态环境卫士的学缘传创培养模式 ：理论分析与实践探索 / 黄凤莲，钟云华著. — 北京 ：化学工业出版社，2025. 6. — ISBN 978-7-122-48130-6

Ⅰ. X-40

中国国家版本馆 CIP 数据核字第 2025RX1283 号

责任编辑：周家羽　王文峡　　　　　装帧设计：刘丽华
责任校对：边　涛

出版发行：化学工业出版社
　　　　　（北京市东城区青年湖南街 13 号　邮政编码 100011）
印　　装：北京天宇星印刷厂
787mm×1092mm　1/16　印张 10¼　字数 257 千字
2025 年 9 月北京第 1 版第 1 次印刷

购书咨询：010-64518888　　　　售后服务：010-64518899
网　　址：http://www.cip.com.cn
凡购买本书，如有缺损质量问题，本社销售中心负责调换。

定　　价：68.00 元

湖南省高校思想政治工作重大攻关项目——
"高校全方位育人工作研究"研究成果

"芯"质生态环境卫士的学缘传创培养模式——理论分析与实践探索

序

　　站在新时代生态文明建设与职业教育高质量发展的交汇点上，培养兼具技术硬实力与生态软实力的"芯"质生态环境卫士，是服务国家"双碳"目标、实现绿色发展的关键支撑。《"芯"质生态环境卫士的学缘传创培养模式——理论分析与实践探索》专著的出版恰逢其时，为职业教育改革与环保人才培养提供了兼具理论深度与实践价值的创新方案。作为职业教育领域的躬行者与推动者，我深感此书的重要意义，并欣然为之作序。

　　1. 扎根国家战略，锚定育人使命

　　党的二十大报告明确提出"推动绿色发展，促进人与自然和谐共生"，教育部亦将"绿色技能"纳入职业教育重点发展领域。该书紧扣生态文明建设需求，以"'芯'质生态环境卫士"为培养目标，立足"学缘传创"这一核心范式，系统阐释学科传承与创新转化的互动关系，为破解环保领域"技术迭代滞后、人才素养单一"的痛点提供了理论框架。书中通过"结构范畴—耦合机制—实践路径"的逻辑链条（第二章），揭示了环保人才"技艺道一体"的成长规律，既彰显职业教育服务国家战略的使命担当，又为产教融合提供了方法论支撑。

　　2. 创新四圈路径，贯通知行合一

　　职业教育的生命力在于实践赋能。该书独创"故事圈—过程圈—平台圈—支持圈"四维行动模型（第三章），从情怀浸润、知识积累、技术锤炼到资本整合，形成了闭环培养体系。其中，"故事圈"以学科史与生态文化厚植家国情怀；"过程圈"通过课程重构与项目化教学夯实创新能力；"平台圈"依托校企实验室、双创孵化器提升技术转化能力；"支持圈"则整合政策、资本与社会资源，构建可持续发展生态。这一模式突破传统"知识灌输"局限，实现"价值引领、能力进阶、资源协同"的深度融合，为职业教育"三全育人"提供新范式。

　　3. 凝练中国经验，彰显实践伟力

　　该书通过几大典型个案（第四章），生动呈现"情怀、知识、技术、资本"四维素养在人才培养中的实践成效。无论是学子扎根边疆治理生态的报国故事，还是团队研发"生态智策"系统服务长江大保护的创新实践，均印证了学缘传创模式的可复制性。更值得关注的是，第五章通过"学子报国、创新引领、惠泽民生、文化传承"四重成效评估体系，以定量数据与质性案例结合的方式，系统验证了该模式在人才素养提升、技术成果转化、社会服务增效与文化传承创新中的显著作用，为职业教育质量评价提供了多维参照。

　　4. 筑牢保障机制，激活协同生态

　　环保人才培养须多元主体共治共育。该书创新提出"四位一体"保障机制（第六章）：政校企协同的共管机制，破解资源壁垒；工学评联动的共育机制，衔接教学与产业需求；技艺道融合的共长机制，实现技术能力与生态伦理的统一；家校社联动的共生机制，构建可持续发展生态。这些机制既呼应了教育部"产教融合型企业""现代产业学院"建设导向，也为职业教育治理体系改革提供了实操方案。

当前，全球环境治理亟需兼具技术创新能力与生态文明情怀的复合型人才。该书立足中国实践，将"技术硬核"与"生态人文"深度融合，既体现了职业教育"立德树人"的根本任务，也为全球可持续发展贡献了"中国经验"。期待这一模式能推动更多院校、企业和社会力量共建环保育人生态，书写职业教育赋能绿色发展的时代篇章！

周建松

2025 年 1 月于长沙

前言

在全球环境治理与绿色经济转型的背景下，本书聚焦"双碳"目标下环保人才的核心需求，针对传统环保教育中可能出现的学科壁垒森严、产教协同浅层化、创新能力断层、价值引领缺位等问题，提出"学缘传创"培养模式。书中的研究基于教育生态学、技术创新扩散理论、三全育人理念，构建"理论分析—路径设计—实践验证—机制保障"四位一体的研究框架，旨在为高等职业院校培养兼具"生态情怀力、技术创新力、跨界协同力、资本整合力"的复合型"芯"质生态环境卫士提供系统性解决方案。

在理论创新层面，本书突破传统"技术本位"的单维视角，首次界定"芯"质生态环境卫士的"四维素养"结构，并揭示"学缘传创"模式的双螺旋耦合机制。从学科传承和创新转化两个维度，进一步论证"院校—产业—社会"系统的"资源共生、信息互联、价值共创"关系，为产教深度融合奠定学理基础。

在实践路径层面，本书通过设计"四圈协同"育人模型，形成闭环行动体系。其中，故事圈厚植情怀，通过环保学科史叙事、生态危机案例、工匠精神传承，构建"时空双维"价值观浸润体系；过程圈赋能创新，开发"问题链—项目群—成果包"进阶式课程，将污水提质增效、固废资源化等真实课题转化为教学项目；平台圈整合资源，搭建校企联合实验室、环保创客空间等载体，形成"技术研发—中试推广—社会服务"一体化链条；支持圈激活生态，通过政策引导、校友反哺、社会众筹等机制，构建"政产学研金"协同支持系统。

在创新价值层面，本书通过构建"学术共同体—产业创新链—社会价值网"交互模型，提出"四圈层—四保障"全链条实施方案，通过政校企共管、工学评联动、技艺道融合、家校社协同机制，破解产教"合而不融"、创新"散而不聚"的难题。从生态哲学高度，倡导"教育赋能生态治理、生态反哺教育创新"的共生范式，为联合国可持续发展目标（SDGs）贡献中国职教智慧。

研究表明，环保人才培养需要超越工具理性逻辑，通过"学缘传创"实现"技艺淬炼、价值形塑、生态共建"的深度融合，为职业教育改革与生态文明建设提供兼具理论深度与实践张力的中国方案。

著者

2025 年 1 月于长沙

目录

第一章
绪　论

当今时代，全球生态系统正面临前所未有的严峻挑战，气候变化、生态退化与环境污染等问题相互交织，严重威胁着人类社会的可持续发展。与此同时，我国作为全球生态文明建设的重要参与者与推动者，正坚定不移地推进绿色转型，积极践行"双碳"目标，力求在经济发展与环境保护之间寻得平衡。在此宏大背景下，环保领域对专业人才的需求呈现出爆发式增长，且对人才的综合素质提出了更高要求，不仅需要具备精湛的专业技术，更要有创新思维、跨学科知识以及强烈的社会责任感。然而，审视当前的环保教育现状，发现传统培养模式在学科壁垒、产教融合以及创新能力培育等方面的局限性日益凸显，其已难以满足新时代对复合型、创新型环保人才的迫切需求。因此，探索一种全新的、更具适应性与前瞻性的环保人才培育范式迫在眉睫。本书正是基于对这一时代命题的深刻洞察与积极回应而展开研究，旨在为我国乃至全球的环保人才培养与职业教育改革提供切实可行的理论依据与实践指导。

第一节　研究背景

一、全球生态危机倒逼环保范式升级

（一）环境问题与治理困境

在全球生态环境形势日趋严峻的当下，气候变化、资源枯竭以及环境污染等问题相互交织，犹如一张紧密的大网，对人类社会的可持续发展构成了全方位、深层次的威胁。

从气候变化角度来看，联合国政府间气候变化专门委员会（IPCC）第六次评估报告明确指出，自工业化时代以来，全球平均气温已上升约 1.1℃。这一升温幅度引发了一系列连锁反应，如冰川加速融化，格陵兰岛和南极冰盖的融化速度在过去几十年里大幅加快。仅在2020年，格陵兰冰盖就损失了约 2200 亿吨冰，这使得全球海平面每年上升约 0.6mm。而海平面上升对岛国和沿海地区的威胁极为严重，像马尔代夫、图瓦卢等岛国，部分领土正面临被海水淹没的危险，居民的生存空间正不断被压缩。同时，极端气候事件愈发频繁，暴雨、干旱、高温热浪等灾害的强度和发生频率显著增加。2021 年，美国西部地区遭遇了历史罕见的特大干旱，导致水资源严重短缺，农业生产遭受重创，农作物大面积减产。据统

计，这场干旱造成的经济损失高达数十亿美元。

资源枯竭问题也不容小觑。随着全球人口的持续增长和经济的快速发展，对各类自然资源的需求急剧攀升。以水资源为例，根据联合国教科文组织代表联合国水机制发布的《2025年联合国世界水发展报告》警告称，气候变化、生物多样性丧失和不可持续活动正迅速改变被称为"天然水塔"的山区环境，威胁人类和无数生态系统所需的水资源。森林资源同样面临危机，根据联合国森林资源评估与联合国粮农组织的各项数据，全球每年约有1000万公顷的森林被砍伐。这不仅破坏了生物栖息地，加剧了水土流失，还削弱了森林对二氧化碳的吸收能力，进一步推动了气候变化。此外，矿产资源的过度开采也引发了诸多问题。例如，一些稀有金属矿的过度开采，导致资源储量迅速减少，影响了相关产业的可持续发展，同时开采过程中产生的废渣、废水等对周边环境造成了严重污染。

环境污染问题在全球范围内也日益突出。世界卫生组织（WHO）的统计显示，全球约90%的人口呼吸着不健康的空气，空气中的污染物如细颗粒物（$PM_{2.5}$）、二氧化硫、氮氧化物等严重超标。在一些发展中国家的大城市，如印度的德里，雾霾天气频繁出现，空气中的$PM_{2.5}$浓度长期处于极高水平，严重影响居民的身体健康，导致呼吸系统疾病、心血管疾病等发病率大幅上升。全球水污染问题也日益突出，工业废水、生活污水未经有效处理直接排放，导致许多河流、湖泊和海洋受到污染。例如，我国的太湖曾因蓝藻暴发引发严重的水污染事件，大量鱼类死亡，周边居民的生活用水受到严重影响。全球土壤污染问题也不容忽视，农药、化肥的过度使用以及工业废物的不合理处置，导致土壤质量下降，影响农作物的生长和食品安全。

面对如此严峻的生态危机，传统环保治理模式的局限性愈发凸显。传统环保治理模式多以末端治理为主，侧重于在污染产生后进行处理。经济合作与发展组织（OECD）统计的数据表明，末端治理在环保投入中占比超过60%。然而，这种模式存在诸多弊端。首先，末端治理往往是事后补救，无法从根本上减少污染物的产生。许多企业为追求经济效益，在生产过程中依旧过度消耗资源、大量排放污染物，后续治理成本高昂且效果不佳。例如，一些化工企业虽然建设了污水处理设施，但由于生产工艺落后，污水产生量大且成分复杂，处理后的水质难以稳定达标。其次，末端治理缺乏对整个生态系统的综合考量。它往往只关注单一污染物的处理，而忽视了不同污染物之间的相互作用以及对生态系统的整体影响。例如，在处理工业废气时，只注重减少二氧化硫等主要污染物的排放，而忽略了对挥发性有机物（VOCs）等其他污染物的控制，导致二次污染问题时有发生。此外，末端治理模式还容易造成资源的浪费，因为它没有充分考虑资源的循环利用和废弃物的减量化。

面对日益严峻的生态危机，全球亟需转向"源头减量—过程控制—循环再生"的全生命周期治理模式，以实现从被动治理到主动预防的范式升级。在源头减量方面，企业应积极采用清洁生产技术，从原材料选择、生产工艺设计等环节入手，减少资源消耗和污染物产生。例如，一些汽车制造企业采用轻量化材料和先进的制造工艺，不仅降低了汽车的重量，减少了钢材等原材料的使用，还提高了汽车的燃油效率，降低了尾气排放。在过程控制方面，借助物联网、大数据、人工智能等先进技术，对生产过程中的能源消耗、污染排放等指标进行实时监测和精准调控。例如，一些大型化工企业通过建立智能化生产管理系统，能够实时掌握生产设备的运行状态，及时调整生产参数，优化生产流程，从而实现节能减排的目标。循环再生则强调资源的循环利用，通过建立完善的垃圾分类回收体系和资源循环利用产业，将废弃塑料、金属、纸张等回收再利用，既减少了对原生资源的依赖，又降低了垃圾填埋和焚烧带来的环境压力。例如，一些发达国家建立了高效的塑料回收利用体系，将废弃塑料回收后经过加工处理，制成新的塑料制品或其他工业原料，实现了资源的循环利用。

然而，实现这种治理模式的转变并非易事，它不仅需要在技术创新方面取得重大突破，研发出更加高效的污染治理技术、资源回收利用技术等，还需要政策、社会和经济体系的全面协同。在政策层面，政府应制定更加严格且具有前瞻性的环保法规和产业政策，对企业的环保行为进行规范和引导。例如，通过税收优惠、财政补贴等政策手段，鼓励企业采用环保新技术、新工艺，对环保不达标的企业加大处罚力度。在社会层面，要加强环保宣传教育，提高公众的环保意识和参与度，形成全社会共同关注和参与环保的良好氛围。例如，通过开展环保公益活动、环保知识科普讲座等形式，引导公众养成绿色消费、低碳生活的习惯。在经济体系方面，构建绿色金融体系，为环保企业和项目提供充足的资金支持，推动绿色产业发展壮大。例如，设立绿色发展基金、发行绿色债券等，吸引社会资本投入到环保领域。

在这一过程中，创新创业精神发挥着关键作用。环保领域的创业者们敏锐捕捉到全生命周期治理模式带来的机遇，积极投身于环保技术研发、环保服务提供等领域。一些初创企业专注于研发新型的资源回收利用技术，通过创新的工艺流程，提高资源回收效率，降低成本，并在市场上崭露头角。例如，有企业研发出一种新型的废旧电池回收技术，能够高效提取电池中的稀有金属，实现资源的循环利用，同时减少了废旧电池对环境的污染。还有创业者通过搭建环保电商平台，整合环保产品资源，为消费者提供便捷的绿色购物渠道，推动绿色消费市场的发展。

综上所述，全球生态危机的深化已对人类社会的可持续发展构成了严重威胁，传统环保治理模式的失效使得寻求新的治理模式迫在眉睫。"源头减量—过程控制—循环再生"的全生命周期治理模式为解决生态危机提供了新的思路，但实现这一模式的转变需要全社会的共同努力。在此背景下，深入研究"芯"质生态环境卫士的学缘传创培育范式，培养具有创新思维、跨学科知识和实践能力的环保专业人才，对于推动全球生态环境改善、实现可持续发展具有重要的现实意义。

（二）全球协同治理的人才需求

随着全球生态危机的深化，环境问题已跨越国界，成为全人类共同面临的挑战。从北极冰川融化导致海平面上升威胁岛国生存（如图瓦卢等国家计划举国搬迁），到跨境河流污染（如多瑙河因多国工业废水排放，造成水质恶化，影响流域内多个国家的用水安全），诸多环境问题的解决绝非单个国家之力可及，而是迫切需要全球协同治理。这一复杂且庞大的治理体系的构建与高效运转，对专业人才有着全方位、多层次的迫切需求。

在应对气候变化领域，各国正积极推动碳减排目标的实现。《巴黎协定》为全球各国设定了将全球平均气温升幅控制在工业化前水平以上低于 2℃ 之内，并努力将气温升幅限制在工业化前水平以上 1.5℃ 之内的目标。要达成这一目标，相关人才不仅要精通气候科学原理，准确把握全球气候变化的趋势和影响，还要深入了解各国碳交易政策、碳排放核算体系等知识。例如，在欧盟碳排放交易体系（EU ETS）中，专业人才需要精准评估不同企业的碳排放配额，协助企业制定合理的减排策略，如通过技术升级、优化生产流程等方式降低碳排放。同时，在跨国合作项目中，专业人才能够与不同国家的团队就碳减排技术、资金支持等事宜进行有效沟通与协作。据中国石油和化学工业联合会公布的数据显示，"十四五"期间，我国"双碳"人才需求量在 55 万人至 100 万人。未来 5 年至 10 年，我国"双碳"人才需求将会持续增长。

在生物多样性保护方面，全球珍稀物种灭绝速度不断加快，世界自然保护联盟（IUCN）红色名录显示，大量珍稀动植物面临生存危机，如穿山甲因非法捕猎和栖息地破坏，种群数量急剧减少。这需要具备生物学、生态学、保护地管理等多学科知识的复合型人才进行相关保护工作。他们要能够深入野外开展物种调查，运用先进的生态监测技术，如无人机监测、DNA 条形码技术等，分析生物多样性变化趋势，制定科学的保护规划，并在国际层面协调各国保护行动。以"一带一路"倡议中的生态保护合作为例，"一带一路"共建国家生态系统丰富多样，在开展基础设施建设的同时，需要专业人才依据各国国情和生态特点，制定并实施生物多样性保护方案，确保项目建设不对当地生态环境造成不可逆的破坏。如在中老铁路建设过程中，专业团队通过设置野生动物通道、开展生态修复等措施，保护了当地的生物多样性。这类人才既要熟悉《生物多样性公约》等国际生物多样性保护公约，又要具备跨文化交流能力，以推动与各国在生物多样性保护领域的协同合作。

海洋环境保护同样离不开专业人才的支撑。海洋垃圾泛滥、过度捕捞，海洋生态系统退化等问题日益严重。据联合国环境规划署（UNEP）报告，每年约有 800 万吨塑料垃圾流入海洋，全球海洋治理迫在眉睫。海洋环境专业人才需要掌握海洋学、海洋化学、海洋生物学等专业知识，能够运用先进的监测技术，如卫星遥感监测、海洋浮标监测等，对海洋环境进行实时监测与评估。在国际海洋治理合作项目中，如国际海事组织主导的海洋污染防治项目，专业人才要能够参与制定和执行全球性的海洋环保标准，协助各国建立海洋垃圾清理机制，推动海洋资源的可持续利用。据联合国教科文组织（UNESCO）统计，目前全球海洋环保领域专业人才数量仅能满足实际需求的 30% 左右，人才短缺问题严重制约了海洋协同治理的进程。

全球协同治理还需要人才具备卓越的跨文化沟通能力和国际合作协调能力。在国际环保会议、联合科研项目以及跨国环保组织的协作中，来自不同国家和文化背景的人员需要高效交流，共同制定并执行环保政策。例如，在联合国气候变化大会上，各国代表就减排目标、资金援助、技术共享等问题进行谈判，这需要专业人才担任沟通协调角色，确保各方能够充分理解彼此诉求，达成共识。这类人才不仅要精通外语，还要深入了解不同国家的文化习俗、政策法规，以便在复杂的国际环境中搭建起沟通的桥梁，推动全球环保事业的协同发展。在一些跨国环保非政府组织，如绿色和平组织的国际行动中，具备跨文化沟通能力的人才能够有效协调不同国家志愿者的行动，共同开展环保抗议、监测等活动。

在全球协同治理的大背景下，创新创业人才的需求也日益凸显。创业者们能够敏锐发现全球环保市场的空白点，开展跨境环保项目。比如，有创业者组建国际团队，开发针对全球海洋垃圾治理的创新解决方案，通过设计可移动的海洋垃圾清理设备，结合卫星定位与物联网技术，实现对海洋垃圾的精准定位与高效清理，并在多个国家的海域推广应用。还有创业者搭建国际环保技术交易平台，促进各国环保技术的交流与合作，加速先进环保技术在全球范围内的转移与应用。

综上所述，全球协同治理在应对生态危机的征程中，对具有多学科知识背景、跨文化交流能力以及国际合作经验的复合型人才有着巨大的需求。培养这类"芯"质生态环境卫士，培育创新的学缘传创培育范式，已成为推动全球生态环境改善、实现可持续发展的关键所在。

二、中国生态文明战略的实践诉求

（一）政策目标的刚性约束

我国作为全球最大的碳排放国，碳排放量约占全球的 29%（国际能源署 2019 年数据），在全球气候治理进程中扮演着举足轻重的角色。实现"双碳"目标，即二氧化碳排放力争于2030 年前达到峰值，努力争取 2060 年前实现碳中和，对我国而言，面临着巨大的技术挑战。为达成"碳中和"目标，依据相关研究预测，我国须每年减少 7%~9% 的碳排放强度。这一目标的实现绝非易事，不仅依赖于清洁能源技术的突破，如高效太阳能光伏转化技术、先进的风力发电技术等，还亟需百万级"绿领"人才的储备。"绿领"人才涵盖了从能源技术研发、环境政策制定到生态产业运营等多个领域，是推动绿色发展的核心力量。

然而，据报道，2025年生态环境工程类投资占比预计下降至30%以下。此外，技术转化效能不足，高端设备国产化率仍低于50%。这一现状制约了我国绿色转型的进程。例如，膜材料技术在污水处理、海水淡化等环保领域应用广泛，但国内在高性能膜材料的研发与生产上，与国际先进水平仍存在差距，部分高端膜材料仍依赖进口。又如，精准的碳监测是实现碳排放有效管理的基础，而国内在高灵敏度、高稳定性的碳监测传感器研发制造方面，面临"卡脖子"困境，难以满足日益增长的碳排放监测需求。这些关键技术的缺失，使得我国在绿色产业发展、环境治理效率提升等方面受到一定阻碍。

为应对这些挑战，政府出台了一系列政策措施。《中共中央 国务院关于完整准确全面贯彻新发展理念做好碳达峰碳中和工作的意见》明确提出，要强化基础研究和前沿技术布局，采用"揭榜挂帅"机制，开展低碳零碳负碳和储能新材料、新技术、新装备攻关。"揭榜挂帅"机制打破了传统科研项目立项的模式，以实际需求为导向，面向全球广发"英雄帖"，吸引各方科研力量攻克关键技术难题。例如，在储能技术方面，通过这一机制，吸引了众多高校、科研机构以及企业的研发团队参与，推动了新型储能电池技术的快速发展。此外，国家还通过财政、税收等手段，引导金融机构加大对绿色低碳技术研发的支持力度。如设立绿色发展基金，对符合条件的绿色低碳技术研发项目给予资金支持；实施税收优惠政策，对从事绿色技术研发的企业减免相关税费，降低企业研发成本。

在人才培养方面，各大高校纷纷开设与绿色发展相关的专业，如新能源科学与工程、环境科学与工程等专业，不断优化课程设置，加强实践教学环节，以培养适应绿色发展需求的专业人才。但目前人才培养的速度与规模，仍难以满足快速增长的市场需求。据相关机构预测，未来十年，仅在清洁能源技术研发、绿色建筑设计、环境监测与治理等领域，人才缺口就将达到数百万之巨。

这表明，我国在实现"双碳"目标的过程中，必须加快技术创新步伐，提升环保装备的国产化水平，突破关键技术瓶颈。同时，加大人才培养力度，创新人才培养模式，如加强产学研合作，让高校、科研机构与企业紧密结合，共同培养实用型"绿领"人才，以满足绿色发展的刚性需求。只有这样，才能确保我国在生态文明建设的道路上稳步前行，实现经济发展与生态环境保护的双赢。

（二）社会治理的深层需求

在生态文明建设的进程中，公众参与是实现可持续发展的重要基础。然而，2022年《中国公众环保行为调查报告》显示，生态环境部环境与经济政策研究中心2023年发布的《公民生态环境行为调查报告（2022）》显示，我国公众具备较强的环境行为意愿，但在不同领域实际行为表现存在差异。例如，在"践行绿色消费""参加环保实践"等方面行为表现一般。在"分类投放垃圾"领域仅38%的公众能够常态化践行垃圾分类，这一数据直观地反映出环保行动力与科学认知之间存在的鸿沟。深入剖析，一方面，公众对垃圾分类的标准和意义虽有一定了解，但在实际操作中，由于缺乏清晰的引导和便捷的分类设施，执行困难。例如，部分社区垃圾桶标识不明确，干湿垃圾混装现象普遍；另一方面，长期以来形成的生活习惯难以短期内改变，公众对环保行为的重要性认识不足，缺乏内在动力。这种现状凸显了公众环保意识和行动能力的不足，反映出社会治理在环保领域的薄弱环节。

与此同时，我国还肩负着将传统生态智慧融入现代环保教育、构建本土化话语体系的文化使命。我国传统生态智慧蕴含着丰富的生态哲学思想。如"天人合一"理念强调人与自然和谐共生，倡导人类尊重自然规律，不肆意破坏自然平衡；"取用有节"则提醒人们在利用自然资源时要适度，避免过度开发。云南哈尼族的梯田文化，就充分体现了"天人合一"的思想。哈尼族人依据当地的地形、气候和水资源条件，修筑梯田，种植水稻，形成了一套人与自然和谐共生的生态农业系统。梯田不仅为哈尼族人提供了生存保障，还保护了当地的生态环境，维护了生物多样性。将这些传统智慧与现代环保理念相结合，有助于提升公众的生态意识，为生态文明建设提供深厚的文化支撑。

近年来，政府通过多种渠道加强生态文明教育。在教育体系构建方面，将生态文明纳入国民教育体系，从幼儿园到高校，设置了不同层次、循序渐进的生态文明教育课程。在幼儿园阶段，通过绘本、游戏等形式，培养孩子们对自然的热爱和基本的环保意识；中小学则开设了专门的环境教育课程，系统讲解生态环境知识；高校在相关专业深入开展生态文明研究和教学，培养高层次的环保专业人才。同时，利用全国生态日、全国节能宣传周等活动，深化生态文明思想的大众化传播。在全国生态日活动期间，各地通过举办环保讲座、主题展览、公益演出等形式多样的活动，吸引了大量公众参与，使生态文明理念深入人心。

此外，我国还通过完善生态补偿机制、推动生态产品价值实现等措施，激励全社会参与生态保护和修复。以新安江流域为例，作为全国首个跨省流域生态补偿机制试点，安徽和浙江两省通过建立生态补偿机制，明确了上下游地区在生态保护中的责任和利益关系。浙江对安徽的水质达标给予资金补偿，促使安徽加大对新安江流域的生态保护力度，改善了流域水质，实现了上下游协同保护。在推动生态产品价值实现方面，一些地区探索建立了生态产品价值核算体系，对森林、湿地等生态系统的服务功能进行量化评估，并通过生态旅游、生态农产品销售等方式，将生态产品转化为经济效益，激发了当地居民参与生态保护的积极性。

公众参与的不足需要通过提升环保意识、增强行动能力来改善。传统生态智慧的传承为公众环保意识的提升提供了文化基础，政府的生态文明教育举措进一步强化了公众的认知，而完善的激励机制则为公众参与环保行动提供了现实动力。这些举措相互关联、协同作用，不仅有助于提升公众环保意识，还能为绿色发展提供经济激励，促进生态文明建设与经济社会发展的良性互动。总之，我国在生态文明建设中，须应对"双碳"目标带来的技术挑战，解决社会治理中的公众参与短板，传承和弘扬传统生态智慧。只有通过技术创新、人才培养、公众教育和文化传承的协同推进，才能实现生态文明战略的全面落地。

三、环保教育体系的重构驱动

（一）学科壁垒与知识协同困境

在当前全球生态环境问题日益严峻的大背景下，环保教育体系的重构已然成为推动可持续发展的关键一环。随着环境问题的复杂性与综合性的不断增强，传统的环保教育体系暴露出诸多弊端，其中学科壁垒与知识协同困境尤为突出。

从学科角度来看，环境科学本身是一个跨学科领域，涉及化学、生物学、地理学、物理学、社会学、经济学等多个学科分支。然而，在实际的教育过程中，各学科之间存在着明显的界限。以高校环境科学专业课程设置为例，化学课程侧重于环境污染的化学分析与治理技术，如大气污染物的化学组成分析及相关化学反应原理；生物学课程则聚焦于生态系统的结构与功能，以及生物对环境变化的响应等。但在教学实践中，这些课程往往各自为政，缺乏有效的整合。学生在学习过程中，难以将不同学科的知识融会贯通，无法形成对环境问题全面、系统的认知框架。这就使得学生面对现实中复杂的环境问题，如城市雾霾治理，不仅需要考虑污染物的化学性质与来源，还需要分析其对生态系统及社会经济的影响时，往往不知所措。

知识协同困境同样阻碍着环保教育的有效推进。一方面，不同学科的知识生产与传播方式存在差异。自然科学领域注重实验数据的积累与理论模型的构建，研究成果多以学术论文形式呈现，强调精确性与逻辑性；而社会科学领域更关注社会现象的解读与分析，研究方法包括问卷调查、案例研究等，成果表述方式更为多样化。这种差异使得不同学科知识在整合时面临重重困难。另一方面，教育资源的分配与利用也存在不合理之处。例如，一些高校在环保教育方面，过于侧重自然科学类实验室的建设，投入大量资金购置先进的实验设备，用于环境监测与污染物处理技术的研究；而对于社会科学领域的研究资源，如实地调研经费、数据统计分析软件等投入相对不足。这就造成了自然科学与社会科学在环保教育中的失衡发展，进一步加剧了知识协同的难度。

相关研究表明，在英国的部分高校，尝试通过跨学科课程设计与联合教学团队的方式，打破学科壁垒，促进知识协同。他们设立了"环境可持续发展"综合课程，由来自不同学科的教师共同授课，从多个角度探讨环境问题。研究结果显示，参与该课程的学生在解决复杂环境问题的能力上有显著提升。我国也有学者针对环保教育中的学科壁垒问题进行研究，提出应构建跨学科知识共享平台，促进不同学科知识的交流与融合。

根据湖南省的相关数据进行分析。2024 年，钟文华教授《关于促进我省大学生高质量创业的建议》显示，湖南省大学生创业意愿达到 52.8%，大学生创业规模小且主要集中在第三产业，占比达 92.1%，而第一、第二产业创业占比合计仅 7.9%；第三产业中，批发和零售业、文体娱乐业位于大学生创业行业前两名，分别占比 32.4% 和 16.1%。湖南省基本每所高校都成立了创新创业学院，积极利用创新创业课程教学，开展创新创业竞赛、创新创业培训等，大学生创业动机多追求成就但偏保守。这种现状反映出在环保教育体系中，对于跨学科知识的整合和实践应用能力的培养还存在不足。尽管高校有创新创业教育的相关举措，但在引导学生将环保知识与创业实践相结合方面，可能还缺乏有效的机制和平台。例如，对于环保领域的创业项目，学生可能因为缺乏跨学科的综合知识，难以识别出具有潜力的创业机会，或者在制订创业计划时，无法充分考虑环境科学、工程技术、市场管理等多方面的因素，从而导致创业项目竞争力不足。

（二）能力培养的维度缺失

在能力培育这一关键环节，当前环保教育体系显露出亟待解决的维度缺失问题，这一问题与产业对高素质环保人才的急切需求之间存在着难以忽视的差距。

第一，硬技能局限。当下的环保教育体系存在一定偏向性，过度聚焦于污染物检测、处理工艺这类传统技能的传授。以污染物检测为例，污染物检测着重培养学生掌握经典化学分析方法，例如运用分光光度法精确测定水体中的重金属含量，以及在污水处理中应用传统物理分离技术，如沉淀、过滤等工艺。然而，随着时代快速前行与科技持续革新，环保领域正经历智能化、数字化的深刻变革，对人才的能力要求已发生重大转变。

在新兴能力培养方面，教育体系的短板极为显著。就智慧环保系统设计而言，其需要人才具备跨学科综合知识，涵盖计算机科学、通信工程以及环境科学等多个领域。设计人员要运用传感器技术实现环境数据的实时采集，借助通信网络将数据传输至云端，再通过数据分析算法对数据深度挖掘处理，从而为环境决策提供精准支撑。但学生在这方面知识储备不足，对 AI、物联网等新兴技术缺乏深入理解与熟练运用能力。在碳足迹建模领域，应综合考量能源消耗、生产流程、交通运输等多个环节，运用复杂数学模型与大数据分析手段，可以精确计算产品或活动在全生命周期内的碳排放。而学生由于相关知识技能匮乏，难以承担此类任务。生态大数据分析则要求学生能够处理海量环境数据，运用机器学习算法探寻数据背后的规律与趋势，为环境预测和治理提供科学依据，但是当前的教育体系在这方面的培养力度还不够。

这种硬技能的局限，致使学生在面对复杂环境问题时，难以运用多学科知识进行综合分析与有效解决。例如，在构建城市智慧环保监测网络时，由于学生对物联网技术掌握不足，无法实现环境监测设备的互联互通；由于缺乏数据分析能力，无法从大量监测数据中提取有价值信息，进而无法及时准确发现环境问题并制订应对策略。钟文华教授《关于促进我省大学生高质量创业的建设》中提到的湖南省大学生创业面临的"播种难""生根难"等问题也反映出这种能力培养的不足。在环保领域，创业机会往往需要对新兴技术有敏锐的洞察力和综合运用能力，但由于学生缺乏相关硬技能，难以识别和把握这些机会，创业项目在初期就面临诸多困难。

第二，软实力忽视。生态伦理、环境正义等课程在教学过程中常常流于表面，未能切实发挥塑造学生价值观的作用。生态伦理课程旨在培育学生对自然的尊重与敬畏之心，引导其树立正确生态价值观，使其明白人类与自然相互依存的关系。在开展环境治理与资源开发教学时，应遵循生态规律，实现可持续发展。环境正义课程则关注不同地区、不同群体在环境问题上的公平权益，教导学生在环保实践中要考虑社会公平因素，避免环境负担不公平地落在弱势群体身上。然而，在当前教育体系中，这些课程常被边缘化。许多高校仅将环境伦理课程设为选修课，且教学内容空洞，缺乏深度与实践性，教学方式多以理论讲授为主，缺少案例分析、实地调研等实践环节，导致学生难以将抽象的生态伦理理念与实际工作相结合，难以形成"技术向善"的价值自觉。在实际工作中，当面临技术应用抉择时，学生可能会忽视生态伦理和环境正义考量。例如，在一些环保工程项目中，因缺乏生态伦理意识，可能过度依赖技术手段，而忽视对当地生态系统的保护；在资源分配过程中，因缺乏环境正义意识，可能导致某些地区或群体承受过多环境负担，引发社会矛盾。湖南省大学生创业过程中面临的"开花难""结果难""修复难"等问题，也与软实力培养不足有关。由于缺乏生态伦理和环境正义意识，创业项目可能在社会认可度和可持续性方面存在缺陷，创业生存时间短、失败率高。同时，创业失败后的修复也缺乏相应的价值引导和社会支持。环保人才不仅要有扎实的专业技能，更要具备生态伦理意识与强烈的环境责任感。唯有如此，才能在实际工作中将技术与价值理念有机融合，真正推动环保事业的可持续发展。而当前环保教育体系在能力培养维度上的缺失，迫切需要通过教育改革与创新加以解决。

四、技术革新与教育创新的双重机遇

（一）数字技术赋能环保革命

环保教育领域当下正处于技术革新与教育创新交织的关键时期，二者共同为突破传统教育瓶颈、培养适应新时代需求的环保人才带来了前所未有的机遇。

近年来，技术的迅猛发展为环保教育注入了全新活力。以人工智能（AI）技术为例，其在环境监测与数据分析方面展现出巨大优势。通过构建深度学习模型，AI能够对海量的环境监测数据进行快速且精准的分析，识别出环境变化的趋势以及潜在的环境风险。例如，在大气污染监测中，AI算法可以综合分析空气质量监测站、卫星遥感数据以及交通流量等多源信息，提前预测雾霾天气的发生，为环保部门及时采取防控措施提供科学依据。这不仅革新了传统的环境监测方式，也为环保教育提供了新的教学内容和实践案例。学生可以通过参与基于AI的环境监测项目，深入理解大数据分析技术在环保领域的应用，提升自身的数据分析与问题解决能力。

物联网（IoT）技术的兴起，让环保教育实现了从理论到实践的深度融合。借助物联网设备，学生可以实时获取环境数据，如通过传感器监测校园内的空气质量、水质状况等，并将这些数据上传至云端进行分析。这种实践操作让学生亲身体验到环境数据的采集、传输与处理过程，增强了对环保知识的感性认识。同时，物联网技术还为环保教育带来了新的教学模式，如远程实验教学。学生可以通过网络远程操控环保实验设备，进行污染物处理实验等，打破时间和空间的限制，提高学习效率。

虚拟现实（VR）和增强现实（AR）技术为环保教育营造了沉浸式的学习环境。在讲解生态系统、环境污染等复杂概念时，利用 VR 技术，学生可以身临其境地感受热带雨林生态系统生物多样性的丰富，或者直观地看到工业污染对河流生态的破坏过程。AR 技术则可以应用在实地考察中，通过手机或平板电脑为学生提供实时的环境信息解读，如在参观自然保护区时，学生可以通过 AR 应用了解不同植物的名称、生态习性以及保护现状等。这些技术极大地提高了学生的学习兴趣和参与度，使学习过程更加生动有趣。

（二）教育范式的突破可能

1. 跨界协作生态

在国际上，跨学科教育模式已成为培养复合型环保人才的重要途径。斯坦福大学将跨学科学习与研究视为培养能够解决现实世界复杂性问题实用人才的重要手段。1982 年，时任斯坦福大学教务长的阿尔伯特·哈斯托夫（Albert Hastorf）提出学校的跨学科研究机构要展开合作，让所有学生参与到跨学科的研究与学习中。麻省理工学院（MIT）的"气候行动教育"项目则进一步整合了工程、政策与人文课程，为学生提供了全面应对气候变化的跨学科知识体系。这些模式为我国环保教育体系的改革提供了宝贵经验。

2. 实践导向创新

实践导向的教育模式在全球范围内也取得了显著成效。德国的"双元制"环保职业教育模式，通过企业与学校联合培养，确保学生在理论学习的同时获得丰富的实践经验。我国也正在不断探索类似的实践导向教育模式。例如，天津大学环境科学与工程学院与北控水务集团联合建立的产教融合基地，通过校企合作，为学生提供了从技术研发到实际应用的全流程实践机会。这种本土化的教育创新模式，不仅提升了学生的实践能力，还促进了环保技术的快速转化和应用。总结技术革新与教育创新的双重机遇为环保领域带来了前所未有的发展潜力。

数字技术的广泛应用正在重塑环保行业的实践模式，从"经验驱动"向"数据驱动"的转变要求从业者掌握新兴的"数字绿领"技能。与此同时，国际上成功的跨界协作和实践导向教育模式为我国环保教育体系的改革提供了有益参考。通过借鉴斯坦福、MIT 等高校的跨学科教育经验，结合德国"双元制"和本土的产教融合实践，我国有望培养出一批具备跨学科知识和实践能力的复合型环保人才，为实现生态文明建设和"双碳"目标提供坚实的人才支撑。

第二节　研究意义

一、响应生态文明与科技强国战略的深度融合

面对"双碳"目标与"新质生产力"发展的双重使命，环保产业亟需突破"绿色技术应

用滞后、核心装备自主率低、商业模式创新不足"三大瓶颈。本研究通过构建"绿色科技＋硬核创新＋商业转化"三维能力模型，聚焦"环境监测芯片国产化""碳足迹算法开源化""环保装备智能化"等领域，为培养"既掌握环境工程技术，又精通智能硬件开发，兼具绿色创业思维"的复合型人才提供理论支撑，助力实现"环保科技自立自强"与"绿色产业价值链攀升"的战略耦合。

二、破解环保产业数字化升级的人才结构性矛盾

在环保产业数字化转型的浪潮中，破解其人才结构性矛盾意义非凡。当前，环保产业数字化升级亟需既懂环保专业知识，又具备数字化技能与创新能力的复合型人才。然而，现有的人才结构难以满足这一需求。对这一矛盾的破解研究，能从理论上厘清环保产业数字化人才需求的内在逻辑与结构特征，完善人才培育理论体系。在实践中，它为教育机构调整环保专业设置、优化课程体系、创新教学方法提供方向，助力精准培育符合产业需求的人才。同时，促使企业在人才招聘、培养与管理上做出适应性变革，进而缓解环保产业数字化升级进程中的人才瓶颈，推动产业高效转型，实现环保事业与数字经济的深度融合与协同发展。

三、构建职业教育服务新质生产力的创新范式

在当前环保事业蓬勃发展、创新创业需求高涨的时代背景下，构建职业教育服务新质生产力的创新范式具有不可忽视的重大意义。就理论层面而言，这一创新范式将极大地丰富职业教育与新质生产力相关的理论体系，填补在环保领域创新创业人才培养、学缘传创培育方面的理论空白，为后续研究奠定坚实基础。在实践路径上，其能有力推动职业教育深度对接环保产业新质生产力发展需求，培养出大批具备扎实专业知识、创新思维与创业能力的环保人才，为环保行业源源不断地注入新鲜血液，助力产业升级转型，以人才驱动环保事业的高质量、创新性发展，从而在推动经济绿色增长的同时，为美丽中国建设提供强有力的人才支撑与实践指引。

四、推动产教融合向"价值共创"阶段纵深发展

在环保产业发展与教育改革的大背景下，推动产教融合向"价值共创"阶段纵深发展有着极为重要的研究意义。当下，传统产教融合模式在培养"芯"质生态环境卫士方面逐渐显露出局限，而向"价值共创"阶段迈进，从理论上能够打破过往单一合作模式的认知束缚，拓展产教融合的理论边界，形成一套基于多元主体协同创造价值的全新理论框架。实践中，促使环保企业与教育机构在人才培养目标、课程体系设计、教学实践活动以及科研成果转化等各环节深度互动，企业将其先进技术与市场需求融入教学，学校为企业输送契合产业发展的高素质创新创业人才，双方围绕环保产业发展难题合力开展科研攻关，真正实现人才培养与产业需求无缝对接，全面提升环保领域产教融合的效能，为环保产业源源不断地培育出兼具创新精神、创业能力与实践经验的卓越人才，推动环保产业的高质量、可持续发展。

五、支撑全球绿色治理体系的中国方案输出

在全球生态环境问题日益严峻、绿色发展成为国际共识的当下，对支撑全球绿色治理体系的中国方案输出展开研究具有深远意义。从理论层面来看，这将丰富全球绿色治理的理论内涵，深入挖掘中国在环保人才培养、产业发展与生态实践等方面的独特理念与模式，形成

具有中国特色且能为全球所借鉴的绿色治理理论框架。在实践领域，通过剖析"芯"质生态环境卫士的学缘传创培育范式，能清晰展现中国在培养适应绿色发展需求的高素质人才方面的有效路径，为世界各国提供人才培养的经验蓝本。这种研究有助于将我国在绿色治理中的成功实践与创新成果转化为可供输出的方案，助力其他国家解决自身环保难题，提升中国在全球绿色治理体系中的话语权与影响力，推动构建更加公平、有效的全球绿色治理体系，为全球生态环境改善贡献中国智慧与力量。

第三节　国内外研究综述

一、国内研究综述

在学术研究与环保事业紧密交织的当下，国内学者围绕学缘传创与环保人才培养展开了多维度、深层次的研究，为推动该领域的理论发展与实践应用贡献了丰富的智慧成果。本部分将基于所提供的文献，对国内在学缘传创机制、环保人才创新创业教育以及学缘结构对环保人才培养影响等方面的研究进行系统的梳理与分析。

（一）学缘传创机制相关研究

1. 学术传承机制

学术传承作为学缘传创的根基，确保了知识、学术思想与研究方法在学术共同体中的延续。傅道彬、余斯大等学者在对石声淮先生学术传承的回忆性研究中，充分展现了传统师徒传承模式的独特魅力。石声淮先生凭借深厚的学术功底、严谨的治学态度以及别具一格的教学风格，言传身教，不仅向学生传授专业知识，更将对学术的敬畏之心与操守传递给学生，助力学生构建扎实的学术基础，塑造良好的学术品德。正如学者在《学缘漫忆》《忆先师石声淮先生》等作品中所提及的，石先生博闻强记，能将经典倒背如流，外语能力强，教学认真，著述严谨，对学生关爱有加，其"述而不作"体现了对学术的敬畏与操守，为学生树立了良好的学术榜样，对当今学术界的急功近利现象具有重要的反省意义。这种传统师徒模式下，教师的全方位引领示范作用至关重要，通过日常密切的学术交流，以及在长期相处中产生的潜移默化的影响，能够让学生深度理解学术的内涵与价值。

教师在传授知识的过程中，其思维方式、研究习惯也会对学生产生深远影响，促使学生逐渐掌握学术研究的精髓。从更宏观的视角而言，学术传承与学术环境紧密相连。在学术积淀深厚的高校或科研机构，浓厚的学术氛围、丰富的学术资源以及完善的学术规范，共同构建起学术传承的良好生态。《中西高等学校教师队伍学缘结构比较研究》等文献中指出，欧美高校教师学缘结构多样化，学术思想交融，创新能力强，这得益于其良好的学术环境。在这样的环境中，学术传承并非仅仅局限于知识的传递，更是学术文化的传承。年轻一代学者浸润其中，能够充分汲取养分，逐渐形成对学术研究的认同感和归属感。例如，在一些历史悠久的顶尖高校，丰富的学术讲座、频繁的学术研讨活动以及开放的学术资源共享机制，为学术传承营造了优越的条件。同时，良好的学术文化传承能够保障学术传承的持续性和稳定性，促使学术共同体不断发展壮大，让学术研究的火种得以代代相传。

2. 学术创新机制

李树强在《基于学术资本的高校学缘结构研究》中基于学术资本理论指出，优化的学缘结构是学术创新的重要驱动力。侯剑华等在《中国高校科技人才学缘结构和流动网络研究》中强调，多元的学缘结构能够汇聚不同的学术资本，包括知识资本、社会资本等。以某高校环境科学研究团队为例，该团队成员来自化学、环境工程、生态学等不同专业，他们在各自领域积累的知识资本，如化学专业成员对污染物成分分析的专业知识、环境工程专业成员在污染治理技术研发方面的经验以及生态学专业成员对生态系统修复的见解，在团队合作中得到相互融合。这种融合打破了单一学科的思维定式，实现了多学科的交叉融合，为解决复杂的环境问题提供了创新的思路和方法。同时，不同学缘背景成员所拥有的社会资本，如学术人脉、行业资源等，也促进了学术交流与合作，进一步激发了创新灵感。李丽萍等在《精英大学教师的学缘结构及其十年变化趋势——以化学学科为例》中对精英大学化学学科教师学缘结构的研究表明，学缘结构多样化的团队在学术成果产出的数量和质量上都显著高于学缘结构单一的团队。多样化的学缘结构带来了多元的学术思想、研究方法和技术手段。例如，在研究生态环境污染问题时，不同学缘背景的学者会从各自的学科视角出发，有的运用数学模型进行定量分析，有的采用实地调研获取一手数据，有的借助先进的实验设备进行检测分析，这些不同的方法相互补充，为研究提供了更全面、深入的视角，有力地推动了学术创新的进程。

学术交流活动在学术创新中也扮演着不可或缺的角色。王处辉等在《论民国时期社会学家群体的学缘关系资本与地位获得》中提到，学缘关系在学术交流与知识传播中发挥着重要作用。学者们通过参加学术会议、学术讲座、学术研讨会等活动，能够及时了解学科前沿动态，接触不同的学术观点和研究成果，拓宽研究视野，从而为学术创新提供新的视角和灵感。在环境科学与技术学术会议、可持续发展与生态、环境科学等国际会议上，来自全球各地的学者可以分享最新研究成果，交流不同的研究思路和方法，参会者往往能从中获得新的启发，为自身的研究注入新的活力。众多类似的研究都表明，学术交流活动是学术创新的重要助力。根据陈晨在《学术交流对学术创新的促进作用实证研究》中的研究成果，参与学术交流活动能够显著提升学者的创新能力。众多类似的研究都表明，学术交流活动是学术创新的重要助力。

3. 学缘关系网络的作用

正如学者姜远平等在《世界一流大学教师学缘研究》中所阐述的，不同学缘背景的学者汇聚，能够带来多元的学术思想、研究方法和技术手段。在高校科研团队中，这种优势体现得尤为明显。例如在某高校环境科学研究团队里，来自化学专业的成员凭借专业知识，在分析污染物成分方面独具优势；环境工程专业的成员专注于污染治理技术研发，拥有丰富的实践经验；生态学专业的成员则聚焦生态系统修复，有着独特的研究视角。他们的知识背景相互补充，在研究过程中相互启发，打破了单一学科的思维定式。李秀霞等在《跨学科知识元创新组合识别与学术创新机会发现研究》中提到，这种多学科的交叉融合，为解决复杂的环境问题提供了创新的思路和方法，有力地推动了学术创新的进程。

（二）环保人才创新创业教育相关研究

1. 教育模式研究

国内学者在环保人才创新创业教育模式的探索上成果斐然。王惠开发的《环保小卫士》STEM 项目课程，巧妙地将工程设计流程融入环保问题解决过程，有机整合了科学、技术、工程、数学等多领域知识，致力于培养学生的跨学科思维与实践能力。学者朱玲等在《基于环保设备专业特色的大气污染控制工程课程改革与实践》中指出，北京石油化工学院环境工程专业通过构建"二突出三阶次四模块"的教学内容体系，将环保设备设计与大气污染控制工程课程深度融合，通过多环联动的教学模式与形成性考核机制，有效提升了学生的创新与实践能力。这种"理论—实践—创新"的递进式培养模式，不仅强化了学生对多学科知识的整合应用能力，还通过"环保设备设计"等特色模块促使学生针对大气污染治理中的复杂问题提出创新性解决方案，与STEM项目所倡导的跨学科整合理念形成实践呼应，极大地激发了学生的创新思维并培养了其实践动手能力。

高校与企业、科研机构合作开展的协同育人模式，正逐步成为环保人才创新创业教育的关键路径。单志强在《产教融合视域下生态环保专业人才培养思考》中提出，产教融合背景下需构建"校企双元""课岗融通"的育人模式。以柳州职业技术学院为例，该校与企业共建产学研平台，企业参与了该校教学计划的制订并派技术骨干授课，使学生提前接触行业需求。学校设置了"土壤污染修复"等项目化课程，学生在企业导师的指导下完成监测设计、污染治理全流程实践，有效提升了实操能力。该校还通过"校企人员互聘"实现了人员双向流动，同时推进"1+X证书"，将职业技能培训融入课程，增强学生的就业竞争力。刘海明在《高职院校新技术应用型人才培养研究》中提出的理论虽未直接针对环保领域，却具方法论参考价值。其强调搭建"政府—高校—企业"联动生态体系，整合资源形成"实训＋科研＋创新创业"培养路径，通过"模块化课程＋企业导师制"让学生接触前沿技术。研究指出，政府政策支持、企业技术赋能、高校人才输送的协同机制是核心，可通过共建基地、设立基金推动资源融合。其"技术应用能力分层培养""岗课赛证融合"等理论，可助力完善环保人才培养体系。如将职业标准、竞赛与课程结合，推动知识学习向技术应用转化；借鉴"实践基地与研发平台共建"理念，建设污染治理中试基地，打造"实验室-产业化"实践链条，提升创新能力。

2. 实践教学探索

实践教学是环保人才创新创业教育的核心环节，国内高校在此开展了诸多积极且富有成效的探索与实践。曹悦在《"竞赛牵引—科教融通"环境类创新创业人才培养模式探索及实践》中的研究表明，众多高校通过构建科技创新平台，将前沿技术引入学科竞赛项目，并组织"竞赛领航员"向低年级学生分享经验，提供指导，有效提升了学生的科研创新能力和工程实践能力。例如，华北电力大学依托科技创新平台，近3年有500余名环境类专业学生成功申报"大创项目"及各类竞赛项目，30余位学生获得国家级奖励，其科研与实践能力获得企业高度认可。高校积极鼓励学生参与各类环保创新创业竞赛，如"挑战杯""互联网＋"等赛事中的环保项目。曹悦指出，大创项目和学生竞赛是培养学生创新意识、实操技能和解决实际问题能力的重要载体，学生通过参与竞赛完成从项目研发到成果呈现的全流程训练，并在与全国优秀学生的交流中拓宽视野，明确提升方向。以华北电力大学为例，学生通过参与节能减排大赛等赛事，将科研成果转化为实际应用方案，如针对烟气超低排放问题开发的治理技术，在竞赛中实现了从理论到实践的突破。

然而，当前实践教学仍存在一些亟待解决的问题。韩建在《节能环保养殖技术引领下的跨学科人才培养模式创新研究》中提到，部分高校跨学科实践教学存在理论与实践脱节的问题，如养殖专业学生缺乏对新能源技术、物联网应用等前沿领域的实践接触，导致知识结构单一。此外，实践教学中跨学科课程资源库建设不足，难以满足行业对复合型人才的需求，例如饲料加工、尾水处理等实际生产环节的教学案例仍需进一步丰富。这些问题须通过深化产教融合、完善实践课程体系等方式加以改进，以提升环保人才培养的针对性和实效性。

3. 政策支持与存在问题

刘传明在《中央环保督察对产业结构升级的影响研究——基于技术创新和环境绩效视角》中指出，中央环保督察通过"行政压力传导—企业技术创新—产业结构升级"机制，推动被督察城市淘汰落后产能、发展绿色技术，其政策干预模式为环保创新创业营造外部环境。肖梦婷《税收优惠政策对节能环保产业创新能力影响研究》、华胄《税收优惠对节能环保产业创新能力的影响研究》等研究表明，税收优惠政策对节能环保产业的创新能力有显著激励作用：所得税优惠每提高 10%，企业研发投入强度提升 0.13%、创新产出强度提升 0.05%，且对中小企业创新意愿提升效果更显著。沈雅玲在《财政补贴、税收优惠对节能环保产业创新能力提升的影响研究》中通过对比发现，财政补贴短期激活创新项目，税收优惠培育长期创新能力。尽管相关理论未直接提及对人才的影响，但产业升级对新技术的需求为环保人才创造众多创新创业机会，激励其研发契合产业需求的技术与产品；政策通过减轻税负为环保创业提供资金支持，激发中小企业创新活力，吸引环保人才加入中小企业开展创新项目，并助力环保人才创业项目的启动与持续研发。

然而目前的政策实施与上述存在一些矛盾。一是执行困境，税收优惠认定门槛较高、流程较复杂，中小初创企业因信息不对称和合规成本高受益不足，打击了环保人才（尤其是大学生和初创企业人才）的创业积极性；二是企业差异，大型企业更易获财政补贴，中小企业因规模限制难以满足高新技术企业认定等条件，制约着环保人才在中小企业的创新项目推进；三是时效性问题，部分政策目录（如节能环保设备清单）更新滞后于技术迭代，新兴环保技术企业难以及时享受红利，影响人才的持续创新动力；四是评价体系缺陷，政策评价侧重短期经济指标，忽视长期环境效益，叠加中小企业创新产出难以量化评估，抑制高校科研团队与初创企业在基础研究和颠覆性技术领域的投入，阻碍环保人才培养深度与产业创新后劲。

（三）学缘结构对环保人才培养的影响研究

学缘结构是指高校教师和学生的学术背景、教育经历及其来源的多样性。合理的学缘结构能够促进学术思想的多样化发展，推动知识的创新与传播，尤其是在环保领域，学缘结构的合理与否直接影响着人才培养的质量和创新能力。

1. 学缘结构不合理的影响

国内一些研究指出，学缘结构不合理，尤其是"近亲繁殖"现象，对环保人才培养产生了负面影响。李扬裕在《高校师资队伍学缘结构评价和预测方法研究》中指出，地方高校存在具有海外学缘的教师偏少的问题，这限制了教师和学生接触国际前沿环保知识和技术的机会。国际环保研究领域发展迅速，新的理念、技术和方法不断涌现，而海外学缘的缺失使得地方高校难以与国际接轨，知识更新滞后，导致在解决复杂环保问题时缺乏国际视野与先进技术支撑。

此外，部分学科门类中存在博士学缘结构发展不均衡问题。陈晓宇等在《"双一流"建设 A 类高校的学缘关系——博士学位教师的学缘关系分析》、赵世奎等在《我国博士研究生学缘结构分析——以 2006 届博士毕业生为例》中指出，部分学科因博士学缘结构单一，缺乏多元化的学术思想和研究方法，逐渐形成学术封闭和思维定式，严重束缚了学生的学术视野和创新能力。这种单一化的学缘结构导致学生在面对创新性课题时思维受限，难以提出新颖的研究思路，进而影响了环保领域创新人才的培养。

丹英在《高校教师的学缘结构与逻辑终点》中指出，国内部分高校存在"近亲繁殖"现象，这导致学术思维的同质化，抑制着学术创新。彭娟在《学缘结构对高校科研团队成员工作绩效的影响》中通过实证研究发现，学缘结构同质化通过"评价性组织认同"的中介效应显著降低成员任务绩效（标准化回归系数 0.23，$p < 0.05$），且易形成排他性学术派系，抑制创新活力。这种单一的学术环境使得学生在面对复杂的环保问题时，如生态系统与中医药

产业协同发展的环境影响评估等，无法充分运用多学科知识进行全面分析与应对，不利于培养具有创新能力和综合素养的环保人才。

2. 学缘结构合理的优势

黄巨臣在《"双一流"背景下高校跨学科建设的动因、困境及对策》中指出，跨学科建设需突破"学科规训制度的路径依赖"和"学术团队同质化"两大核心困境。这一机制在环保类专业教学中可具体表现为：环境化学教师凭借分析方法专长指导学生掌握污染物检测技术，生态修复专家通过实地案例阐释技术应用的生态边界，而政策学教师则从法规维度约束方案可行性。这种多学科协作模式正是于汝霖在《高校教师跨学科交往研究》所揭示的"非正式学术社群＋制度化组织"协同作用的典型体现。陈其荣在《诺贝尔自然科学奖与跨学科研究》中进一步验证了这一模式的科学性：52％的获奖成果依赖学科交叉，且 87.6％的获奖团队由多学科学者组成。在课堂教学中，这种"跨界智慧"使学生同时获得技术实操能力（如化学分析）、系统思维（如生态平衡）与政策敏感度（如法规合规性），从而培养出类似诺贝尔奖得主的问题解决三维度能力（技术—自然—社会）。正如黄巨臣强调的，此类教学创新须依托"以真实环境问题为导向的跨学科平台"，例如设计"流域污染治理"综合课题，让不同专业背景教师联合指导学生完成从检测到修复再到政策建议的全链条训练。

此外，合理的学缘结构在营造良好学术氛围方面也发挥着关键作用。成霞霞在《关于地方高校教师学缘结构对学校发展影响的研究综述》中表明，在学缘结构合理的学术环境里，师生、同学之间能够毫无阻碍地充分交流不同的学术观点，形成充满活力的思想碰撞学术生态。这种浓厚的学术氛围犹如催化剂，能够有效激发学生的学习兴趣和创新欲望。学生在积极活跃的学术交流中，不断汲取他人的智慧，提升自身的综合素质和竞争力。在环保领域，这样的学术氛围促使学生关注行业前沿动态，勇于探索创新，为未来在环保领域的深入发展筑牢根基，助力我国培养更多具有创新精神和实践能力的高素质人才。

因此，高校应重视学缘结构的优化，避免"近亲繁殖"，促进教师和学生的学术背景多样化，以提升环保人才培养的质量和创新能力。

（四）社会资本与学缘传创机制相关研究

1. 社会资本的内涵及其学术网络构建的作用

社会资本作为学术共同体中关系网络、信任机制与资源共享能力的集合体，在学缘传创机制中发挥着结构性支撑作用。黄娟在《农民工城市社会网络研究》中指出，社会资本通过关系网络中的资源交换与互惠规范，促进个体和组织的目标实现。在环保创新创业领域，这一理论体现为学术共同体内部的知识共享与跨机构协作。杜丹丽在《企业社会资本对科技型小微企业成长的影响研究——以动态能力作为中介变量》中指出，通过实证研究发现，强关系网络（如师生、同门）能够显著提升资源获取效率。以某高校环保技术团队为例，团队成员通过导师的学术人脉与校友资源，快速对接污水处理企业需求，缩短了技术研发到产业应用的周期。

2. 社会资本与创新创业资源整合

社会资本的多维属性为环保创新创业提供了资源整合的底层逻辑。姜铁成在《企业社会资本、动态能力与科技型小微企业成长关系研究》中指出，社会资本包含结构型（网络规模）、关系型（信任程度）与认知型（共同愿景）三个维度，直接影响创新资源的配置效能。童卉等进一步验证，社会资本的结构维度、认知维度和关系维度对创业意向具有预测作用。社会资本密度较高的创业者更易识别环保政策红利与技术缺口。例如，湖南省某环保初创企业依托高校创新创业学院的校企合作平台，整合政府低碳补贴信息、企业技术需求与科研团队专利资源，成功开发出生物质能转化装置，其核心路径映射了社会资本"结构—关系—认知"的协同机制。

3. 社会资本的代际传递与学术共同体建设

学术共同体中的社会资本具有代际传递特性，这为环保人才培养提供了可持续的支持。黄含韵等提到，导师的学术声誉与人脉网络能够显著提升学生的创业资源获取能力。例如，清华大学环境学院通过建立"导师＋校友"双轨制，帮助学生在初创阶段快速对接行业资源。王树涛等指出，每个行动者通过其关系网络建构和利用社会资本，以实现教育资源的分配与优化，最终对社会再生产产生深远影响。这种"学术传承＋社会资本"的耦合模式，有效降低了环保创业的试错成本，强化了创新生态的韧性。

二、国外研究综述

在全球学术与环保事业深度融合的大背景下，国外学者围绕学缘传创机制与环保人才培养开展了广泛且深入的探究，其成果为该领域的发展提供了多元视角与创新思路。本部分将对国外在学缘传创机制、环保人才培养模式以及学缘结构对环保人才培养的影响等方面的研究进行系统梳理。

（一）学缘传创机制相关研究

1. 学术传承机制

学术传承机制的核心在于知识的结构化传递与互动式学习。研究表明，有效的学术传承依赖于高影响力的教学策略（如清晰的学习目标、反馈机制和师生互动），而非仅依靠单向知识灌输。例如，Hattie 在 *"Visible learning：A synthesis of over 800 meta-analyses relating to achievement"* 中指出，师生深度互动（效应量 0.72）和明确的反馈（效应量 0.70）可以显著提升学术能力内化效率。在顶尖科研机构中，导师不仅传授专业知识，更通过科研嵌入式学习（research-embedded learning）培养学生的批判性思维与问题解决能力。Linn 等在 *"Education. Undergraduate research experiences：impacts and opportunities"* 的研究表明，参与科研项目的本科生学术产出提升 47％，且知识迁移能力显著增强。

进一步支持这一观点的是 Ericsson 等的研究，他们通过对顶尖科学家和学者的长期观察发现，学术传承的成功与导师的指导方式密切相关。导师通过"刻意练习"（deliberate practice）的方式，帮助学生逐步掌握复杂的学术技能，并通过反馈机制不断优化学习过程。这种基于实践和反馈的传承模式，能够显著提升学生的学术能力和研究水平。

此外，Wenger 提出的"实践社区"理论也为学术传承提供了重要视角。Wenger 指出，学术传承不仅仅是个体之间的知识传递，其更是一个社会化的过程。通过参与学术社区的活动，学生能够在与导师和同行的互动中，逐步内化学术规范和价值观，形成自己的学术身份。这种基于社区的学习模式，尤其在高水平的科研机构中得到了广泛应用，成为学术传承的重要途径。

2. 学术创新机制

学术创新是多种因素协同作用的结果，其中学缘结构的多元化与学术交流的开放性至关重要。Carol 的研究表明，具有成长型思维模式的学术团队更能接纳不同学缘背景成员带来的新思想，从而促进学术创新。在国际合作科研项目中，来自不同国家和院校的研究人员，因教育背景、研究习惯和思维方式的差异，能够从多个角度审视问题，为研究注入新的活力。Dweck 的研究表明，全球气候变化研究项目由来自美洲、欧洲、亚洲等不同地区的科研人员共同参与，他们将各自在气候模型构建、实地观测技术、数据分析方法等方面的优势相结合，推动了气候变化研究的创新发展。

进一步支持这一观点的是 Page 的研究，他在 "*The difference：how the power of diversity creates better groups，firms，schools，and societies*" 中提出，多样性是创新的重要驱动力。Page 通过大量实证研究发现，团队成员在背景、经验和思维方式上的差异，能够显著提升团队的创新能力。特别是在学术研究中，多元化的学缘结构能够带来不同的研究视角和方法，从而促进跨学科合作和知识整合。例如，在环境科学领域，不同学科背景的研究人员（如生态学、化学、经济学等）通过合作，能够更全面地解决复杂的环境问题。

此外，Flemin 的研究也强调了学术交流对创新的重要性。Fleming 通过对硅谷高科技企业的研究发现，开放式的学术交流环境能够促进知识的流动和重组，从而激发创新。在高校和科研机构中，频繁的学术研讨会、跨学科合作项目以及国际学术交流活动，为研究人员提供了分享和整合不同学术思想的机会。这种开放式的学术交流模式，尤其在全球性科研项目（如气候变化研究、公共卫生研究等）中得到了广泛应用，成为推动学术创新的重要动力。

3. 学缘关系网络与社会资本的作用

学缘关系网络是学术资源整合与共享的重要渠道。Mark Granovetter 提出的"弱关系理论"在学术领域得到了验证，即学缘关系网络中的弱关系（如校友间的偶然联系）能够为学者带来新的信息和合作机会。在国外，校友网络在学术资源共享方面发挥着重要作用。例如，哈佛大学的校友遍布全球，通过校友网络，校友们能够分享研究资源、合作开展科研项目，甚至为在校学生提供实习和就业机会。此外，学缘关系网络还促进了国际学术合作的开展。在欧洲，通过伊拉斯谟计划等项目，不同国家高校的学生和教师有机会进行交流学习，建立学缘联系，进而推动了欧洲范围内的学术合作与知识共享，形成了跨国界的学术共同体。

进一步支持这一观点的是 Burt 研究，他在 "*Structural holes and good ideas*" 中指出，学缘关系网络中的"结构洞"（structural holes）是创新和资源整合的关键节点。Burt 通过实证研究发现，学者通过跨越不同学术圈子的弱关系，能够获取多样化的信息和资源，从而在学术研究中占据优势地位。例如，在跨学科研究项目中，学者通过学缘关系网络与不同领域的专家建立联系，能够快速获取所需的研究数据和专业知识，从而加速科研进展。

此外，Wuchty 等的研究也强调了学缘关系网络对学术合作的重要性。通过大规模数据分析证明，团队合作（尤其是跨机构、跨学科团队）的科研成果比独立研究更具影响力。特别是在国际合作项目中，学者通过学缘关系网络与国外同行建立联系，能够打破地域和学科的限制，促进知识的跨国界流动和整合。例如，在气候变化研究中，学者通过学缘关系网络与不同国家的科研机构合作，能够共享全球范围内的气候数据和研究资源，从而推动研究的创新发展。

（二）环保人才培养模式相关研究

1. 教育模式研究

国外在环保人才培养模式上呈现多样化的特点，注重跨学科教育与实践能力培养。以美国斯坦福大学为例，其环境科学专业采用跨学科课程体系，融合了生物学、化学、物理学、经济学、社会学等多学科知识，培养学生综合运用多学科知识解决复杂环境问题的能力。在课程设置上，其开设了"环境系统分析""环境政策与法律""可持续发展经济学"等课程，使学生从不同学科视角理解环境问题。同时，斯坦福大学还与众多环保企业和科研机构建立了紧密的合作关系，为学生提供了丰富的实践机会。学生在企业实习期间，通过参与实际的环保项目，如参与开发新型污水处理技术、设计城市生态规划等，将课堂所学知识应用于实践，提高了实践能力和创新能力。

进一步支持这一观点的是 Klein 的研究，她在"*Creating interdisciplinary campus cultures*"中指出，跨学科教育是培养环保人才的关键。Klein 通过对多所高校的案例分析发现，跨学科课程体系能够打破传统学科壁垒，促进知识的整合与创新。例如，斯坦福大学的环境科学专业通过融合自然科学与社会科学的知识，帮助学生从多维度理解环境问题，从而培养出具有综合素养的环保人才。

此外，Wiek 的研究也强调了实践教学在环保人才培养中的重要性。他们提出，环保问题的复杂性和多样性要求学生在学习过程中具备解决实际问题的能力。通过与企业、科研机构的合作，学生能够在真实的环保项目中应用所学知识，从而提升实践能力和创新能力。例如，斯坦福大学与硅谷的环保科技公司合作，为学生提供了参与前沿环保技术研发的机会，使他们在实践中掌握最新的环保技术和研究方法。

2. 实践教学探索

国外高校高度重视实践教学在环保人才培养中的作用，通过多种方式确保实践教学的质量。澳大利亚的高校在实践教学中，强调学生的自主探究和团队协作。例如，墨尔本大学的环境监测实践课程中，学生分组负责对特定区域的环境质量进行监测和评估，从监测方案设计、数据采集到分析报告撰写，均由学生自主完成。教师在这个过程中仅起指导和辅助作用，这有利于培养学生的独立思考能力和团队协作精神。此外，国外高校还积极利用现代信息技术开展虚拟实践教学。如英国的一些高校开发了虚拟环境实验室，学生可以在虚拟环境中进行污染治理实验、生态系统模拟等操作，弥补了实际实验条件的限制，丰富了实践教学的内容和形式。

进一步支持这一观点的是 Kolb 的研究，他在"*Experiential learning：experience as the source of learning and development*"中提出，实践教学是学生将理论知识转化为实际能力的关键环节。Kolb 通过大量实证研究发现，通过自主探究和团队协作，学生能够在实践中更好地理解和应用所学知识，从而提升解决复杂环境问题的能力。例如，澳大利亚高校的环境监测实践课程通过让学生自主设计监测方案和分析数据，培养学生的实践能力和创新思维。

此外，Dede 的研究也强调了虚拟实践教学在环保人才培养中的重要性。他指出，虚拟实验室和模拟环境能够为学生提供安全、可控的实验条件，帮助他们更好地理解复杂的环保问题。例如，英国高校开发的虚拟环境实验室，不仅弥补了实际实验条件的限制，还为学生提供了更多的实践机会，从而提升实践能力和创新能力。

3. 政策支持与激励机制

国外政府和高校为环保人才培养提供了完善的政策支持与激励机制。在政策方面，许多国家出台了鼓励环保领域科研创新和人才培养的政策。例如，欧盟通过"地平线欧洲计划"，投入大量资金支持环保科研项目和人才培养计划，为环保领域的研究人员提供了稳定的科研经费和良好的研究环境。在高校层面，美国的高校普遍设立了环保奖学金、助学金等激励机制，吸引优秀学生投身环保领域。同时，高校还为环保专业的学生提供就业指导和职业发展规划服务，帮助学生更好地进入环保行业。

进一步支持这一观点的是 Rhodes 的研究，他在"*Understanding governance：policy networks，governance，reflexivity and accountability*"中指出，政策网络理论为理解政策

支持与激励机制提供了重要框架。Rhodes强调，政府、高校、企业等多方主体的互动与合作是政策成功实施的关键。例如，欧盟的"地平线欧洲计划"通过整合政府、高校和企业的资源，为环保科研项目和人才培养提供了全方位的支持，从而推动了环保领域的创新发展。

此外，通过对美国多所高校的案例分析发现，环保奖学金和助学金等激励机制能够显著提升学生对环保领域的兴趣和投入。例如，美国加州大学伯克利分校通过设立环保奖学金，吸引了大量优秀学生投身环保研究，并通过就业指导和职业发展规划服务，帮助学生顺利进入环保行业。

（三）学缘结构对环保人才培养的影响研究

1. 学缘结构不合理的影响

国外一研究指出，学缘结构不合理可能导致学术的"近亲繁殖"和研究视野的狭窄。如日本部分高校在过去曾存在学缘结构单一的问题，教师多毕业于本校或少数几所高校，这使得学术思想相对保守，研究方向较为集中，缺乏创新活力。在环保领域，这种单一的学缘结构限制了对新兴环境问题的研究，难以快速适应环境问题的复杂性和多样性变化。此外，学缘结构不合理还可能导致学术资源分配不均，优秀的学术资源集中在少数具有特定学缘背景的学者手中，不利于青年学者的成长和发展。

进一步支持这一观点的是 Horta 的研究，他在 "*Deepening our understanding of academic inbreeding effects on research information exchange and scientific output*" 中指出，学术"近亲繁殖"（academic inbreeding）会导致学术思想的同质化，抑制创新能力的提升。Horta 通过对多所高校的实证研究发现，学缘结构单一的学术团队在研究方向和思维方式上往往趋于保守，难以应对复杂多变的研究问题。例如，在环保领域，单一学缘结构的科研团队可能过度依赖传统研究方法，忽视新兴技术和跨学科合作的重要性，从而限制了研究的创新性和实用性。

此外，Morichika 等的研究也强调了学缘结构不合理对青年学者发展的负面影响。他们通过对日本高校的案例分析发现，学缘结构单一的环境下，学术资源往往集中在少数资深学者手中，青年学者难以获得足够的研究支持和职业发展机会。这种资源分配不均的现象不仅阻碍了青年学者的成长，还可能导致学术团队的断层，影响科研的可持续发展。

2. 学缘结构合理的优势

合理的学缘结构被认为能够推动学术创新，提升人才培养质量。例如，加拿大的高校通过广泛引进国际人才，优化教师学缘结构，使学生能够接触到多元的学术思想和研究方法，从而提升创新能力和国际视野。在环保专业教学中，来自不同国家的教师带来了各自国家在环保政策、技术应用和研究方法等方面的经验，拓宽了学生的国际视野。同时，合理的学缘结构有助于营造良好的学术氛围，促进学术交流与合作。

三、国内外研究综述述评

国内外学者在学缘传创与环保人才培养领域开展了大量研究，取得了丰富的成果。然而，当前研究仍存在一些不足，亟待进一步完善和深化。

1. 学缘传创机制系统性的不足

国内研究在学术传承、创新机制和学缘关系网络方面虽有深入探讨，但多聚焦于单一要素，缺乏对学缘传创机制的整体性、系统性整合。例如，传统师徒模式与现代学术交流的融合机制尚未充分探讨，学术传承与创新之间的动态平衡仍须进一步明确。国外研究虽从教育心理学和组织行为学等多学科视角剖析了学缘传创机制，但对机制的本土化适应性研究不足，难以直接应用于我国的教育实践。

2. 实践教学与行业需求的脱节

国内环保人才创新创业教育在实践教学方面虽有诸多探索，但实践教学基地建设质量参差不齐，教学内容与行业实际需求脱节的问题依然存在。国外虽强调跨学科教育与实践能力培养，但在应对复杂环境问题时，仍面临实践教学与行业需求适配度不足的问题，尤其在新兴环保技术的实践应用方面，缺乏系统性指导。

3. 政策落实与实践效果的差距

国内虽出台了一系列支持环保人才创新创业的政策，但在政策宣传、申请流程和精准适配方面还存在不足，导致政策落实效果不佳。国外虽有较完善的政策支持与激励机制，但其政策体系多基于本国国情设计，缺乏对不同国家和地区的适应性调整，难以直接借鉴并应用于我国的环保人才培养实践。

4. 学缘结构优化的实证研究不足

国内对学缘结构的研究多集中于理论探讨，对不合理与合理学缘结构的影响分析较为细致，但在优化策略的实证研究方面仍显不足。国外虽强调学缘结构的多元化对创新的促进作用，但对学缘结构优化的具体路径和实施效果的长期跟踪研究较少，缺乏系统的实证验证。

5. 跨文化交流与本土化结合不足

国外研究在学缘传创机制和环保人才培养模式上虽有诸多创新，但其成果多基于西方教育体系和文化背景，缺乏对不同文化背景下的适应性研究。国内研究虽在本土实践方面有诸多探索，但在吸收国外先进经验时，缺乏深度的跨文化交流与本土化结合，难以充分发挥国际经验的借鉴价值。

综上所述，国内外研究虽各有侧重与优势，但仍存在研究成果整合不足、跨文化交流与借鉴深度不够的问题。未来应加强学缘传创机制的系统性研究，深化实践教学与行业需求的适配性研究，推进学缘结构优化的实证研究，加强跨文化交流与本土化结合等研究，构建更完善的生态环境保护人才学缘传创培育体系，深化对环保人才培养复杂过程的理解，为我国环保事业提供更有力的人才支撑。

第四节　研究方法、路径与特色

一、研究方法

本研究以马克思主义理论为指导，综合运用多学科研究方法，构建"理论建构—实践验证—效果评估—机制保障"的研究框架，具体方法如下。

（一）文献研究法

通过系统梳理国内外环保教育、创新创业教育、学缘结构等领域的文献，结合全球生态危机与中国生态文明战略需求，提炼"芯"质生态环境卫士的核心内涵与学缘传创范式的理论基础。重点分析国内外典型案例（如德国双元制教育、斯坦福大学跨学科项目），为构建本土化培养模式提供借鉴。

（二）案例研究法

以长沙环境保护职业技术学院（以下简称学校）为研究对象，深度剖析其"故事圈—过程圈—平台圈—支持圈"的协同育人模式。通过跟踪调查该校"四感四会"培养体系（职业认同感、责任感、自豪感、使命感，会判断、会分析、会设计、会创新），结合校友成长案例（如周孟春参与雷神山医院建设、彭文华基层监测实践等），验证学缘传创范式的实践成效。

（三）实证研究法

运用问卷调查、数据分析等手段，量化评估"芯"质生态环境卫士的技术能力、创新思维与社会责任水平。结合学校毕业生就业质量报告（如 92% 毕业生选择基层环保岗位）、技能竞赛成果（全国职业院校技能大赛金奖 28 项）及技术转化数据（专利授权 75 项），形成实证研究支撑。

（四）系统分析法

将学缘传创范式视为"主体—过程—功能"的有机系统，分析政校企协同机制（如湖南省环保产教融合平台）、工学评一体化流程（课程设计—实践教学—评价反馈）及技艺道融合路径（技术能力＋创新思维＋社会责任），揭示其内在运行规律。

（五）比较研究法

对比国内外环保教育模式（如日本环境教育体系、欧盟"地平线欧洲计划"），提炼可借鉴的经验。重点分析我国"双碳"目标下环保人才需求的特殊性，提出本土化解决方案。

二、研究路径

本研究遵循"理论—实践—理论"的螺旋上升逻辑，具体路径如下。

（一）理论建构阶段

基于马克思主义生产力理论与教育学理论，界定"芯"质生态环境卫士的内涵（情怀、技术、能力、资本）与学缘传创范式的特征（多元性、互动性、创新性）。

构建"内涵同根—特征同脉—学理同源"的耦合关系模型，论证学缘传创对"芯"质生态环境卫士培养的作用机制。

（二）实践验证阶段

以学校为案例，解析"故事圈"（校友榜样、红色文化）、"过程圈"（课程优化、项目驱动）、"平台圈"（校企实验室、国际合作）的协同运作模式、"支持圈"各种社会关系和资源的整合和传递。

结合学校"三铁特质"培养模式（铁心精神、铁打本领、铁铸后劲），验证学缘传创范式在技术能力提升、创新思维激发与社会责任培育中的实效性。

（三）效果评估阶段

通过学校量化指标（如技术达标率 98%、专利转化率 60%）与质性分析（校友访谈、学生征文），评估人才培养成效。

结合学校专业建设成果（国家级虚拟仿真项目、省级重点实验室）、科研贡献［湖南省《农村生活污水处理设施水污染物排放标准》（DB 43/1665—2019）］及社会服务（乡村振兴项目覆盖 200 村），论证范式的社会价值。

（四）机制保障阶段

提出"政校企一体化共管""工学评一体化共育""技艺道一体化共长"三大保障机制，包括政策支持（如湖南省环保人才专项基金）、评价体系（三维评估标准）及伦理规范，构建"资源集聚—能力跃升—成果转化—全球辐射"的可持续发展路径，推动环保教育链与产业链深度融合。

三、研究特色

本研究突破传统环保教育的单一技术培养模式，创新性地将学缘传创范式引入环保人才培养领域，形成以下特色。

（一）理论创新

首次提出"芯"质生态环境卫士的概念，构建"技术—创新—责任"三位一体理论框架。在理论层面，打破以往对环保人才单一技术能力培养的局限，强调环保创新创业情怀（对环保事业的热爱与责任感）、环保创新创业技术（绿色技术创新能力）、环保创新创业能力（创新思维与综合实践能力）、环保创新创业资本（对环保创新创业的社会关系和资源）的融合培养。通过多学科理论融合，论证三者相互促进、协同发展的内在逻辑，为环保人才培养提供全新理论视角，丰富环保教育理论体系。

（二）实践创新

设计"故事圈—过程圈—平台圈支持圈"协同育人模式，实现情怀培育、能力提升与资源整合的有机统一。在实践操作中，"故事圈"通过校友榜样、红色文化等元素，从情感层面激发学生对环保事业的热情与责任感；"过程圈"借助课程优化、项目驱动教学，提升学生技术能力与创新思维；"平台圈"依托校企实验室、国际合作，整合校内外资源，拓宽学生视野。三者协同运作，形成全方位、多层次育人体系，打破传统育人模式中各环节孤立的局面，为环保人才培养实践提供可借鉴的创新模式。

（三）方法创新

融合多学科研究方法，通过"案例解剖—数据验证—模型建构"揭示环保人才培养规律。在研究过程中，综合运用文献研究法梳理理论基础，案例研究法深入剖析实践案例，实证研究法量化评估培养效果，跨学科研究法构建多维度分析框架，系统分析法揭示内在运行规律，比较研究法借鉴国内外经验。通过"案例解剖"深入挖掘典型案例的成功经验与问题；运用"数据验证"客观呈现人才培养成效；借助"模型建构"从理论高度总结培养规律，为环保教育改革提供科学研究方法支撑，提升研究成果的科学性与实用性。

通过上述研究方法与路径，本研究旨在为中国环保教育改革提供理论支撑与实践范式，助力培养适应生态文明建设需求的高素质"芯"质生态环境卫士。

第五节　研究内容

第一章主要介绍了研究的背景、意义、综述、方法和内容框架。首先阐述了在全球生态危机和中国生态文明战略背景下，"芯"质生态环境卫士培养的重要性和紧迫性。接着说明了研究的理论和实践意义，包括对教育体系改革和可持续发展的贡献。通过文献综述，梳理了相关领域的研究现状，明确了研究的切入点和创新点。介绍了采用的研究方法，如文献综述、理论分析、案例研究等，展示了研究的整体内容和逻辑结构，为后续章节的研究奠定了基础。

第二章主要聚焦于学缘传创培养模式的理论基础。首先分析了"芯"质生态环境卫士的结构范畴，明确了这类人才所需具备的知识、能力和素质。接着探讨了学缘传创人才培养模式的内涵、特征和要素，构建了一个完整的培养模式框架。最后，深入分析了学缘传创与"芯"质生态环境卫士培养之间的耦合互动关系，提出了两者协同发展的策略，为后续行动路径的提出提供了理论支持。

第三章提出实现学缘传创培养模式的具体行动路径。通过营建"故事圈"厚植学生的创新创业情怀，激发其社会责任感；优化"过程圈"以厚积学生的创新创业知识，提升其专业素养；构筑"平台圈"为学生提供实践机会，厚实其创新创业技术；构建"支持圈"整合多方资源，为学生提供资金、政策等支持。这四个"圈"的建设共同构成了培养"芯"质生态环境卫士的有效路径。

第四章通过具体的案例研究，展示了学缘传创培养模式在不同高校和机构中的应用效果。选取了具有代表性的案例，从情怀、知识、技术、资本等多个维度进行分析，验证了培养模式的有效性和可行性。最后对案例进行总结，提炼出可供其他高校和机构借鉴的经验和启示，增强了研究的实践指导价值。

第五章对学缘传创培养模式的成效进行了全面评估。从人才培养效果出发，展示了学生在创新创业能力上的提升以及实践成果；分析了该模式对高校科学研究的推动作用，并体现在科研成果的产出上；探讨了其在社会服务方面的贡献，如对环境保护和社会发展的积极影响；还关注了文化传承创新，特别是生态文明文化的传承。通过多维度的成效评估，证明了学缘传创培养模式的积极影响和重要价值。

第六章探讨了确保学缘传创培养模式顺利实施的保障机制。包括构建政校企一体化的共管机制，实现多方协同管理；建立工学评一体化的共育机制，保障培养过程的质量；打造技艺道一体化的共长机制，促进学生的全面发展；构建家校社一体化的共生机制，提供资金和政策支持。这些保障机制从不同层面为学缘传创培养模式的有效实施提供了有力支撑。

第七章对全书的研究进行了总结。首先回顾了研究的主要结论，再次强调了学缘传创培养模式在"芯"质生态环境卫士培养中的重要作用和积极成效。接着分析了研究的创新点和不足之处，指出了在理论和实践探索过程中取得的突破以及存在的局限。最后对未来的研究方向和环保创新创业教育的发展趋势进行了展望，提出了进一步完善和推广学缘传创培养模式的建议，为后续研究和实践提供了方向。

第二章
"芯"质生态环境卫士学缘传创
培养模式的理论分析

在当今全球环境问题日益严峻、科技迅猛发展的背景下，培养高素质技术技能人才，尤其是具备"芯"情怀、"芯"知识、"芯"能力、"芯"资本的"芯"质生态环境卫士，已成为推动经济社会绿色转型和可持续发展的关键。学缘传创范式作为一种新型人才培养模式，是以大学生创新创业为出发点和最终目标，紧密依托各类学缘关系，在情怀驱动、知识支撑、能力培养与资本助力下，融合创新创业教育理念与实践，从而传承价值以立魂、传授知识以奠基、传替技术以更新、传袭资本以续力的动态过程和结果，旨在培养适应新质生产力发展需求的高素质技术技能人才。

本章通过探讨"芯"质生态环境卫士与学缘传创范式的内涵特征及其耦合互动关系，深刻揭示二者在内涵、特征和学理上的深度联系，为优化教育体系、推动生态环境保护事业迈向新高度提供了理论依据。

第一节 "芯"质生态环境卫士的结构范畴

一、"芯"质生态环境卫士的学理渊源

（一）马克思主义政治经济学理论

"芯"质生态环境卫士的提出是以马克思主义政治经济学理论为基础渊源，具体来说是以马克思主义生产力理论和科技创新理论为理论基础。

1. 马克思主义生产力理论

马克思主义认为，生产力是人们在劳动生产中利用自然、改造自然，以使其满足人的需要的客观的物质力量。劳动者、劳动资料和劳动对象是构成生产力这一复杂系统的"三要素"。为适应新质生产力发展的时代需求，劳动者、劳动资料、劳动对象都要实现"新质"发展。

一是劳动者的"高素质化"。劳动者是生产力诸要素中最重要、最活跃的要素。从劳动需求角度看，高新技术产业和未来产业技术工艺的发展周期较短，科学理论的更新速度相对

较快，智能化普及度相对较高，日新月异的科技创新对劳动者提出了更高水平科学文化素质的劳动需求。从劳动供给角度看，产业信息化与生产数字化水平的不断提高大大降低了劳动者学习新技术、掌握新工具的成本，智能化的工作流程也使劳动者在工作过程中提高了自身对新技术、新工艺的适应能力，最终提升了劳动者的技能水平。

二是劳动资料的"重塑化"。马克思指出，各种经济时代的区别，不在于生产什么，而在于怎样生产，用什么劳动资料生产。劳动资料不仅是人类劳动力发展的测量器，而且是劳动借以进行的社会关系的指示器。新时代科技创新为劳动资料的变革创造了技术条件，提升了劳动资料的自动化、信息化、数字化、智能化水平；通过提升劳动资料的绿色化、可持续化、耐用化水平，降低了使用成本。此外，在智能化与信息化的冲击下，人工智能也逐渐作为一种新的劳动工具登上历史舞台，极大地提升了劳动者的生产效率。

三是劳动对象的"多样性化"。马克思认为，劳动对象是指在劳动中被采掘或加工的东西，可以是自然界原来有的，如地下矿石，也可以是加工过的原材料，如棉花、钢材等。人类社会生产力不断进步的过程也可以看作是劳动对象不断扩充的过程。在农业社会，生产的劳动对象多为自然界存在的、易于利用的物质；随着蒸汽时代的到来，不仅自然界的更多物质作为劳动对象服务于工业生产，一些自然界本不存在的物质也被创造出来，并成为生产过程中新的劳动对象。当前，在科技创新的推动下，新质生产力对劳动对象的定义不再仅仅局限于某种"实体"物质，数字经济浪潮下的数据挖掘、信息革命引领下的信息服务、科技进步过程中的技术工艺等非实体化产物也逐渐成为劳动对象，推动新质劳动对象的多样化发展。

马克思主义生产力理论为人们理解和推动"芯"质生态环境卫士的发展提供了重要的理论指导，也为在新时代背景下更好地开展生态环境保护工作指明了方向。"芯"质生态环境卫士是新时代需要的新质劳动者，能运用先进的劳动资料，驾驭多样化的劳动对象，推动生态环境保护工作的效率和效果得到显著提升。以马克思主义生产力理论为基础，可以看到在科技创新和数字经济的推动下，劳动者的工作方式和工作内容发生了深刻的变化。"芯"质生态环境卫士正是适应这一变化而产生的。

以马克思主义生产力理论为基础，"芯"质生态环境卫士推进生态环境行业和经济社会的发展还体现在以下几个方面。

（1）劳动资料的重塑化　新时代的生态环境保护工作离不开先进的劳动资料。通过引入自动化、信息化、数字化和智能化的生态环境保护设备和技术，"芯"质生态环境卫士可以更加高效地完成生态环境保护任务。例如，智能监测设备可以实时监测环境质量，自动化处理设备可以快速处理污染物，信息化管理系统可以优化资源配置，提高生态环境保护工作的整体效率。

（2）劳动对象的多样性化　随着科技创新和数字经济的发展，"芯"质生态环境卫士的劳动对象不再局限于传统的污染物和废物，还包括环境数据、信息资源、技术方案等非实体化产物。通过对这些多样化劳动对象的有效管理和利用，"芯"质生态环境卫士可以更好地应对复杂的生态环境保护问题，推动生态环境保护工作的创新发展。

（3）劳动者的高素质化　随着生态环境保护技术的不断进步，"芯"质生态环境卫士需要具备更高的科学文化素质和专业技能。这不仅包括传统的生态环境保护知识，还包括信息技术、数据分析、人工智能等新兴领域的知识。通过不断学习和培训，"芯"质生态环境卫士可以提升自身的综合素质，更好地应对复杂的生态环境保护问题。

（4）智能化与信息化的冲击　人工智能和信息技术的快速发展为生态环境保护工作提供了新的工具和手段。"芯"质生态环境卫士可以通过人工智能技术进行环境数据分析、污染源识别、环境风险评估等工作，提高生态环境保护工作的科学性和精准性。同时，信息化管理系统可以优化资源配置，提高生态环境保护工作的整体效率。

（5）绿色化与低碳化的可持续发展　新时代的生态环境保护工作不仅要求高效，还要求绿色和可持续发展。"芯"质生态环境卫士需要通过提升劳动资料的绿色化、低碳化、可持续化、耐用化水平，降低生态环境保护工作的使用成本，减少对环境的影响。例如，通过引入可再生能源技术、循环利用技术等，实现"芯"质生态环境卫士社会生产生活的绿色化、低碳化和可持续化。

2. 马克思主义科技创新理论

马克思很早就意识到科学技术创新在社会发展过程中的重大作用。马克思指出，劳动生产力是由多种情况决定的，其中包括工人的平均熟练程度、科学的发展水平和它在工艺上应用的程度、生产过程的社会结合、生产资料的规模和效能，以及自然条件。人类经济社会发展的历史同时也是生产要素地位变迁的历史，在经济社会发展的不同阶段，以上五种生产要素在社会发展中的地位也会有较大不同。但从历史发展来看，科学技术在社会发展过程中的地位是不断上升的。在原始社会，劳动者技能熟练度、科技水平普遍低下，自然条件的优劣就是劳动生产力高低的主要决定因素；随着农业技术革命的爆发，劳动的熟练程度逐渐成为与自然条件同等重要的决定因素，而"科学"也登上了历史舞台，并对生产力的发展产生前瞻性影响；直至工业革命开启近代历史，科学技术逐渐撼动了自然条件对生产力的决定性地位，对生产力产生重大影响。马克思指出，劳动生产力是随着科学和技术的不断进步而不断发展的，一般社会知识，已经在很大的程度上变成了直接的生产力。此后，在第二次工业革命和第三次科技革命浪潮的推动下，科学技术投入生产的转化渠道日益畅通，并逐渐成为国民经济发展的主导因素。从技术上看，现代化的本质就是在科技革命主导下催生的生产力向信息化、智能化发展的过程，而科技就是这一过程中劳动生产力的核心要素。

"芯"质生态环境卫士培养有赖于社会关键性技术突破与技术创新，其本质就是以科技创新为动力源的劳动者素质和能力的创新，以及在此基础上对创新成果转化而进行创业。因此，"芯"质生态环境卫士这一概念的提出不仅是对马克思主义科技创新理论的继承与创新，更是站在历史新阶段，对未来社会发展的重大前瞻。科学技术是第一生产力，只有加强我国一线劳动者的创新创业水平，才能逐渐弥补与发达国家科学技术水平的差距，才能体现社会主义制度的优越性，最终巩固社会主义的胜利成果。

（二）教育学理论

"芯"质生态环境卫士的提出不仅具有深厚的马克思主义政治经济学理论基础，还蕴含着丰富的教育学理论依据。教育学理论为"芯"质生态环境卫士的培养提供了重要的指导框架，尤其是主体教育理论、个性教育理论和全面发展教育理论，为"芯"质生态环境卫士的培养模式、教育目标和实践路径提供了理论支撑。以下从这三个方面详细阐述"芯"质生态环境卫士的教育学理论基础。

1. 主体教育理论

主体教育理论是指依靠主体来培养主体的教育，它强调学生的自主性、主动性和创造性，终极目标是使每个人得到全面、自由、充分的发展。其具体内容包括以下三个方面。

（1）教育主体　教育本身具有自我能动性和相对独立性。这种独立性与社会企业组织和个人有着全面联系，同时又随着现代化教育理念的发展不断加强，它要求教育者以教育本体的形式按照教育规律对待学生，同时不能将其封闭在象牙塔里，不顾社会、企业和个人的现实需要去自我发展。

（2）受教主体　即接受教育的学生主体。学生个体的身心全面发展和个性化发展永远是在外部环境与教育因素作用下自我主观能动性的充分发挥，因而主体教育理论的核心在于：要把学生作为社会的主体进行培养，发挥其潜能，确认其主体地位，而不是将其作为社会的客体进行被动塑造。尊重学生的主体地位，体现在充分认识到学校和教师是为学生发展服务的；发挥学生的主观能动作用，则体现在教师要充分调动学生主动学习的积极性，将学习的主动权还给学生，并加强其学习的责任感，以主体性发展带动其各方面的发展。当学生主体能够独立生活、独立学习，并追求独立研究能力的增长时，他们就逐步发展成为新世纪所需要的创新型人才。

（3）施教主体　即学校和教师群体。教师在教育活动中的主体性相对于学生主体更为完善和强烈，但并不能将二者的关系理解为主动和被动或主体与客体的关系。主体性教育理论首先要求确立施教者的主体地位，只有具有充分主体地位的老师，才能教育出具有丰富主体精神的学生，而学生的主体性是否得到充分发挥和发展也成了检验施教者主体性高低的根本标准。从价值论角度看，主体教育理论作为一种教育价值观，是从人作为社会生活主体的角度来理解教育本质和功能的，它强调教育的最高价值是人类本身，并体现了人性论中学生作为成长主体会具有一定主体性，同时还须在受教过程中不断培养和提高主体性的观点。该理论的基本价值立场是应将学生培养成未来社会生活的主体，弘扬其主体性，同时采取发挥施教主体和受教主体的主体性的基本策略来培养具有高创造性的人才。该理论还以某种教育形式在多大程度上弘扬了人的主体性，并促进人类个体及整个人类社会的发展为依据，来对其作出价值判断。

主体教育理论强调教育应以学生为主体，注重培养其自主性、主动性和创造性，终极目标是实现个体的全面、自由和充分发展。这一理论为"芯"质生态环境卫士的培养提供了重要的教育哲学基础，在此基础上应培养具有自主性和创造性的"芯"质生态环境卫士。

借鉴主体教育理论，笔者认为在"芯"质生态环境卫士的培养过程中，教育主体需要遵循教育规律，同时紧密结合社会需求，避免将教育封闭在"象牙塔"中。"芯"质生态环境卫士的培养不仅要注重理论知识的传授，还要紧密结合生态环境保护领域的实际需求，例如环境污染治理、资源循环利用、生态修复等实际问题。通过与社会企业、科研机构的合作，教育主体可以为学生提供实践机会，使其在真实环境中锻炼能力。

借鉴主体教育理论中关于受教主体的主体性发挥观点，笔者认为学生的主体性体现在以下三方面：①自主学习。生态环境保护领域的知识更新速度快，学生需要具备自主学习的能力，主动掌握新技术、新理论，例如学习智能监测技术、数据分析方法等；②主动实践。"芯"质生态环境卫士的培养不仅需要理论学习，还需要通过实践提升能力，学生应主动参与生态环境保护项目、科研实验和社会服务，将理论知识转化为实践能力；③创造性思维。新时代的生态环境保护问题往往具有复杂性和多样性，学生需要具备创造性思维，能够提出创新性解决方案。例如，设计新型生态环境保护材料、开发智能化生态环境保护设备等。

借鉴主体教育理论中关于施教主体的引导作用观点，笔者认为在"芯"质生态环境卫士培养中，教师不仅是知识的传授者，更是学生主体性发展的引导者。教师需要通过多样化的教学方法激发学生的学习兴趣，培养其独立思考和解决问题的能力。同时，教师还应注重学生的个性化发展，根据学生的兴趣和特长提供针对性的指导。

主体教育理论的核心在于将学生培养成未来社会生活的主体，而"芯"质生态环境卫士的培养正是这一理念的具体体现。通过充分发挥学生的主体性，"芯"质生态环境卫士不仅能够适应生态环境保护领域的需求，还能够在未来社会中发挥更大的作用。

2. 个性教育理论

尊重和发展个性成为 20 世纪以来世界教育改革浪潮中的主流，几乎所有国家都将其作为教育现代化的标志和方向，个性化教育已然成为当今世界性的教育思潮。主体性教育理论强调教育主体的主观能动性，而个性化教育理论则强调教育主体的差异化和个性化。每个人因受遗传特征、性格倾向、所处环境、所受教育、成长过程及自身努力程度等因素的影响，存在个别差异。个性化教育承认受教者（即学生个体）在智力、思维、心理、情感、生理和社会背景等各个方面所存在的差异性，并依据这些个别差异和受教者的身心发展规律，通过在教育的各个层次中体现其良好鲜明的个性，有针对性地制订因人而异的教育方式和内容，开展个性化教育，使教育模式和方法适应受教者的个体特性，从而促使每个个体都能突出发展其良好的个性，同时有益于其他各项能力，如想象力、创造力和思维能力的挖掘，使其全面发展。个性教育理论要求施教者善于寻找和尊重每个学生优良、独特的个性和素质，使之得到创造性的自由发展，并能帮助学生抑制和克服不良个性品质，同时打破统一僵化的教学模式，重视因材施教，实现教育的个性化、特色化、区别化和多样化，鼓励学生"各显神通"，最有效地开发其个性潜能和创造性，充分发挥其天赋、兴趣、爱好和特长，从而为社会做出更大贡献，并且最大程度地实现个人价值。

个性的发展同主体性、自主性一样，是产生创造性的基础。教育的根本价值在于为社会培养出有个性和创造性的人才，单调统一、毫无特色可言的教育模式会抑制创新欲望的产生，无法提高创新能力，甚至导致刻板、没有创造力的行为模式的产生。传统的应试教育忽视学生的天赋和个体差异，将文化知识传授放在首位，以升学为唯一目标，而不注重学生的个性发展，甚至扼杀学生的特质、兴趣和特长，违背了学生个性发展的规律，同时也违背了社会发展的需要。社会的飞速发展和现代科技的日益进步对人的个性化提出了更高的要求，只有充分培养学生的个性化才能，才能满足社会生产、生活等各个领域发展的人才需求。

在"芯"质生态环境卫士的培养中，个性教育理论为尊重差异、因材施教、培养多样化人才提供了理论依据。生态环境保护涉及多个学科和领域，每个学生的兴趣和能力不同，有的擅长技术创新，有的擅长科普教育，有的擅长项目管理等。因此，人才培养需要根据学生的个性特点，制订个性化的教育方案。例如：对技术型学生，可以重点培养其环境保护设备应用、数据分析等能力；对教育型学生，可以重点培养其公众教育、生态环境保护宣传等能力；对管理型学生，可以重点培养其项目管理、政策把控等能力。

借鉴个性化教育的实施路径，笔者认为个性化教育的实施路径包括以下三方面：①因材施教。在"芯"质生态环境卫士的培养中，关注学生的差异性，根据学生的兴趣、素质和能力，提供多样化的课程选择和社会实践机会。例如，开设生态环境政策、生态环境保护技术、生态环境教育等不同方向的课程；②多元化评价。加强综合考虑，采用多元化的评价方式，不仅关注学生的学业成绩，还关注其思政素质、创新素养、创业能力、实践能力和社会责任感等；③个性化指导。关注个体差异性，为每个学生配备导师，根据其发展目标和个性特点提供针对性的指导。

个性化教育不仅有助于学生充分发挥其潜能，还能够满足社会对多样化人才的需求。在生态环境保护领域，不同岗位需要不同类型的人才。通过个性化教育，可以培养出技术研发型、管理型、教育型等多种类型的生态环境卫士，从而更好地应对复杂的生态环境保护问题。

3. 全面发展教育理论

从全面发展教育理论出发，可以从以下两个方面理解人的全面发展：一是人的脑力劳动与体力劳动相结合，实现通常所说的德育、智育、体育、美育和劳动技术教育的全面发展；二是一个完整个人所具有的才能和品质都能得到和谐充分的发展。社会对人才的需求是多种多样的，多样化、全面发展的人才才能满足社会各项建设事业的发展。结合个性化教育理论来说，由于每个人会具有一定的差异性，因而在教育过程中，针对处于同一发展阶段的受教主体，既要考虑其全面发展的共性、相似性，又要结合各自的个性差异。传统教育观的最大弊病是施教者忽视了学生个体的发展，根据自己的想法和偏好来传输各种知识，这会影响学生潜能的发掘和全面发展的实现，同时还会严重遏制学生创新能力的提升。而全面发展教育理论则要求学校及教师着眼于学生的发展，遵循学生的身心发展规律，通过各种教学方式为学生的全面发展提供条件，创造环境，使其在学习和掌握各类知识的同时，能够自发并通过有效的社会实践和训练，将学到的知识逐渐内化为其自身相对稳定的思维方式和行为习惯，达到理解和运用知识，并最终促使其实现个体全面发展，成为能够适应未来社会发展的会生存、善学习、勇于创新的复合型人才。从这个角度看，个性教育理论不仅是全面发展教育理论的题中之义，而且是一种更高层次的、全面的教育表现形式；二者并不冲突，而且还要相互结合，形成个人、个性的全面发展。只有这样，才能促使学生在发展个性才能的同时，实现整体素质的提高。

全面发展教育理论为"芯"质生态环境卫士的培养提供了全面的教育目标，强调教育应促进学生在德、智、体、美、劳等方面的全面发展。

借鉴全面发展教育理论，认为在"芯"质生态环境卫士的培养中，全面发展包括以下几个方面：①德育：培养学生的社会责任感和环境保护意识，使其认识到环境保护工作的重要性，并愿意为之贡献力量；②智育：传授学生环境保护领域的专业知识和技能，使其具备解决实际问题的能力；③体育：增强学生的身体素质，使其能够适应环境保护工作中的体力要求；④美育：培养学生的审美能力和生态意识，使其能够欣赏自然之美，并致力于保护生态环境；⑤劳动教育：通过实践锻炼学生的动手能力和团队合作精神。

借鉴全面发展教育理论，笔者认为在"芯"质生态环境卫士的培养中，全面发展的实施路径包括：①课程设置。开设涵盖德育、智育、体育、美育和劳动教育的综合性课程；②实践活动。组织学生参与环境保护志愿服务、科研项目、社会实践等活动，提升其综合素质；③评价体系。建立全面的评价体系，不仅关注学生的学术成绩，还关注其道德品质、实践能力和社会责任感。

全面发展教育理论强调培养"会生存、善学习、勇于创新"的复合型人才。在生态环境保护领域，"芯"质生态环境卫士不仅需要具备专业知识和技能，还需要具备良好的道德品质、团队合作精神和创新能力。通过全面发展教育，培养出综合素质过硬的"芯"质生态环境卫士，从而更好地应对未来社会的挑战。

总之，主体教育理论、个性教育理论和全面发展教育理论并不是孤立的，而是相互联系、相互补充的。在"芯"质生态环境卫士的培养中，这三者可以有机结合，形成一套完整的教育体系。主体教育理论为"芯"质生态环境卫士的自主性和创造性提供理论支撑，个性教育理论为"芯"质生态环境卫士的因材施教提供实践路径，全面发展教育理论为"芯"质生态环境卫士综合素质的培养提供目标导向。应当以主体教育为基础，充分发挥"芯"质生态环境卫士的主体性，培养其自主学习、主动实践和创造性思维的能力；以个性教育为特色，尊重学生的个性差异，提供个性化的教育方案，培养多样化的"芯"质生态环境卫士；以全面发展为目标，促进学生在德、智、体、美、劳等方面的全面发展，培养综合素质过硬的"芯"质生态环境卫士。通过这三者的有机结合，可以培养出具有高度社会责任感、扎实专业技术知识、较强创新能力和综合素质的"芯"质生态环境卫士，为生态文明建设和社会可持续发展贡献力量。

二、"芯"质生态环境卫士的基本内涵

（一）"芯"质的内涵

"芯"字，在《新华字典》中有两种含义，一是"去皮的灯芯草"，二是"装在器物中心

的捻子之类的东西，如蜡烛的捻子、爆竹的引线等"，可引申为"核心、中心"的意思，象征着"重要和关键"。

与"芯"关联度最高的词语是"芯片"，在《现代汉语词典》中"芯片"的释义为"指包含有许多条门电路的集成电路。体积小，耗电少，成本低，速度快，广泛应用在计算机、通信设备、机器人或家用电器设备等方面"。这与人工智能、数智化技术等密切相关。

将"'芯'质"引入技术技能人才领域，"芯"质的含义可以引申为："芯"是指技术技能人才的核心竞争力，是"芯"情怀、"芯"知识、"芯"能力、"芯"资本融合的核心竞争力；"质"是指"高质量"。"芯"质意在将技术技能人才的"芯"情怀、"芯"知识、"芯"能力、"芯"资本与"质"（高质量）相结合，强调在新一轮科技创新与产业革命融合的背景下，社会对技术技能人才的责任使命、知识素质、技术技能、资本资源等提出了更高的要求。只有高质量的"芯"质技术技能人才，才能支撑新兴产业和未来产业的发展，推动经济社会的绿色转型和可持续发展。其中：①"芯"情怀指的是技术技能人才对所从事某种事业、领域或价值观的深厚情感、坚定信念及体现创新性的内在追求，这种情怀是推动个体投身其事业的内在动力，激励个体以积极的态度面对实际问题，并从创新性角度思考解决问题的方法；②"芯"知识是指技术技能人才所应具备的专业核心知识体系，涵盖理论认知、技术原理等，是支撑创新与实践的智力基础，具有专业性、数智化融合性、可持续更新性等特征；③"芯"能力是指技术技能人才解决复杂问题的核心能力，具有应用性、复合性、创新性等特征，它不仅包括传统意义上的操作技能，更强调前沿技术的掌握、应用与创新；④"芯"资本是技术技能人才通过自身能力与资源积累形成的价值载体，是支撑个人竞争力的核心要素。

总之，"芯"情怀是精神内核，作为内在驱动力，激发技术技能人才持续投入专业领域；"芯"知识是认知基础，将"芯"情怀转化为系统化知识储备；"芯"能力是实践载体，通过技术应用实现知识价值；"芯"资本是价值延伸，技术成果积累形成资源网络与个人品牌。四者有机结合、相互促进、相辅相成，共同构成"芯"质个体在特定领域中的核心竞争力。

（二）生态环境卫士的内涵

生态环境卫士是指致力于生态环境保护、积极采取行动保护自然环境的人群。生态环境卫士通过不同的方式参与生态环境保护活动，旨在改善环境质量，促进生态平衡。在当今全球生态环境面临严峻挑战的时代，生态环境卫士的出现与存在，为地球家园的可持续发展带来了无限可能。生态环境卫士活跃在生态环境保护的各个领域，用意识、行动和责任，诠释着对生态环境的热爱与守护。其内涵体现在以下三方面。

1. 意识层面：生态环境卫士是生态环境价值的深刻洞察者与知识的持续学习者

生态环境卫士拥有强烈的生态环境保护意识，这是他们一切行动的内在驱动力。他们深刻认识到生态环境是人类生存和发展的根基，大自然的生态平衡一旦被打破，人类将面临诸多生存危机。他们理解生态系统的复杂性和脆弱性，明白每一个物种、每一个生态环节都相互关联、相互影响。例如，一片森林不仅是众多动植物的栖息地，还能调节气候、保持水土、净化空气；一条河流的健康状况，直接关系到周边地区的水资源供应和生态安全。

基于这种深刻的认识，生态环境卫士时刻关注着各类生态环境问题。无论是全球气候变暖导致的冰川融化、海平面上升，还是局部地区的水气声渣污染事件，他们都能敏锐发现，并积极寻求解决之道。为了更好地应对生态环境挑战，他们主动学习生态环境保护知识，不断提升自己的专业素养。他们关注最新的生态环境动态和技术，从国际生态环境保护会议的最新成果到国内生态环境保护政策的调整变化，再到新型生态环境保护材料和技术的创新应用，都会进入他们的学习视野。通过持续学习，他们不断更新自己的知识体系，以便在生态环境保护实践中能够运用最先进的理念和技术。

2. 行为层面：生态环境卫士是绿色生活的践行者与环境改善的推动者

生态环境卫士在日常生活中，是绿色生活理念的忠实践行者。他们从身边的小事做起，以实际行动减少对环境的负面影响。在资源利用方面，他们秉持节约原则，杜绝浪费。无论是一滴水、一度电还是一张纸，他们都倍加珍惜，深知每一份资源的背后都关联着生态环境的消耗。在垃圾分类工作中，他们严格按照标准对各类垃圾进行分类投放，让可回收物得以循环利用，有害垃圾得到妥善处理，有效减少了垃圾对土壤和水源的污染。出行方式上，他们优先选择公共交通、自行车或步行，减少汽车尾气排放，为改善空气质量贡献力量。

在工作领域，生态环境卫士积极投身于各类生态环境保护项目。在污染治理工程中，他们可能是废气治理专家，致力于研发和应用高效的废气处理技术，降低工业废气中的污染物含量，让天空重现湛蓝；他们也可能是污水处理厂的技术人员，运用专业知识和先进设备，对污水进行净化处理，使其达到排放标准，重新回归自然水体。在生态修复工作中，他们投身于湿地保护与修复项目，恢复湿地的生态功能，为众多野生动植物提供栖息和繁衍的家园；或是参与植树造林活动，为大地增添绿色生机，修复受损的森林生态系统等。

3. 责任层面：生态环境卫士是当代和未来的担当者与公众意识的引领者

生态环境卫士肩负着重大的生态环境保护责任，这种责任不仅体现在对当代人的生存环境负责，更体现在对子孙后代的福祉着想。他们深知，这一代人对生态环境的所作所为，将直接影响到未来一代人的生活质量。因此，他们积极参与生态环境保护公益活动，将生态环境保护理念传递给更多的人。

在生态环境保护公益活动中，生态环境卫士会组织或参与生态环境保护讲座，向公众普及生态环境保护知识，让更多的人了解生态环境问题的严重性和生态环境保护的重要性；也会开展生态环境保护志愿者活动，如河滩清洁、公园绿地维护等，通过实际行动带动更多人参与到生态环境保护行动中；还会利用各种媒体平台，传播生态环境保护信息，倡导绿色生活方式，激发公众的生态环境保护意识和责任感。通过他们的努力，越来越多的人开始关注生态环境保护问题，参与到生态环境保护行动中来，逐渐形成全社会共同参与生态环境保护的良好氛围。

生态环境卫士作为生态环境保护领域的积极行动者和关键力量，其丰富多元的内涵体现在意识、行为和责任的各个层面，而广泛的来源则汇聚了全社会的力量，共同为守护地球家园而努力。

（三）"芯"质生态环境卫士的内涵

党的十八大以来，党中央把生态文明建设纳入"五位一体"总体布局，推动经济社会发展全面绿色转型。党的二十大报告指出，要协同推进降碳、减污、扩绿、增长，加快经济社会发展全面绿色转型。在国家政策的引领下，传统生态环境保护产业转型升级，绿色低碳转型产业处于蓬勃发展的态势中。社会发展和产业转型升级对技术技能人才的责任使命、知识素质和综合能力提出了更高的要求。只有高质量的技术技能人才，才能支撑新兴产业和未来产业的发展，推动经济社会的绿色转型和可持续发展。在科技创新与产业变革深度融合的新时代，"芯"质生态环境卫士这一概念应运而生。这个充满时代气息的名词，不仅承载着生态环境行业转型升级对生态环境技术技能人才的新要求，而且预示着经济社会发展对创新创业的迫切需求。

"芯"质生态环境卫士是指具有"芯"情怀、"芯"知识、"芯"能力、"芯"资本的技术技能人才，即指具备深厚生态环境保护情怀、掌握先进生态环境保护知识、拥有较高专业技术技能、创新创业能力和数智化能力、具有强大创新创业资本的基层生态环境保护领域的从业者和倡导者。"芯"情怀、"芯"知识、"芯"能力、"芯"资本的相辅相成、相互融合，共同构成了"芯"质生态环境卫士的核心竞争力。"芯"质生态环境卫士是新时代生态文明建设的生力军，以创新创业为武器，以高质量发展为目标，在生态环境保护领域开辟新赛道、塑造新优势。这一群体是适应生态环境保护事业从传统的末端治理向智慧化、系统化方向转型升级而产生的，他们谱写着生态文明建设的新篇章。

"芯"质生态环境卫士在全社会的产业升级中扮演着关键角色。他们通过生态环境标准引领产业绿色转型，运用生态环境技术推动传统产业改造升级，借助环境管理培育新兴产业；在工业园区，他们推动建立循环经济产业链，实现资源高效利用；在城市规划中，他们倡导绿色基础设施，促进人与自然和谐共生；在环境治理创新中，他们探索建立基于生态产品价值实现机制的环境治理新模式，推动环境治理从政府主导向多元共治转变。通过建立环境信用体系、推广环境污染责任保险等市场化手段，他们正在构建现代环境治理体系。在环境监测领域，"芯"质生态环境卫士正在构建智能化的监测体系。他们运用物联网技术，部署大量智能传感器，实现对大气、水、土壤等环境要素的全天候监测。通过大数据分析和人工智能算法，他们能够及时发现环境异常，预测环境风险，为环境决策提供科学依据。"芯"质生态环境卫士团队开发的智能空气质量监测系统，能够实时追踪污染源，精准预测空气质量变化，为大气污染防治提供有力支撑。在污染治理领域，"芯"质生态环境卫士正在推动治理模式的革新。他们运用人工智能技术优化污水处理工艺，应用智能化的废气治理设备，提高污染治理效率。在土壤修复方面，他们运用生物技术和信息技术相结合的方法，谋划智能化的土壤修复方案。在生态修复领域，"芯"质生态环境卫士正在探索新的技术路径。他们运用遥感技术和 GIS 系统，对生态系统进行精准诊断，制订科学的修复方案。在生物多样性保护方面，他们运用基因技术和人工智能技术，探索濒危物种保护的新方法。

站在新的历史起点上，"芯"质生态环境卫士肩负着推动生态文明建设的历史使命。他们将以技术创新为动力，以高质量发展为目标，在建设美丽中国的征程中贡献智慧和力量。随着更多"芯"质生态环境卫士的成长，必将迎来天更蓝、山更绿、水更清的美丽中国。这不仅是对当代人的责任，更是对子孙后代的承诺。"芯"质生态环境卫士能守护绿水青山，开创美好未来。

三、"芯"质生态环境卫士的个体特征

在全球生态环境面临严峻挑战的当下，生态环境保护事业的推进显得尤为迫切。在这场绿色变革中，"芯"质生态环境卫士以其独特的个体特征，成为推动生态环境保护事业创新发展的核心力量。"芯"质生态环境卫士是情怀、知识、能力、资本的四位一体，是具有强烈生态环境保护意识、扎实专业知识、卓越专业能力和创新创业能力和雄厚创新创业资本的生态环境保护应用型、复合型人才，他们不仅有着对生态环境保护事业的热忱，更意味着在素养、知识、能力和资本上的卓越表现，他们怀有"芯"情怀，拥有"芯"知识，具有"芯"能力，富有"芯"资本，这是开启绿色未来的关键钥匙，能有力推动生态环境保护事业的发展。

（一）怀有"芯"情怀

"芯"情怀指的是技术技能人才对所从事的某种事业、领域或价值观的深厚情感、坚定信念及体现创新性的内在追求。这种情怀是推动个体投身其事业的内在动力，激励他们以积极的态度面对实际问题，并从创新性角度思考解决问题的方法。

"芯"质生态环境卫士怀有"芯"情怀，即具备强烈的生态环境保护意识和社会责任感，且能用创新思维和数智思维去思考生态环境保护问题。这种情怀是推动学生主动参与生态环

境保护创新的内在动力，这是生态环境保护事业的原动力。"芯"情怀是"芯"质生态环境卫士内心深处对自然的敬畏、对地球家园的热爱以及对生态环境保护事业的执着追求，是一种深沉而持久的内在驱动力。这种情怀并非凭空产生，而是在对生态环境问题的深刻认知和对生态环境保护理念的深入理解中逐渐孕育而成的。他们认识到生态环境保护不仅是技术问题，更是关乎人类生存和发展的重大社会问题。在全球气候变化、资源枯竭、环境污染等严峻挑战面前，他们愿意为之贡献力量，推动绿色低碳发展和可持续发展。

这种"芯"情怀，激励着"芯"质生态环境卫士们主动投身于生态环境保护行动。他们不再满足于被动地接受生态环境保护知识，而是积极主动地去了解生态环境问题的根源，探索解决问题的方法。在面对生活中的各种选择时，他们会优先考虑对生态环境的影响，从日常的垃圾分类、节约用水用电，到参与各类生态环境保护公益活动，都能体现他们践行着生态环境保护理念。在生态环境保护行动中，他们可能会遭遇各种困难和挫折，如社会的不理解、资金的短缺、技术的瓶颈等，但"芯"情怀赋予他们坚韧不拔的精神，让他们始终坚守在生态环境保护一线，为实现绿色梦想而努力拼搏。通过宣传和教育，增强公众的生态环境保护意识，倡导绿色生活方式，推动全社会共同参与生态环境保护工作。他们用创新思维和数智思维不断探索生态环境保护的新理念、新技术和新方法，为解决生态环境问题提供了切实可行的方案。

学校应通过各种途径培养学生的"芯"情怀，讲好生态环境保护传创故事是一种有效的途径。生态环境保护传创故事在培育"芯"情怀方面发挥着至关重要的作用。这些故事有的是关于生态环境保护先驱们为守护一片净土、一条河流而不懈奋斗的传奇经历，有的是平凡人在日常生活中践行生态环境保护理念，以点滴行动汇聚成绿色力量的感人故事。通过讲述这些故事，学生们能够真切地感受到生态环境保护事业的伟大与艰辛，从而在心中种下热爱生态环境保护的种子，激发学生对生态环境保护事业的热爱和使命感，培养他们愿意为生态环境保护事业贡献力量的情怀。

（二）拥有"芯"知识

"芯"知识是指技术技能人才所应具备的专业核心知识体系，涵盖理论认知、技术原理等，是支撑创新与实践的智力基础，具有专业性、数智化融合性、可持续更新性等特征。在新一轮科技创新来临之际，生态环境卫士的知识结构正在发生根本性变化。传统的环境科学与环境工程知识已经不能满足新时代的需求，这要求生态环境工作者不仅要具备扎实的生态环境科学知识，还要掌握编程、系统建模、人工智能、大数据分析、物联网等数智化知识，能够运用这些知识解决复杂的生态环境问题。这种复合型知识结构，使他们能够从更宏观的视角审视环境问题，提出创新性解决方案。

生态环境教育体系正在重构，环境科学与信息技术的交叉融合成为新趋势。"芯"知识正在重塑生态环境保护的工作范式。环境监测从传统的定点采样发展为天地空一体化监测，污染治理从末端治理转向全过程智能管控，生态修复从人工干预升级为基于自然解决方案的智慧修复；智能传感器网络实现环境数据的实时采集与传输；人工智能算法提升环境风险预警的精准度；区块链技术确保环境数据的真实可信；等等。"芯"质生态环境卫士需要掌握这些创新创业知识的原理与应用，能够运用创新知识解决复杂环境问题，将其转化为环境保护的有力武器。例如，通过机器学习算法分析海量环境数据，可以更准确地预测污染扩散趋势；利用数字孪生知识构建虚拟环境系统，能够优化环境治理方案；运用智能传感器、无人机、卫星遥感等知识，构建天地空一体化的环境监测网络，实现环境数据的实时采集和智能分析；在污染治理方面，开发智能化的污染治理设备，运用大数据优化治理方案，显著提高治理效率。"芯"质生态环境卫士运用这种数字化知识，能使环境治理从经验驱动转向数据驱动，从粗放式治理转向精准治理。

"芯"质生态环境卫士拥有创新创业知识，即掌握高水平专业知识及数智化知识。这种知识是生态环境卫士能够有效开展生态环境保护工作的基础，也是生态环境保护行动的坚实支撑。在科技飞速发展的今天，生态环境保护事业同样离不开先进知识的支持。"芯"质生态环境卫士所拥有的创新创业技术，是他们在生态环境保护领域施展拳脚的有力武器，是解决实际环境问题的关键所在。拥有创新创业知识的"芯"质生态环境卫士，能够在生态环境保护工作中发挥重要作用。他们可以运用先进的知识和技术手段，对环境问题进行精准诊断，制订出科学合理的解决方案。在应对突发环境事件时，他们能够迅速采取有效的技术措施，降低环境污染的危害程度。

高水平的环境保护专业知识是"芯"知识的核心。这涵盖了多个学科领域，包括环境科学、化学工程、材料科学、生物科学等。在环境监测方面，他们需要掌握先进的监测知识和仪器设备，能够准确地检测出空气中的污染物、水体中的有害物质以及土壤中的重金属含量等；在污染治理方面，他们要熟悉各种污染治理技术的原理和应用，如污水处理中的生物处理法、大气污染治理中的催化燃烧技术等；在资源循环利用方面，他们需要具备创新的材料科学知识，能够掌握高效的资源回收利用技术，实现废物的减量化、再利用和资源化。

数智化知识是"芯"知识的关键。在新一轮科技革命的背景下，智能化知识成为生态环境保护领域的重要工具。"芯"质生态环境卫士需要掌握智能监测、人工智能、物联网等新兴知识与技术，能够将这些知识应用于生态环境治理中。例如，通过智能传感器实时监测空气质量，或利用人工智能技术识别污染源，提高环境治理的效率和精准度。数字化知识为生态环境保护工作提供了新的手段和方法。"芯"质生态环境卫士能够运用大数据分析、云计算等技术，处理和分析海量生态环境数据，预测环境变化趋势，制定科学的环保政策。例如，通过大数据分析，预测气候变化对农业生产的影响，并制定应对措施。

学校应该采取各种措施，丰富学生的"芯"知识，优化生态环境保护传创过程是一种有效的途径。通过优化生态环境保护传创过程，学生能够掌握先进的生态环境保护知识和数智化的方法，具备解决实际环境问题的能力。在教育教学中，应注重理论与实践相结合，通过实验教学、实地考察、科研项目等方式，让学生在实践中亲身体验生态环境保护知识的应用和创新。鼓励学生参与各类生态环境保护科技创新竞赛，激发他们的创新思维、创业意识。学生们通过参与这些竞赛，不仅能够将所学的理论知识应用到实际中，还能够接触到前沿的生态环境保护知识和理念，拓宽自己的视野。

（三）具有"芯"能力

"芯"能力是指技术技能人才在实践中展现出的综合素质和本领，具有应用性、复合性、创新性等特征。它不仅包括传统意义上的操作技能，更强调前沿技术的掌握、应用与创新。"芯"能力指的是技术技能人才所掌握的专业技能和数智化技能，这是解决行业中实际问题的工具和手段。这种能力通常需要通过学习、培训和实践来获得，并在特定领域中得到应用。其核心在于将理论知识转化为实际应用技能，以高效、科学、创新的方式解决问题。

当前，我国的高质量发展对生态环境保护提出了更高要求。在"碳达峰""碳中和"的目标下，生态环境保护不再是简单的污染防治，而是要实现经济社会发展的全面绿色转型。"芯"质生态环境卫士需要站在全局高度，统筹考虑生态环境保护与经济发展的关系，推动全社会形成绿色低碳的生产生活方式。"芯"能力包括创新能力、创业能力、团队合作能力、解决复杂问题的能力等。其是情怀和知识的拓展和延伸，是将情感和知识转化为实际行动的关键。这种能力的核心在于实践，它体现了一个人在复杂环境中应对挑战、实现目标的本领。"芯"质生态环境卫士所具有的"芯"能力，是指其具备全面的综合能力，且能持续学习新知识、新技能，保持知识结构的与时俱进。"芯"能力是"芯"质生态环境卫士在复杂多变的环境保护中取得成功的关键，也是适应新时代复杂环境保护的关键。这需要打破学科壁垒，建立环境科学、信息技术、管理科学等多学科交叉的知识框架。

创新能力是"芯"能力的核心要素之一。"芯"质生态环境卫士善于运用新技术解决实际问题，例如开发智能环境监测 APP、建立生态环境问题"随手拍"平台、运用虚拟现实技术开展环境教育等。通过技术创新推动环境治理模式创新，提高生态环境保护的智能化、精准化水平。在生态环境保护领域，创新意味着不断探索新的生态环境保护理念、技术和方法，以应对日益复杂的环境问题。"芯"质生态环境卫士要敢于突破传统思维的束缚，勇于尝试新的思路和方法。他们可以从日常生活中的点滴获取灵感，将一些看似"不起眼"的创意转化为实际的生态环境保护解决方案。创新能力的培养离不开实践平台的支持，构筑生态环境保护传创平台为"芯"质生态环境卫士提供了一个锻炼创新能力的机会。在这个平台上，"芯"质生态环境卫士可以自由地交流思想、分享经验，共同探讨生态环境保护创新的可能性。"芯"质生态环境卫士具备创新思维，能够提出新颖的生态环境保护解决方案，推动生态环境保护技术的进步。例如，开发新型生态环境保护材料，设计智能化生态环境保护设备，或提出创新的生态环境治理模式。这些创新不仅有助于解决生态环境问题，还能推动生态环境保护行业的技术升级。

创业能力是"芯"能力的关键要素之一。在生态环境保护领域，创业能力不仅意味着具备创新思维，还要求"芯"质生态环境卫士能够将创新理念转化为实际可行的商业模式和生态环境保护项目。他们能敏锐洞察生态环境保护市场的需求，识别潜在的机会，并勇于承担风险，将创意付诸实践。通过生态环境保护传创平台的实践锻炼，学生可以学习如何整合资源、制订商业计划、管理团队以及应对市场挑战，从而培养出强大的创业能力。这种能力能使"芯"质生态环境卫士在复杂的生态环境保护环境中开辟新的发展路径，推动生态环境保护技术的商业化应用，甚至创立具有社会影响力的生态环境保护企业。例如，通过开发可持续的生态环境保护产品或服务，"芯"质生态环境卫士不仅能解决生态环境问题，还能创造经济价值，推进生态环境保护创新成果转化为现实生产力。因此，创业能力是"芯"质生态环境卫士在推动生态环境保护事业中不可或缺的核心竞争力。

团队合作能力也是"芯"能力的重要组成部分。生态环境保护事业是一项庞大而复杂的系统工程，需要多个领域的专业人才共同协作。"芯"质生态环境卫士在开展生态环境保护工作时，往往需要与不同学科背景的人合作，如生态环境工程师、社会学家、政策制定者等。良好的团队合作能力能够让他们在团队中发挥自己的优势，与团队成员密切配合，共同攻克生态环境保护难题。在团队合作中，他们需要学会倾听他人的意见和建议，尊重团队成员的个性和特长，充分发挥团队的整体优势。

解决复杂问题的能力是"芯"质生态环境卫士必备的能力之一。生态环境问题往往具有复杂性和综合性，涉及自然科学、社会科学、经济学等多个领域。"芯"质生态环境卫士在面对这些复杂问题时，需要具备系统思维和分析能力，能够从多个角度去思考问题，制订出全面、有效的解决方案。在解决问题的过程中，他们还需要具备灵活应变的能力，能够根据实际情况及时调整方案，确保问题得到妥善解决。"芯"质生态环境卫士不仅具备扎实的理论知识，还拥有丰富的实践经验。他们能够将理论知识应用于实际工作中，解决复杂的生态环境保护问题。例如，参与生态环境保护项目的设计与实施，或通过科研实验验证新技术的可行性。这种实践能力的提升，使他们能够更好地应对实际复杂工作中的挑战。

（四）富有"芯"资本

"芯"资本是技术技能人才通过自身能力与资源积累形成的价值载体，是支撑个人竞争力的核心要素。"芯"资本是支撑"芯"质生态环境卫士进行创新创业活动的核心资源，涵盖人力资本、社会资本和心理资本。

人力资本亦称"非物质资本"，与"物质资本"相对，是体现在劳动者身上的资本。如劳动者的知识技能、文化技术水平与健康状况等，这是创新创业的基础。"芯"质生态环境卫士需不断学习新知识和新技术，保持身心健康等，才能适应新趋势。人力资本是创新创业的驱动力，但它的积累和发挥离不开社会资本的支持。例如，通过社会网络，"芯"质生态环境卫士可以获取更多学习机会和资源，提升自身能力。

社会资本，即创新创业的纽带与支撑。社会资本指个体或组织通过社会关系网络获取的资源和支持，是"芯"质生态环境卫士成功的关键。其内涵包括：关系网络，即"芯"质生态环境卫士通过家庭、朋友、同事、行业伙伴等社会关系获取信息、资源和机会；信任与合作，即社会资本依赖于信任，信任能够降低交易成本，促进合作，推动资源整合；社会嵌入性，即将"芯"质生态环境卫士从事的活动嵌入社会网络中，社会关系为"芯"质生态环境卫士提供市场洞察、政策支持和技术合作等；资源获取，即通过社会资本，"芯"质生态环境卫士能够获得资金、人才、技术等关键资源，降低创业风险。马克思主义强调"人的本质是一切社会关系的总和"，社会资本正是这一观点的体现。"芯"质生态环境卫士不能脱离社会关系孤立行动，而是依赖社会网络实现资源整合和价值创造。

心理资本，即"芯"质生态环境卫士的精神支柱。心理资本是指"芯"质生态环境卫士在创新创业过程中表现出的心理素质和韧性，是应对挑战和压力的关键。其内涵包括：创业韧性，即面对失败和挫折时，"芯"质生态环境卫士须具备坚韧不拔的心理素质，能够快速调整并继续前行；自我效能感，即"芯"质生态环境卫士须相信自己的能力，能够克服困难并实现目标；乐观与激情，即积极的心态和对事业的热情，这是"芯"质生态环境卫士从事创新创业活动的重要动力。心理资本的提升不仅依赖个人努力，还受到社会资本的影响。例如，社会支持网络可以为"芯"质生态环境卫士提供情感支持和鼓励，增强其心理韧性。

"芯"资本是人力资本、社会资本和心理资本的有机结合。人力资本是核心能力，推动"芯"质生态环境卫士进行创新和价值创造；社会资本是纽带，为"芯"质生态环境卫士提供资源和支持；心理资本是精神支柱，帮助"芯"质生态环境卫士应对挑战。三者相互依存、协同作用，共同构成"芯"质生态环境卫士成功的"芯"资本。在"芯"质生态环境卫士培养中，须注重三者的协同发展，实现个人能力与社会关系的全面提升。

综上所述，"芯"质生态环境卫士所具备的"芯"情怀、"芯"知识、"芯"能力和"芯"资本是一个有机的整体，相互关联、相互促进，共同构成了"芯"质生态环境卫士的核心内涵。"芯"情怀为他们提供了内在的动力和精神支撑，让他们始终保持对生态环境保护事业的热爱和执着；"芯"知识是他们开展生态环境保护工作的有力武器，使他们能够在生态环境保护领域发挥专业优势，解决实际问题；"芯"能力则帮助他们在复杂多变的生态环境保护工作中应对自如，不断创新和突破；"芯"资本是他们开展生态环境保护工作的支撑体系与资源保障，"芯"质生态环境卫士的发展离不开"芯"资本的积累和应用。在未来的生态环境保护事业中，需要更多这样的"芯"质生态环境卫士，他们将以自己的智慧和力量，为地球家园的可持续发展贡献力量，引领人们走向一个更加绿色、美好的未来。

第二节　学缘传创人才培养模式的结构范畴

一、学缘传创的概念

对于高校学生而言，学是知识积累与创业启蒙，缘是人际拓展与创业资源对接，传是经验传承与创业能力提升，创是突破创新与创业价值实现。

"学"是学缘传创的基石，也是创新创业教育的起点。初入高校，学生怀揣着对专业知识的好奇与憧憬，渴望在知识海洋中汲取养分。在专业课程学习里，不仅能掌握学科基础知识，还会接触到前沿技术。这些在拓宽知识边界的同时，也让学生初步具备运用技术解决问题的能力。与此同时，创新创业教育课程体系融入其中，通过创业基础理论课程启蒙创业理念，通过讲解市场分析、商业模式构建等基础知识，让学生对创业有了初步认知。学校设立的奖学金、助学金等资本支持，激励学生努力学习专业与创业知识，保障学生能全身心投入知识探索，逐步构建起专业知识与创业思维交织的知识体系。

"缘"在学缘传创里构建起了丰富且多元的人际网络，这在创新创业教育中同样意义非凡。因共同的学术兴趣与创业热情，学生与同学、老师建立起深厚情谊，形成学术与创业小团体。在学术社团、科研项目小组以及创业俱乐部等组织中，不同专业背景的同学汇聚一堂。理工科学生为文科学生提供技术支持，助力创业项目中的产品技术研发；文科学生则为理工科学生提供创意构思与营销策略。这种学缘关系下的能力互补，在团队协作中锻炼了学生沟通、协调等综合能力，为创业团队组建与运营奠定基础。学校的校友网络基于学缘，其不仅提供实习、实践机会，还会对接创业资源，如校友创业成功后回校分享经验、提供创业项目合作机会，背后的企业赞助、校友捐赠等资本支持，让学生能接触到更多实际创业项目，获取实践资源，拓宽创业视野。

"传"是前辈经验与知识传递给学生的关键过程，在创新创业教育领域更是如此。老师们出于对教育事业与培育创业人才的情怀，将多年积累的专业知识、研究经验以及创业实践心得毫无保留地传授给学生。在实验课程、毕业设计指导中，老师不仅传授专业技术技能，还会结合实际案例讲解创业项目中的技术应用与创新点。学长学姐通过创业分享会、一对一帮扶等形式，将应对创业竞赛的技巧、创业项目运营中的经验教训以及适应大学生创业生活的经验传递给学生，帮助学生提升创业所需的学习与实践能力。学校设立的学术传承基金以及创业专项扶持基金，鼓励优秀学生参与科研传承项目与创业实践项目，为传承活动与创业尝试提供资金保障，让知识与经验得以延续，助力学生在创业学习道路上少走弯路，更快成长为具备创业能力的人才。

"创"是高校学生学缘传创的高阶追求，也是创新创业教育的核心目标。凭借对专业领域的热爱与探索情怀，学生不满足于现有知识，渴望创新突破。在学校创新创业课程、科研训练项目以及各类创业竞赛中，学生可以学习新的创新技术与方法，如利用遥感技术开展数据解译，将数据化思维融入产品与服务开发。通过参与这些活动，学生与团队成员共同发挥创新能力，将所学知识转化为创新成果，并尝试将其落地为创业项目。学校搭建的创新创业孵化平台，引入风投资本、企业合作资金等，帮助学生将创新想法转化为实际产品或商业项目，实现经济与社会价值。在这个过程中，学生不断挑战自我，提升创新能力与创业实践能力，为未来的职业发展与社会贡献奠定坚实基础。

总之，学缘传创是以大学生创新创业为出发点和最终目标，紧密依托各类学缘关系，在情怀驱动、技术支持、能力培养与资本助力下，融合创新创业教育理念与实践，从而传承价值以立魂、传授知识以奠基、传替技术以更新、传袭资本以续力的动态过程和结果。它贯穿于学生从基础学习到实践创新、从知识积累到创业实践的整个学习及职业生涯。通过知识传承帮助学生成长为具备专业素养与创业思维的人才，借助学缘关系拓展创业资源，凭借创新活动提升创业能力与创造经济社会价值。学缘传创是高校学生实现个人发展与学术、创业突破的重要路径，对培养适应社会需求的创新创业人才具有深远意义。

二、学缘传创人才培养模式的学理渊源

（一）教育哲学基础

学缘传创人才培养模式在高职教育创新创业中的应用有着深厚的教育哲学基础，其中建构主义教育哲学和实用主义教育哲学对其影响尤为显著。

建构主义教育哲学强调学习者的主动建构作用，认为知识不是通过教师传授得到，而是学习者在一定的情境即社会文化背景下，借助其他人（包括教师和学习伙伴）的帮助，利用必要的学习资料，通过意义建构的方式而获得的。在学缘传创人才培养模式中，学生基于学缘关系形成的学习共同体，为知识的建构提供了丰富的情境和协作机会。例如，在某高职院校的电子信息专业，学生们组成学缘团队参与一个智能电子产品的研发项目。在项目实施过程中，团队成员来自不同年级和专业方向，他们各自拥有不同的知识和经验。低年级学生在高年级学生的指导下，通过实际操作和讨论，逐渐理解和掌握了电子产品研发的相关知识和技能。他们在与团队成员的协作中，不断提出自己的想法和疑问，通过共同探讨和实验，对知识进行主动建构。在遇到技术难题时，团队成员会一起查阅资料、分析问题，尝试从不同角度寻找解决方案。这种基于学缘关系的协作学习，使学生们在实践中不断建构和完善自己的知识体系，培养了自身激发创新思维和解决问题的能力。

实用主义教育哲学主张教育即生活、教育即生长、教育即经验的不断改造。教育应该与实际生活紧密联系，注重培养学生的实际能力和解决问题的能力。学缘传创人才培养模式充分体现这一理念，它以创新创业实践为导向，让学生在实际的创业项目中学习和成长。例如，某高职院校市场营销专业的学生，通过学缘关系与校友企业合作，参与企业的市场推广活动。在这个过程中，学生们深入了解市场需求，学习如何制定营销策略、开展市场调研、进行客户沟通等实际技能。他们在实践中不断积累经验，将所学的理论知识应用到实际工作中，实现了知识与实践的有机结合。同时，学生们在创业实践中不断面临新的问题和挑战，促使他们不断学习和探索，从而实现经验的不断改造和能力的持续提升。这种注重实践和经验积累的教育模式，符合实用主义教育哲学的核心观点。

建构主义教育哲学和实用主义教育哲学为学缘传创人才培养模式提供了坚实的理论支撑。在高职教育创新创业中，学缘传创人才培养模式通过充分发挥学缘关系的优势，营造良好的学习和实践情境，促进学生主动学习和知识建构，注重培养学生的实际能力和解决问题的能力，使学生在创新创业实践中不断成长和发展。

（二）心理学理论支撑

学缘传创人才培养模式在高职教育创新创业中有着坚实的心理学理论支撑。认知心理学和社会学习理论为其提供了丰富的理论依据，从不同角度促进了个体学习、团队协作和创新

思维的培养。

认知心理学将人脑视为一个信息加工系统，强调对认知过程的研究，如感觉、知觉、注意、记忆、思维等。在学缘传创人才培养模式中，认知心理学的理论为个体学习提供了重要指导。以某高职院校的汽车检测与维修专业为例，学生在学习汽车故障诊断知识时，运用认知心理学中的记忆策略，如组块化记忆、联想记忆等，将复杂的汽车故障症状和诊断方法进行分类整理，形成知识组块，从而提高了记忆效率。他们将汽车发动机的不同故障症状与相应的诊断流程进行联想记忆，当遇到发动机抖动的故障时，能够迅速联想到可能的原因如火花塞故障、节气门积碳等，并按照相应的诊断流程进行排查。在学习新的汽车维修技术时，学生利用认知心理学中的问题解决策略，如手段-目的分析、逆向思维等，分析问题的本质，寻找解决问题的方法。在面对新能源汽车电池管理系统故障时，学生运用手段-目的分析策略，将解决电池管理系统故障这一总目标分解为多个子目标，如检查电池电压、电流、温度传感器是否正常，分析电池管理系统的控制策略等，通过逐步实现子目标来解决总问题。

认知心理学还强调知识的建构和整合。在学缘团队中，不同学生的知识结构和认知方式存在差异，通过团队协作，学生们可以分享各自的知识和经验，共同建构更加完整和深入的知识体系。例如，在一次汽车维修实践项目中，团队成员包括汽车检测与维修专业、电子信息专业和市场营销专业的学生。汽车检测与维修专业的学生负责汽车故障的诊断和修复，电子信息专业的学生利用其专业知识，为汽车电子控制系统的故障诊断提供技术支持，市场营销专业的学生则从市场需求和客户反馈的角度，为汽车维修服务的优化提供建议。通过团队成员的协作，他们不仅解决了汽车维修中的技术难题，还拓展了自己的知识领域，实现了知识的整合和创新。

社会学习理论由美国心理学家阿尔伯特·班杜拉提出，该理论强调个体通过观察和模仿他人的行为来学习新的知识和技能。在学缘传创人才培养模式中，社会学习理论对团队协作和创新思维培养有着重要的影响。例如，某高职院校电子商务专业的学生们组成学缘团队参与电商创业项目。团队成员以成功的电商创业者为榜样，通过观察他们的创业策略、运营模式和团队管理方法等，进行学习和模仿。他们关注知名电商企业的营销策略，例如如何进行市场定位、产品推广、客户关系管理等，并将这些经验应用到自己的创业项目中。在团队协作过程中，学生们相互观察和学习，形成良好的团队氛围和协作模式。团队中的核心成员积极发挥榜样作用，展示出良好的沟通能力、团队协作精神和问题解决能力，其他成员通过观察和模仿，不断提升个人团队协作能力。在项目遇到困难时，核心成员冷静分析问题，积极寻找解决方案，这种行为激励着其他成员也勇敢面对困难，共同探讨解决问题的方法，从而培养了团队成员的创新思维和解决问题的能力。

社会学习理论中的自我效能感理论也在学缘传创人才培养模式中发挥着重要作用。自我效能感是指个体对自己能否成功完成某一行为的主观判断和信念。在学缘团队中，当学生看到团队成员通过努力取得成功时，会增强自己的自我效能感，相信自己也能够在类似的任务中取得成功。这种自我效能感的提升会激发学生的学习动力和创新热情，促使他们更加积极地参与到创新创业活动中。例如，在一次电商直播带货活动中，团队中的一名成员通过精心策划和准备，成功实现了较高的销售额。其他成员看到这一成果后，受到鼓舞，认为自己也有能力做好电商直播带货，从而更加积极地学习直播技巧、产品知识和营销方法，为下一次直播活动做好充分准备。

综上所述，认知心理学和社会学习理论为学缘传创人才培养模式提供了有力的心理学理论支撑。通过运用这些理论，能够更好地促进高职院校学生在创新创业中的个体学习能力、团队协作能力和创新思维的培养，提高学生的创新创业能力，为他们的未来发展奠定坚实的基础。

（三）职业教育理论支撑

职业教育理论的发展历程源远流长，为学缘传创人才培养模式在高职教育创新创业中的应用提供了深厚的理论根基。回顾职业教育理论的发展脉络，不难发现学缘传创人才培养模式与诸多经典职业教育理论之间存在着紧密的传承与发展关系。

以德国的双元制职业教育理论为例，其强调企业与职业院校的紧密合作，学生交替进行企业实践与在校理论学习过程，在这个过程中实现了理论与实践的深度融合。在双元制模式下，学生大约70%的时间在企业接受实践技能培训，学习企业实际生产所需的技能和知识，熟悉企业的生产流程和管理机制；30%的时间在校学习理论知识，为实践操作提供理论支撑。这种模式注重培养学生的实际操作能力和职业素养，使学生能够在毕业后迅速适应企业的工作需求。

学缘传创人才培养模式在一定程度上借鉴了双元制的理念，强调在实践中的学习和成长。在学缘传创人才培养模式中，学生通过参与实际的创新创业项目，将所学知识应用于实践，在实践中不断积累经验，提升自己的创新创业能力。例如某高职院校机械制造专业的学生，在学缘团队的支持下，与当地一家机械制造企业合作开展技术创新项目。学生们在企业中深入了解生产实际，发现了传统生产工艺中存在的问题，并运用所学的专业知识，提出了创新性的解决方案。在项目实施过程中，学生们不仅提高了自己的专业技能，还培养了创新思维和团队协作能力，这与双元制中注重实践能力培养的理念高度契合。

英国的现代学徒制也是职业教育的重要理论与实践模式。它强调学徒在企业中跟随经验丰富的师傅学习，通过实际工作中的观察、模仿和实践，掌握职业技能和知识。在现代学徒制中，师傅不仅传授技能，还传递职业价值观和工作态度，对学徒的职业发展产生深远影响。学缘传创人才培养模式中的学缘关系，类似于现代学徒制中的师徒关系。在学缘团队中，高年级学生或校友可以作为低年级学生的"师傅"，分享自己的学习经验、实践技巧和职业发展路径，帮助低年级学生更好地成长。

中国古代的技艺传承理论也对学缘传创人才培养模式有着一定的启示。在中国古代，技艺传承往往通过师徒相授的方式进行，徒弟在师傅的指导下，通过长期的实践和学习，掌握技艺的精髓。这种传承方式注重实践经验的积累和传承，强调师徒之间的情感纽带和信任关系。学缘传创人才培养模式中的学缘关系同样强调学生之间的情感联系和信任，通过学缘网络，学生们能够建立起紧密的联系，相互学习、相互支持。例如在某高职院校的传统手工艺专业，学生们通过学缘关系组成学习小组，共同学习和传承传统手工艺。在小组中，学生们相互交流技艺心得，分享学习资源，共同探索传统手工艺的创新发展路径，这种传承方式与中国古代技艺传承理论中的师徒相授有着相似之处。

综上所述，学缘传创人才培养模式与职业教育理论之间存在着密切的关联。它在继承和发展传统职业教育理论的基础上，结合现代社会对创新创业人才的需求，形成了独特的教育理念和模式。通过借鉴双元制、现代学徒制等理论中的实践导向、师徒传承等理念，学缘传创人才培养模式为高职教育创新创业提供了新的思路和方法，有助于培养出更多具有创新精神、创业能力和实践能力的高素质技术技能人才。

三、学缘传创人才培养模式的内涵

在高职教育的特定背景下，学缘传创人才培养模式是一种以学生学缘关系为基础，深度融合知识传承与创新创业教育，以促进高职教育在数智时代实现高质量发展和培养创新创业人才的新型人才培养模式。它的内涵丰富多元，涵盖多个关键要素，这些要素相互关联、协同作用，共同构成了这一独特教育范式的核心内容。

多学科知识融合是学缘传创人才培养模式的重要基础。在高职院校中，创新创业活动往往涉及多个领域的知识和技能。传统的单一学科教育模式难以满足创新创业的需求，因此，学缘传创人才培养模式强调打破学科壁垒，促进不同学科知识的交叉与融合。例如，在开展某智能硬件创业项目时，学生不仅需要掌握电子信息、机械设计等专业技术知识，还需要了解市场营销、财务管理、法律等方面的知识。通过多学科知识的融合，学生能够从不同角度思考问题，拓宽创新思维的边界，为创新创业提供更广阔的思路和方法。在课程设置上，高职院校可以开设跨学科的创新创业课程，如"创新创业与多学科融合实践"课程，将工程技术、管理、艺术等学科的知识有机整合，引导学生运用多学科知识解决实际问题。同时，鼓励教师开展跨学科教学和研究，组建跨学科教学团队，为学生提供多元化的知识传授和指导。

师生学缘互动是学缘传创人才培养模式的核心动力。在创新创业教育中，师生之间的互动交流至关重要。教师丰富的专业知识、实践经验和行业资源，能够为学生提供宝贵的指导和启发；学生的创新思维和活力，也能为教师带来新的思路和灵感。这种互动不仅局限于课堂教学，还延伸到课外实践、项目指导等多个环节。在课堂教学中，教师可以采用案例教学、项目驱动教学等方法，引导学生积极参与讨论和实践，激发学生的创新思维。例如，在讲解创业案例时，教师可以组织学生进行小组讨论，分析案例中的成功经验和失败教训，让学生提出自己的见解和解决方案，培养学生分析问题和解决问题的能力。在课外实践中，教师可以带领学生参与企业实习、创业竞赛等活动，为学生提供实践机会，让学生在实践中锻炼创新创业能力。同时，学生可以将实践中遇到的问题和困惑及时反馈给教师，教师给予针对性的指导和建议，形成良好的互动循环。

创新成果转化是学缘传创人才培养模式的关键目标。学缘传创人才培养模式注重将学生的创新成果转化为实际的经济效益和社会效益，实现知识的价值创造。高职院校可以通过建立创新创业孵化基地、科技成果转化中心等平台，为学生的创新成果提供转化支持。例如，某高职院校的学生研发出一款新型的环保材料，学校的创新创业孵化基地为其提供了场地、设备和资金支持，帮助学生进行产品的中试和生产，并协助学生与企业对接，实现了创新成果的产业化应用。在创新成果转化过程中，学校还可以引入专业的知识产权服务机构和法律咨询机构，为学生提供知识产权保护、技术转移、法律咨询等服务，保障学生的合法权益，促进创新成果的顺利转化。同时，鼓励学生积极参与市场竞争，将创新成果推向市场，接受市场的检验，不断优化和完善创新成果，提高创新成果的市场竞争力。

四、学缘传创人才培养模式的特征

（一）目标导向的明确性

学缘传创人才培养模式自构建之初，就锚定大学生创新创业这一核心目标。在课程体系规划上，大一年级便开设创业启蒙课程，通过引入丰富的创业案例与成功企业家的故事，激发学生的创业兴趣，初步建立创业意识。随着学业推进，专业课程会融入创业导向的教学内容。例如在机械工程专业课程里，教师在讲解机械设计原理时，引导学生思考如何将独特的设计转化为具有市场竞争力的产品，从创业视角分析设计的可行性、成本效益与潜在市场需求。创新创业教育课程体系也围绕创业全流程精心设置，涵盖创业机会识别、商业计划书撰写、创业营销与财务管理等课程，让学生系统学习创业知识与技能。在实践环节，学校组织各类创业实践项目，如"校园创业挑战赛"，要求学生基于创新想法设计商业项目，并进行市场调研、产品开发与营销推广，在实战中强化对创新成果的市场转化能力，确保学生从入学到毕业，每一步学习与实践都紧密围绕大学生创新创业目标，稳步积累创业素养与能力。

（二）学缘关系的依赖性

校内学缘关系在人才培养中发挥着关键作用。师生之间，教师凭借深厚的专业知识与丰富的行业经验，在课堂内外积极引导学生。在专业实验课上，教师指导学生运用专业技术解决实际问题，并启发学生思考这些技术在创业项目中的应用场景。例如在化学实验课上，教师引导学生探索实验成果转化为化工产品的可能性，学生在实践过程中提出的创新实验思路与应用设想，也促使教师在科研与教学中不断更新研究方向与教学内容。同学之间，因共同创业兴趣形成学缘小团体，跨专业合作频繁。例如，在校园文创产品创业项目中，设计专业学生负责产品外观设计，市场营销专业学生进行市场调研与推广策略制订，计算机专业学生开发线上销售平台，不同专业学生整合各自的技术与创意资源，共同推动项目发展。校外校友网络同样不可或缺，校友定期回校举办创业讲座，分享从创业初期的艰难摸索到成功运营企业的全过程经验。如某知名校友回校分享其互联网创业经历，详细讲述如何抓住市场机遇、应对资金短缺与人才管理难题。此外，校友还会为在校学生提供项目合作机会，带领学生参与实际商业项目，使学生提前接触市场，形成从校园到社会的创业资源流通链条，极大拓展学生的创业视野与实践平台。如今，数智化手段进一步强化了学缘关系。通过在线学习社区与学术交流平台，师生、同学间的时空限制被打破，其能更便捷地交流学术见解与创业想法。教师可利用智能教学工具，实时掌握学生的学习进度，精准指导；学生们能基于大数据分析，寻找志同道合、专业互补的伙伴，组建更高效的创业团队；校友网络也借助数字化平台，实现信息实时更新与资源精准对接，校友可通过线上分享会、远程指导等方式，跨越距离助力在校学生的创业项目。

（三）情怀驱动的持续性

情怀是学缘传创人才培养的内在灵魂。教师出于对教育事业的热爱以及培育创业人才的使命感，在教学与指导过程中倾尽全力。在创业实践指导课程中，教师花费大量时间与学生深入探讨创业项目的可行性，针对学生的创意提出建设性意见，毫无保留地分享自己的行业经验与资源。学生自身对专业领域的热爱促使他们积极探索创新。以生物科学专业学生为例，对生命科学的浓厚兴趣让他们投身于生物制药相关的创业项目研究，在面对实验失败、资金紧张等困难时，凭借对专业的热爱与创新追求，他们能坚持不懈地尝试新的实验方法，寻找新的合作机会。在创业实践的各个环节，从项目构思、产品研发到市场推广，情怀始终激励着学生不断探索新的商业模式与技术应用。如在环保创业项目中，学生为研发更高效的环保产品，深入研究前沿技术，尝试将其应用于产品创新，努力为解决环境问题贡献力量。情怀成为推动学缘传创人才培养持续前进的强大精神动力，数智时代，情怀的传播与共鸣有了新途径。学生可通过新媒体平台，分享自己的创业初心与奋斗历程，吸引更多有相同情怀的伙伴加入。教师也能借助数字化手段，挖掘更多富有情怀的创业案例，在教学中激发学生共鸣，强化情怀驱动力。

（四）技术支撑的先进性

技术贯穿学缘传创人才培养的始终，且保持前沿性。在专业学习方面，学校紧跟学科发展趋势，不断更新课程内容。如在人工智能专业，学生不仅学习基础的机器学习算法，还能接触到最新的深度学习框架与模型，如 Transformer 模型架构及其在自然语言处理、计算机视觉等领域的应用。在创新创业课程中，同样注重引入新兴创业技术手段。如在新媒体创业课程里，学生学习短视频营销、直播带货等新兴营销技术，掌握如何利用社交媒体平台精准定位目标客户群体。学校积极与企业合作，共建实践教学基地，引入企业实际项目。例如与汽车制造企业合作，让车辆工程专业学生参与新能源汽车研发项目，接触行业最新的生产制造技术与工艺，确保学生所学技术与市场实际需求紧密接轨。同时，学校鼓励学生参与科研项目，在科研实践中运用先进技术解决实际问题，提升技术应用能力，使学生在毕业时能够熟练运用先进技术开展创新创业活动，在激烈的市场竞争中占据优势。数智技术为技术支撑增添新内涵。学校引入智能教学设备，如虚拟实验室、智能学习分析系统等，让学生在虚拟环境中开展复杂实验，借助数据分析优化学习路径。在创新创业实践中，学生利用大数据分析市场趋势、用户需求，运用人工智能技术优化产品设计、营销方案，以数智技术赋能创业项目，提升项目竞争力。

（五）能力培养的综合性

学缘传创致力于全方位培养学生的综合能力。在知识学习阶段，通过开设大量阅读、文献综述训练课程等，培养学生的自主学习能力，使其能够独立获取、筛选与整合专业知识。例如法学专业学生需要自主研读大量法律法规与案例资料，提炼关键信息，构建知识体系。在团队项目与创业竞赛中，应注重提升学生的沟通协作能力。例如在"互联网＋"创新创业大赛中，学生团队成员来自不同专业，需要密切沟通，明确各自分工，共同完成项目策划、技术研发、市场分析等任务，在协作过程中学会倾听他人意见，协调团队冲突，提升团队凝聚力。创业实践环节更是对学生综合能力的全面考验。例如，在运营某小型餐饮创业项目时，学生需要进行市场分析，调研周边消费群体需求、竞争对手情况，制订合理的产品定价与营销策略；进行项目管理，合理安排人员分工、物资采购与店铺运营；还要具备风险应对能力，应对食材价格波动、人员流动等突发情况，从项目策划、资金筹集到市场推广，全面提升自身综合素质，以适应复杂多变的创业环境。数智化助力能力培养升级。学生通过在线协作平台，与全球范围内的伙伴开展项目合作，提升跨文化沟通与协作能力。利用大数据分析工具，学生能高效处理海量信息，提升信息筛选与分析能力。在模拟创业实践中，借助虚拟现实（VR）、增强现实（AR）技术，营造高度仿真的商业环境，让学生在沉浸式体验中锻炼综合应对能力。

（六）资本助力的全程性

资本在学缘传创人才培养的各个阶段都发挥着重要作用。在知识积累阶段，学校设立多种奖学金、助学金，激励学生努力学习专业与创业知识。如设立创新创业专项奖学金，对在创业课程学习中表现优异、具有创新思维的学生给予奖励，为学生安心学习提供资金保障。在知识传承与创业尝试阶段，学术传承基金支持学生参与科研项目，传承专业知识与研究方法；创业专项扶持基金为学生的创业实践项目提供启动资金。例如，某学生团队凭借环保创业项目获得创业专项扶持基金，得以开展产品研发与市场调研工作。在创业项目发展过程中，学校搭建资本对接平台，引入风投资本、企业合作资金等。学校定期举办创业项目路演活动，邀请投资机构、企业代表参加，让学生有机会向潜在投资者展示创业项目。如某智能硬件创业项目通过路演获得风投资本青睐，成功获得资金注入，实现产品量产与市场推广，实现从创意构思到市场落地的资本支持闭环，确保学缘传创人才培养的各个阶段都有充足资金推动学生创新创业项目的发展。数智化改变资本助力模式。学校利用大数据搭建精准化资本对接平台，依据学生创业项目特点、市场前景等数据，为其匹配最合适的投资机构与资金。学生通过线上平台，能便捷展示创业项目，吸引全球范围内的潜在投资。同时，借助区块链技术，保障资金流转透明、安全，提升资本助力的效率与可信度。

（七）教育理念与实践的融合性

学缘传创人才培养模式将创新创业教育理念与实践紧密结合。在理论教学方面，该模式系统传授创业基础理论，详细讲解市场分析方法，例如如何运用PEST分析模型分析宏观环境，波特五力模型分析行业竞争态势；深入阐述商业模式构建要素，包括客户细分、价值主张、渠道通路等。通过理论教学，为学生构建完整的创业思维框架。在实践环节，该模式形式丰富多样。创业模拟实训通过虚拟商业环境，让学生模拟企业运营，从注册公司、制定战略到财务管理，按照真实企业运营流程进行决策与管理，在实践中深化对理论知识的理解。真实创业项目参与则让学生亲身体验创业全过程，如参与学校孵化的科技创业公司，负责产品研发、市场推广等实际工作。企业实习让学生深入企业一线，了解行业运作模式与市场需求，将所学理论知识应用于实际工作场景。例如，市场营销专业学生在企业实习中，运用所学的市场调研、营销策划知识，参与企业新产品推广活动，在实践中不断优化知识应用能力，实现理论与实践的有机结合，培养出真正具备创业能力的应用型人才。数智技术促使教育理念与实践深度融合。在线课程平台提供丰富的创业理论资源，学生可按需自主学习。虚拟仿真实践平台让学生在虚拟场景中反复演练创业流程，将理论知识即时应用。企业与学校通过数字化协同，实现人才培养方案与企业需求的实时对接，让学生在实践中精准掌握企业所需技能，提升教育与实践融合的实效性。

（八）数智化贯穿的全面性

数智化全面渗透于学缘传创人才培养模式的各个环节。从教学资源来看，学校构建数字化课程库，内容涵盖专业课程与创新创业课程，学生可通过智能终端随时随地学习。例如，学生利用碎片化时间在手机端学习在线创业案例分析课程，丰富知识储备。在教学方法上，采用智能化教学手段，如自适应学习系统根据学生学习进度与能力水平，个性化推送学习内容与练习题目，提高学习效率。在实践环节，借助数智技术打造模拟创业生态系统，学生在虚拟环境中开展市场调研、产品研发、营销推广等创业活动，通过大数据反馈不断优化策略。在评价体系方面，运用数据挖掘与分析技术，对学生的学习过程、实践成果、创新能力等进行多维度精准评估，为学生提供针对性的发展建议，助力其在学缘传创道路上持续成长，实现数智化与人才培养的深度融合，培育适应数智时代的创新创业人才。

五、学缘传创人才培养模式的形成

在当前教育环境下，学缘传创人才培养模式的形成是多种因素共同作用的结果。教育理念的不断更新是学缘传创人才培养模式形成的重要基础。随着社会对创新型人才需求的不断增加，职业教育的理念逐渐从传统的技能培养向综合素质培养转变，强调培养学生的创新精神、创业意识和实践能力。这种教育理念的转变促使职业院校积极探索新的教育模式和方法，学缘传创人才培养模式正是在这种背景下应运而生的。职业院校开始重视学生的创新思维培养，鼓励学生参与创新创业实践活动，通过整合各方资源，为学生提供更好的创新创业教育环境。

社会经济的发展为学缘传创人才培养模式的形成提供了强大的动力。随着经济的快速发展和产业结构的不断升级，创新创业成为推动经济发展的重要力量。企业对具有创新能力和创业精神的人才需求日益迫切，这就要求职业院校培养出符合市场需求的创新创业人才。为了满足企业的需求，职业院校加强与企业的合作，引入企业的实际项目和资源，让学生在实践中锻炼创新创业能力。同时，企业也积极参与到职业院校的人才培养中，为学生提供实习机会、技术指导和资金支持，形成了校企合作的良好局面。

信息技术的发展为学缘传创人才培养模式的形成提供了技术支持。互联网、大数据、人工智能等信息技术的广泛应用，改变了人们的学习和工作方式，也为创新创业教育带来了新的机遇。职业院校利用信息技术，搭建了线上线下相结合的创新创业教育平台，为学生提供了丰富的学习资源和便捷的交流渠道。通过在线课程、虚拟实验室、创新创业社区等平台，学生可以随时随地学习创新创业知识，与教师、校友和企业专家进行交流和互动，获取更多的指导和支持。

六、学缘传创人才培养模式的功能

学缘传创人才培养模式在高职教育创新创业中具有强大的功能，可从知识传承、激发创新和促进创业三个维度进行深入解析。

从知识传承维度来看，学缘关系为知识的传递提供了独特的渠道。在高职院校中，教师作为知识传承的重要主体，通过系统的课堂教学，将专业知识和技能传授给学生。例如，在机械制造专业的教学中，教师详细讲解机械原理、机械制图等专业知识，使学生掌握扎实的理论基础。同时，学缘关系中的学长学姐和校友也发挥着重要作用。学长学姐在学习过程中积累了丰富的学习经验和技巧，他们可以将这些宝贵的经验分享给学弟学妹，帮助他们更好地理解和掌握专业知识。如某高职院校电子商务专业的学长，在参加电商大赛后，将自己在比赛中运用的营销策略、数据分析方法等经验传授给低年级的同学，使他们在后续的学习和实践中少走弯路。校友则凭借在工作岗位上的实践经验，为学生带来行业的最新动态和实际应用案例。他们可以分享在企业中遇到的实际问题及解决方法，让学生了解专业知识在实际工作中的应用场景，增强学生对知识的理解和应用能力。例如，某高职院校计算机专业的校友在互联网企业担任技术主管，他通过定期回母校举办讲座，向学生介绍当前互联网行业的前沿技术和项目开发流程，使学生能够及时了解行业发展趋势，为未来的职业发展做好准备。

从激发创新维度来看，学缘传创人才培养模式为激发学生的创新思维提供了有利条件。在学缘网络中，不同背景和专业的学生会聚在一起，他们的思维方式和知识结构各不相同，这种多样性为创新思维的碰撞提供了丰富的土壤。通过学缘关系，学生们可以参与各种学术交流活动、科研项目和创新创业竞赛等，在这些活动中，他们与不同专业的同学合作，共同探讨问题、解决问题。例如，在一次高职院校的创新创业大赛中，来自电子信息、市场营销和管理等不同专业的学生组成团队，共同开发一款智能健康监测设备。在项目开发过程中，电子信息专业的学生负责设备的硬件设计和技术研发，市场营销专业的学生负责市场调研和产品推广策略的制定，管理专业的学生负责项目的组织和运营管理。不同专业学生的思维相互碰撞，提出了许多创新性的想法。如将设备与移动互联网技术相结合，实现数据的实时传输和分析；针对不同用户群体，制定个性化的健康管理方案等。这些创新想法不仅使项目取得了优异的成绩，也极大地激发了学生的创新思维和创新能力。此外，学长学姐和校友的创新经验和成功案例也能对学生起到激励和启发作用。他们的创新故事和奋斗历程可以让学生感受到创新的魅力和价值，激发创新热情，鼓励他们勇于尝试新的想法和方法。

从促进创业维度来看，学缘传创人才培养模式为培养学生的创业能力提供了有力支持。

利用学缘关系中的校友资源，高职院校可以邀请成功创业的校友回校开展创业讲座和培训，分享他们的创业经验、创业过程中遇到的困难及解决方法等。这些真实的案例和经验能够让学生对创业有更直观、更深入的了解，帮助他们树立正确的创业观念，增强创业信心。例如，某高职院校邀请了一位成功创办一家餐饮企业的校友回母校举办讲座。校友详细讲述了自己从创业初期的市场调研、资金筹备、店铺选址，到运营过程中的人员管理、菜品研发、营销策略制订等各个环节的经历和心得。他还分享了在创业过程中遇到的资金短缺、市场竞争激烈等困难时，如何通过不断调整经营策略、优化产品和服务来克服困难，以实现企业发展壮大的故事。这些宝贵的经验让学生们深受启发，对创业有了更全面的认识。同时，校友企业还可以为学生提供创业实习和实践的机会，让学生在实际的创业环境中锻炼和成长。学生可以参与校友企业的项目策划、市场推广、运营管理等工作，积累实践经验，提升创业能力。此外，学缘网络中的同学之间也可以相互合作，共同开展创业项目。他们可以根据各自的专业优势和兴趣特长，分工协作，共同打造具有竞争力的创业团队。如某高职院校的几位同学，结合自己在动漫设计、市场营销和财务管理等方面的专业知识，共同创办了一家动漫文化传播公司。他们通过团队成员的共同努力，成功推出了一系列具有特色的动漫作品，并在市场上取得了良好的反响。

第三节 学缘传创与"芯"质生态环境卫士培养的耦合互动关系

在全球生态环境问题日益严峻以及创新创业教育蓬勃发展的时代背景下，"芯"质生态环境卫士的培养成为推动环保事业进步、实现经济社会可持续发展的关键所在。学缘传创作为一种新兴的人才培养模式，凭借其独特的教育理念和实践方式，为"芯"质生态环境卫士的成长提供了新的路径和机遇。深入探究学缘传创与"芯"质生态环境卫士培养之间的耦合互动关系，对于优化教育资源配置、提升人才培养质量、促进环保产业创新发展具有重要的理论与实践意义。

学缘传创以大学生创新创业为核心目标，借助各类学缘关系，整合知识传承、技术支撑、能力培养和资本助力等要素，构建起一个全方位、多层次的人才培养体系。而"芯"质生态环境卫士需要具备深厚的环保情怀、先进的技术技能、卓越的创新能力和充足的创业资本，以应对环保领域复杂多变的挑战。两者在目标、要素和过程等方面存在着紧密的联系，相互作用、相互促进，形成了一种协同发展的耦合互动机制。

一、学缘传创为"芯"质生态环境卫士培养提供多元支撑

（一）知识传承奠定专业基础

1. 多学科融合丰富知识储备

学缘传创强调多学科知识融合，这与"芯"质生态环境卫士所需的复合型知识结构高度契合。在环保领域，从环境监测、污染治理到生态修复，都涉及化学、生物学、地理学、工程学、信息技术等多个学科。例如，在研究利用生物技术修复受污染土壤时，既需要生物学中微生物代谢、植物生理的知识，了解微生物降解污染物的原理以及植物对污染物的吸收转化机制，也需要化学知识来分析土壤中污染物的成分、形态和迁移转化规律；工程学知识则

用于设计合理的修复工程设施和工艺流程；信息技术知识可实现对修复过程的实时监测和数据管理。学缘传创通过开设跨学科的创新创业课程，如"环保科技创新与多学科融合实践"，将不同学科知识有机整合，让学生从多个角度深入理解环保问题，拓宽创新思维边界，为解决实际环保问题提供更丰富的思路和方法。

2. 学术传承提升专业素养

教师和学长学姐在学缘传创中的学术传承作用显著。教师凭借丰富的专业知识和科研经验，在课堂教学、实验指导和项目辅导中，将环保领域的前沿理论、技术应用和研究方法传授给学生。在环境科学实验课程中，教师指导学生掌握先进的实验仪器操作技能，如气相色谱-质谱联用仪、原子吸收光谱仪等，用于分析样品中的污染物成分和含量；通过讲解实验数据的处理和分析方法，培养学生严谨的科学态度和实验能力。学长学姐则通过创业分享会、一对一帮扶等形式，分享在环保创新创业实践中的经验教训，包括项目选题、技术研发、市场推广等方面的心得。如某环保创业团队的学长，向学弟学妹们介绍在研发新型污水处理设备过程中遇到的技术难题及解决办法，以及如何与潜在客户沟通、开拓市场渠道等经验，帮助学生少走弯路，更快地提升专业素养和实践能力。

（二）人际拓展提供资源平台

1. 校内学缘构建创业团队

校内学缘关系为"芯"质生态环境卫士提供了组建团队的优质资源。不同专业的学生因共同的环保创业兴趣聚集在一起，形成互补型创业团队。例如，在某研发智能环保监测设备的创业项目中，电子信息专业的学生负责设备的硬件设计和电路开发，利用其专业知识实现传感器的精准数据采集和信号传输；计算机专业学生进行软件编程，开发数据处理和分析系统，实现对监测数据的实时处理、存储和可视化展示；环境科学专业学生则依据专业知识，确定监测指标和方法，对监测数据进行解读和分析，为环境质量评估提供依据。这种跨专业合作模式，整合了不同专业的技术和创意优势，提升了团队的综合实力，增强了创业项目的竞争力。

2. 校外校友拓展创业资源

校外校友网络在环保创新创业中发挥着重要作用。校友凭借其在环保行业的积累，为在校学生提供丰富的创业资源。他们回校举办讲座，分享行业发展动态、创业成功经验和失败教训，让学生了解环保市场的真实情况和发展趋势。例如某知名环保企业的校友回校分享时，详细介绍了当前环保行业对新型环保材料的需求趋势，以及在研发和推广环保材料过程中如何应对技术和市场挑战。此外，校友还为学生提供实习、实践机会和项目合作渠道。例如，校友企业为学生提供参与实际环保项目的机会，让学生在项目中接触到先进的环保技术和管理模式，积累实践经验。部分校友还会与学生创业团队开展项目合作，提供资金、技术和市场资源支持，助力学生将创新想法转化为实际的创业成果。

（三）实践锻炼培育综合能力

1. 课程实践提升创新能力

学缘传创人才培养模式中的课程实践环节，为"芯"质生态环境卫士创新能力的培养提供了重要平台。在环保相关课程中，通过案例教学、项目驱动教学等方法，引导学生积极思考、主动探索。例如，在"环境规划与管理"课程中，教师给出一个实际的区域环境规划案例，要求学生运用所学知识，分析该区域的环境现状、存在问题，并提出创新的规划方案。学生们通过实地调研、查阅资料、小组讨论等方式，深入了解区域环境特点和发展需求，尝试从不同角度提出创新性的解决方案，如引入生态补偿机制促进区域生态保护与经济发展的协调、利用大数据技术优化环境监测网络布局等。在这个过程中，学生的创新思维得到激发，创新能力得到锻炼和提升。

2. 创业实践增强创业能力

学校通过组织各类创业实践项目和竞赛，帮助学生在真实的创业环境中锻炼创业能力。在"环保创业挑战赛"中，学生团队需要完成从项目构思、商业计划书撰写、产品研发或服务设计到市场推广和运营管理的全过程。在项目构思阶段，学生们挖掘环保市场的潜在需求，提出创新性的创业项目，如开发基于区块链技术的环保资源交易平台，实现环保资源的透明、高效交易；在商业计划书撰写过程中，学生学习市场分析、商业模式设计、财务预算等知识和技能；在产品研发或服务设计环节，学生将创新想法转化为实际的产品或服务，通过不断测试和优化，提高产品或服务的质量和竞争力；在市场推广和运营管理阶段，学生与潜在客户沟通，拓展市场渠道，管理团队和项目运营，提升团队协作、沟通协调、风险管理等创业综合能力。

（四）资本助力保障创业发展

1. 校内基金支持创业尝试

学校设立的一系列基金，成为了推动环保创业项目从无到有的关键力量。创新创业专项奖学金聚焦于激发学生在环保创业领域的探索热情。它以独特的激励机制，鼓励学生在环保创业课程学习中深入钻研，在实践里大胆尝试。学术传承基金致力于为学生筑牢创业的技术根基。学生在参与环保科研项目时，借助学术传承基金的支持，不仅能够系统地学习专业知识，还能熟练掌握前沿的研究方法。创业专项扶持基金则是环保创业项目从创意迈向现实的直接推动者。以某学生团队"利用微生物技术处理有机废物"的项目为例，在获得创业专项扶持基金后，团队的发展得到了实质性的推进。基金为他们提供了开展实验研究的必要资金，支持他们采购先进的实验设备，确保实验的精准性和高效性；同时，助力团队深入市场调研，了解行业需求和竞争态势，为产品定位和市场推广提供有力依据，有力地推动了项目从创意构思向实际产品的转化进程。

2. 外部资本推动项目落地

学校搭建的资本对接平台，成为连接环保创业项目与外部资本的关键桥梁。通过引入风投资本、企业合作资金等外部资源，为环保创业项目注入强大动力，助力其实现跨越式发展。某智能环保监测设备创业项目凭借先进的监测技术、对市场需求的精准把握以及清晰的商业规划，获得了风投资本的青睐。风投资金的注入不仅解决了项目量产所需的资金难题，还为项目带来了丰富的行业资源和广阔的市场渠道。投资者凭借自身在行业内的深厚积累，帮助项目对接上下游企业，拓展销售网络，引入先进的管理经验，加速了项目的商业化进程，实现了从实验室到市场的快速落地，有力推动了环保创新创业项目在市场中的蓬勃发展。

二、"芯"质生态环境卫士培养丰富学缘传创内涵

（一）强化情怀驱动，激发学缘活力

1. 环保情怀引发情感共鸣

"芯"质生态环境卫士所具备的强烈环保情怀，能够在学缘关系中引发情感共鸣，激发师生、同学之间共同投身环保事业的热情。在学缘传创的过程中，学生分享自己对环保事业的热爱和为解决环境问题而努力的决心时，会感染身边的同学和老师。例如，在一次环保主

题的学术交流活动中，一位学生讲述了自己参与海洋塑料污染治理项目的经历，以及对海洋生态环境破坏现状的担忧，引发了在场师生的强烈共鸣，大家纷纷表示愿意为环保事业贡献自己的力量，积极参与相关的科研项目、创业实践和公益活动，形成了浓厚的环保学缘氛围。这种情感共鸣进一步增强了学缘关系的凝聚力，促使更多人在环保创新创业的道路上携手前行。

2. 创新追求促进知识共享

"芯"质生态环境卫士的创新追求促使他们在学缘网络中积极分享环保领域的新知识、新技术和新成果。为了寻找更高效的污水处理方法，他们可能会探索微生物燃料电池开发、高级氧化技术等前沿科技，并将研究过程中的经验、遇到的问题及解决方案分享给学缘伙伴。在学缘团队中，这种知识共享不仅有助于提升团队整体的技术水平，还能激发更多的创新灵感。不同专业背景的成员基于这些共享知识，从各自的专业角度提出新的想法和建议，促进知识的交叉融合和创新发展，为学缘传创注入新的活力。

（二）推动技术创新，丰富学缘内容

1. 环保技术创新引领教学改革

"芯"质生态环境卫士在技术创新过程中取得的成果，为学缘传创的教学内容更新提供了现实依据。随着环保行业对智能化、绿色化技术的需求不断增加，"芯"质生态环境卫士研发出一系列先进的环保技术，如智能环境监测系统、新型环保材料、绿色生产工艺等。这些创新技术被引入到学校的教学课程中，丰富了教学内容，使学生能够接触到行业前沿知识。例如，某学校在环境监测课程中，增加了智能传感器、物联网技术在环境监测中的应用内容；在材料科学课程中，介绍新型环保材料的研发原理和性能特点。将这些创新技术融入教学，有助于培养学生的创新意识和实践能力，使学缘传创的教学更贴合行业实际需求。

2. 技术应用拓展实践平台

"芯"质生态环境卫士对创新技术的应用，拓展了学缘传创的实践平台。他们通过参与实际的环保项目，将研发的技术应用于环境监测、污染治理、生态修复等领域，为学生提供了更多的实践机会。例如，在某生态修复项目中，"芯"质生态环境卫士运用无人机遥感技术、地理信息系统（GIS）和生物技术相结合的方法，对受损生态系统进行监测和修复。学生参与该项目，不仅能够学习到先进的技术应用方法，还能在实践中锻炼自己的团队协作、问题解决等能力。这种基于实际项目的实践平台拓展，丰富了学缘传创的实践内涵，提升了人才培养质量。

（三）提升能力培养，优化学缘模式

1. 综合能力培养促进学缘协作升级

"芯"质生态环境卫士培养注重综合能力的提升，这促使学缘传创中的团队协作模式不断优化。在环保创新创业项目中，学生需要具备创新能力、创业能力、团队合作能力、沟通协调能力和解决复杂问题的能力等。为了完成项目任务，不同专业的学生在学缘团队中明确分工、密切协作。例如，在某环保科技创业公司的运营中，环境科学专业的学生负责产品研发和技术支持，市场营销专业的学生负责市场推广和客户关系管理，财务管理专业的学生负责资金管理和财务分析。在协作过程中，学生们相互学习、相互促进，不断提升自己的综合能力。这种以项目为驱动的团队协作模式，打破了传统学缘关系中单一的知识传授模式，形成了一种更加紧密、高效的学缘协作关系，促进了学缘传创模式的升级。

2. 创新能力培养推动学缘互动深化

"芯"质生态环境卫士创新能力的培养，推动了学缘传创中师生、同学之间的互动深化。在创新创业实践中，学生的创新想法和成果需要得到教师的指导和同学的反馈。教师凭借丰富的经验和专业知识，为学生的创新项目提供建设性意见，帮助学生完善创新方案；同学之间通过头脑风暴、小组讨论等方式，相互启发、共同创新。例如，在某环保创意设计竞赛中，学生们围绕"可持续城市发展"主题，提出了各种创新方案，如设计垂直绿化建筑、开发城市雨水收集利用系统等。在项目推进过程中，师生之间、同学之间频繁交流，不断优化创新方案。这种互动不仅提升了学生的创新能力，还加深了学缘关系，营造了良好的学缘创新氛围。

（四）丰富资本积累，拓展学缘价值

1. 创业成功积累资本反哺学缘

"芯"质生态环境卫士在创业过程中取得的成功，积累了丰富的资本，包括资金、技术、人脉等。这些资本可以反哺学缘传创，为学弟学妹们提供更多的资源和支持。成功的环保创业者可以设立奖学金、助学金，资助有潜力的学生开展环保创新创业活动；为学生提供实习、就业机会，让学生在企业中积累实践经验；还可以与学校合作开展科研项目，将企业的技术和资源引入学校，促进学校科研水平的提升。例如，某知名环保企业的创始人回校设立了环保创新创业奖学金，每年资助一批优秀学生开展环保创业项目，同时还为学校提供了实习基地，接收学生进行实习，为学生的职业发展提供了有力支持。

2. 资本流动促进学缘网络拓展

环保创新创业领域的资本流动，促进了学缘网络的拓展。在创业过程中，"芯"质生态环境卫士与投资机构、企业、科研机构等建立了广泛的联系。这些外部资源通过学缘关系与学校相连，拓展了学缘网络的边界。投资机构在关注环保创业项目的同时，也会与学校的创新创业教育部门建立合作关系，为学校提供创业指导、投资培训等服务；企业与学校开展产学研合作，共同培养"芯"质生态环境卫士，共享技术和资源；科研机构与学校的教师和学生开展学术交流和合作研究，提升学校的科研实力。这种资本流动带动的学缘网络拓展，为学缘传创带来了更多的发展机遇和资源，提升了学缘传创的价值。

三、耦合互动下的协同发展路径

（一）构建融合课程体系

1. 整合环保与创新创业课程内容

在学缘传创与"芯"质生态环境卫士培养耦合互动的背景下，应构建融合环保与创新创业课程内容的课程体系。一方面，在环保专业课程中融入创新创业教育元素。例如：在环境工程课程中，增加环保项目的商业可行性分析、市场推广策略等内容；在环境科学课程中，引导学生从创新创业角度思考环境科研成果的转化和应用。另一方面，在创新创业课程中突出环保特色，设置如"环保创新创业案例分析""环保市场机遇与挑战"等课程模块，通过分析成功的环保创业案例，让学生了解环保创新创业的市场需求、商业模式和发展趋势，培养学生在环保领域的创新创业意识和能力。

2. 开设跨学科融合课程

应加强跨学科融合课程的开发与设置，打破学科界限，促进多学科知识在环保创新创业领域的交叉应用。例如，开设"环保科技创新与多学科融合实践""生态经济与环保创业"

等课程，整合环境科学、工程学、经济学、管理学、信息技术等多学科知识。在"环保科技创新与多学科融合实践"课程中，学生通过实际项目，如研发智能环保监测设备，综合运用电子信息、计算机、环境科学等学科知识，实现从设备设计、数据采集与处理到环境数据分析与应用的全过程实践，培养学生跨学科解决问题的能力和创新思维。

（二）搭建多元实践平台

1. 加强校内实践基地建设

学校应加大对校内环保创新创业实践基地的投入，建设一批功能完善、设备先进的实践平台。打造环保科技创新实验室，配备先进的实验仪器设备，如环境模拟系统、污染物分析检测设备等，为学生开展环保技术研发和创新实验提供条件；设立环保创业孵化中心，为学生创业团队提供办公场地、创业培训、项目孵化等一站式服务。在校内实践基地，学生可以进行环保产品研发、环保项目策划和运营管理等实践活动，将理论知识转化为实际成果，提升创新创业能力。

2. 拓展校外实践合作渠道

应积极拓展校外实践合作渠道，加强与环保企业、科研机构、社会组织等的合作。与环保企业共建实习基地，让学生深入企业一线，了解行业发展动态和企业实际需求，参与企业环保项目的研发和生产运营；与科研机构合作开展科研项目，使学生有机会接触到前沿的环保科研成果和技术；与社会组织合作开展环保公益活动，培养学生的社会责任感和环保意识；通过校外实践合作，拓宽学生的视野，丰富学生的实践经验，为学生的环保创新创业之路积累资源。

（三）优化师资队伍建设

1. 培养双师型教师

应加强双师型教师队伍建设，提高教师的实践教学能力和创新创业指导水平。鼓励教师参与环保企业实践，深入了解行业发展趋势和企业实际需求，将实践经验融入教学中。例如，安排环境专业教师到环保企业挂职锻炼，参与企业的环保项目研发、工程设计和运营管理等工作，提升教师的实践技能；邀请企业中的环保创新创业专家、技术骨干担任兼职教师，走进校园为学生授课、开展讲座和指导实践项目。通过专兼职教师的有机结合，形成一支既有扎实理论知识又有丰富实践经验的双师型教师队伍。

2. 组建跨学科教学团队

应组建跨学科教学团队，整合不同学科背景教师的优势，为学生提供多元化的教学指导。团队成员包括环境科学、工程学、经济学、管理学、信息技术等学科的教师，在教学过程中，共同设计课程、开展项目指导和学术研究。在指导学生开展环保创业项目时，环境科学教师负责技术指导，经济学教师进行市场分析和商业模式设计指导，管理学教师提供团队管理和运营策略指导，信息技术教师给予技术支持，通过跨学科教学团队的协同指导，提升学生的综合素质和创新创业能力。

（四）完善评价激励机制

1. 建立多元化评价体系

应建立多元化的评价体系，全面、客观、准确地评估学生在学缘传创与"芯"质生态环境卫士培养过程中的表现。摒弃单一以学业成绩为核心的评价模式，构建涵盖理论知识掌握、实践能力锻炼、创新思维提升、团队协作增强、社会责任感培养等多维度的评价指标。在知识掌握方面，不仅考察学生对环保专业知识和创新创业理论的记忆，而且注重其对知识的理解和应用的能力，例如通过案例分析、项目报告等方式，评估学生运用所学知识解决实际环保创新创业问题的能力。实践能力评价聚焦学生参与环保项目实践、实验操作、创业活动的成果和表现，包括项目完成质量、技术应用熟练程度、市场推广效果等。创新思维评价关注学生提出新颖环保创意、独特解决方案的能力，以及在团队中激发创新氛围的贡献。团队协作评价考量学生在团队中的沟通协调、分工合作、领导能力等，通过团队项目、小组作业等形式进行观察和评估。社会责任感评价则注重学生对环保事业的热情、参与环保公益活动的积极性以及在创新创业中对社会和环境的积极影响。运用多样化的评价方式，如教师评价、学生自评与互评、企业评价、社会评价等，确保评价结果的全面性和客观性。教师评价基于教学过程中的观察、指导和反馈；学生自评与互评促进学生自我反思和相互学习；邀请企业专家和社会人士参与评价，能从行业和社会需求的角度提供专业意见，使评价更贴合实际。

2. 强化激励措施

应制订具有吸引力的激励措施，激发学生参与学缘传创和环保创新创业的积极性。在物质激励方面，加大奖学金、助学金、创业扶持资金的投入力度。设立环保创新创业专项奖学金，对在环保项目研发、创业实践中表现突出的学生给予高额奖励，激励学生勇于创新和实践。应增加创业扶持资金额度，为有潜力的环保创业项目提供充足的启动资金和发展支持，帮助学生将创新想法转化为实际成果。在精神激励方面，开展各类表彰活动，对优秀的环保创新创业学生团队和个人进行公开表彰，如评选"环保创新创业之星""优秀环保创业团队"等，增强学生的荣誉感和成就感。通过学校官网、校报、社交媒体等渠道宣传他们的成功经验和先进事迹，为其他学生树立榜样，营造积极向上的创新创业氛围。同时，为学生提供更多的发展机会，如推荐优秀学生参加国内外环保创新创业大赛、学术交流活动、企业实习等，拓宽学生的视野，提升其综合素质和竞争力，进一步激发学生的创新创业热情。

3. 建立动态反馈调整机制

应建立动态反馈调整机制，根据评价结果及时调整教学和培养策略。定期收集学生、教师、企业和社会的反馈意见，分析评价数据，了解学缘传创与"芯"质生态环境卫士培养过程中存在的问题和不足。如果发现学生在某一领域的知识或技能掌握薄弱，如在环保技术与信息技术融合方面存在不足，应及时调整课程设置和教学内容，增加相关课程或实践环节，加强对学生的针对性培养。根据企业反馈的人才需求变化，及时更新教学案例和实践项目，确保培养的人才符合市场实际需求。同时，将评价结果反馈给学生，帮助学生了解自己的优势和不足，制定个性化的学习和发展计划，促进学生的自我提升和全面发展。通过持续的反馈调整，不断优化学缘传创与"芯"质生态环境卫士培养模式，提高人才培养质量。

第三章
"芯"质生态环境卫士学缘传创培养模式的行动路径

"芯"质生态环境卫士的学缘传创培养模式通过故事圈、过程圈、平台圈、支持圈的四圈联动，将情怀、知识、技术、资本等要素融入第一（课堂）、第二（课外）、第三（社会）课堂协同育人体系中。故事圈通过挖掘学缘内的环保创业典范，邀请行业领军者分享技术攻坚与创业历程，既以榜样的力量激发创新情怀，又通过经验传递充实人力资本，同时展现创业者的社会资本网络，为学员构建心理资本的价值认同。过程圈聚焦创新知识体系的构建，将环保技术知识与创新创业方法论深度融合，开发环境工程原理、碳资产管理等模块化课程群，通过虚拟仿真实验系统与案例剖析强化理论认知，实施环保产品研发、碳足迹测算等项目制实践任务，促进知识转化与能力提升。平台圈依托校企双元机制，构建"技术孵化＋创业加速"的双引擎，搭建创新技术孵化平台，提供前沿环保技术实训场景，通过技术研发提升人力资本；举办创新创业大赛，在成果转化中检验创新技术应用能力，同时通过投融资对接拓展社会资本，在竞赛压力下持续增强心理资本；构建"技术研发—成果转化—商业落地"的生态链，促进前沿技术传替与创新资本整合，厚铸学生技术应用能力与资源整合素养。支持圈整合学校、教师、校友、企业、社会等资源建立"环保创新创业支持圈"，构建"导师库＋校友社群＋政策通道"的支持体系，实现社会资本传袭与创业韧性培育，为创新人才培育提供持续动力支撑。四圈联动实现"创新知识—创新技术—创新能力—创新资本—创新情怀"的系统性培育，为环保产业输送复合型创新创业人才。

第一节　营建环保传创"故事圈"，厚植学生创新创业情怀

一、挖掘环保故事资源，构建多元故事库

（一）整理历史环保事件，传承环保精神

从历史文献、古籍中挖掘环保相关记载，是培养学生环保情怀与传承创新精神的重要途径。长沙环境保护职业技术学院（以下简称学校）充分利用自身的专业资源与学术力量，组

织教师与学生共同开展历史环保事件的研究与整理工作，构建"历史传承—本土创新—国际视野"三维叙事体系，通过"三传"路径厚植创新创业情怀。在历史传承维度，建立"古代生态智慧数据库"，开发生态智慧传承课程，组织"古籍中的环保智慧"读书会；在本土创新维度，建设校企合作案例库，开发 VR 叙事课程，设立"乡村振兴环保工作站"；在国际视野维度，建立全球环保创新案例库，开发中英双语慕课，举办"一带一路"环保创新国际论坛。通过沉浸式故事会、主题演讲提升计划、深度分享沙龙等活动设计，配合智能辅助创作系统、产学研协同机制、国际化展示平台等技术支撑，形成"文化认同—价值立魂—创新赋能"的闭环培养机制。

以北宋时期苏轼治理西湖为例，学校深入挖掘这一历史事件背后的环保智慧与精神。当时，西湖因长期淤积，湖面缩小，湖水水质恶化，严重影响周边居民生活与农业灌溉。苏轼上任杭州知州后，积极组织治理。他发动民工清理湖底淤泥，将挖出的淤泥堆积成堤，即著名的苏堤。同时，在西湖中种植大量水生植物，如荷花、菱角等，这些植物不仅美化环境，还净化水质、调节生态。学校组织学生开展实地考察与学术研究活动，邀请历史文化专家与环保专业教师共同为学生授课。历史文化专家从北宋时期的社会背景、政治制度等方面，详细讲述苏轼治理西湖的历史过程与意义；环保专业教师则从现代环境科学的角度，分析清理湖底淤泥、种植水生植物对改善西湖生态环境的科学原理，如淤泥清理减少了湖底污染物的释放，水生植物通过吸收氮、磷等营养物质净化水质等。通过这种跨学科的教学与研究活动，学生深刻理解了环保精神的源远流长，以及古人在面对环境问题时展现出的智慧与担当，从而激发他们传承和发扬环保精神的责任感。学生们将这些历史智慧转化为商业计划书，参与"历史智慧创新大赛"，其中《"苏堤模式"城市水体修复解决方案》项目荣获第十一届"挑战杯"湖南省大学生创业计划竞赛金奖，并成功对接企业落地实施。

学校组织历史文化社团开展深入研究活动，收集整理历史环保资料并制作成纪录片或舞台剧。例如，基于战国李冰父子修建都江堰的历史事件，学生团队创作的《古堰千秋》环保纪录片，通过三维动画还原古代水利工程智慧，该作品在中国高校生态文明教育创新创意大赛中获最佳创意奖。同时，学校将优秀作品转化为数字藏品，通过区块链技术实现文化价值确权，部分作品被企业购买用于环保宣传。

（二）收集本土环保案例，增强文化认同感

学校充分发挥专业优势与地域优势，积极组织师生深入本地社区、自然保护区及环保组织，广泛挖掘具有浓厚地方特色的环保实践案例。例如，在长沙周边的某农业乡镇，学校与当地政府、企业合作开展了生态农业示范项目。学校的师生团队运用专业知识，对当地土壤进行了全面检测与分析，发现长期过度使用化肥导致土壤板结、肥力下降。基于此，师生们引入了现代生态农业技术，指导当地农民采用轮作、间作等传统农耕智慧与现代有机肥料、生物防治病虫害技术相结合的方式进行种植。例如，在一片农田中，春季种植豆类作物，利用豆类固氮特性增加土壤肥力；夏季间作玉米与红薯，充分利用土地资源与光照条件，同时释放赤眼蜂等害虫天敌来防治病虫害，减少化学农药使用。这一举措不仅有效改善了土壤质量，农产品的品质与产量也显著提升，实现了生态与经济的双赢。该项目被收录进学校《环保技术攻坚纪实》系列故事集，成为学缘传创教育的生动案例，成为激发学生将传统农耕智慧转化为现代生态农业创业项目的灵感。学校将这一实践过程整理成详细的故事，在故事中融入当地农民辛勤劳作的场景描述、传统农耕节日的介绍以及乡镇独特的田园风光。同时，搭配实地拍摄的高清照片，包括土壤检测现场、农作物生长过程对比、农民丰收喜悦的画面等，并制作成精美的校本教材与宣传资料。在校内教学中，学生们通过学习这些案例，深刻认识到环保知识与技术在家乡实际生产生活中的关键作用,切实感受到家乡文化与环保的紧密联系,从而极大地增强了对家乡文化的认同感,清晰地理解环保与本土生活相互依存的关系。特别是将校友创业团队在宁乡花明楼村开展的"稻渔共生系统"技术研发故事纳入教学,展现从技术研发到企业创立的完整轨迹,引导学生将技术成果转化为商业计划书,参与"乡村振兴创业大赛"。

为进一步拓宽本土环保案例的收集渠道,学校鼓励学生参与"家乡环保调研"实践活动。学生们以小组为单位,深入家乡不同社区、乡村以及企业,运用问卷调查、访谈等方法,收集各类环保故事与案例。在调研过程中,学生们充分发挥主观能动性,与当地居民、环保工作者进行深入交流。例如,在调研某社区的垃圾分类工作时,学生们不仅了解到社区在垃圾分类宣传、设施配备等方面的措施,还挖掘到居民在实践过程中遇到的问题与创新解决方法。活动结束后,学生们将收集到的资料进行系统整理与分析,撰写成调研报告,并在班级与学校范围内进行分享与交流。部分优秀的调研成果还被推荐给当地政府与环保组织,为地方环保工作提供了有价值的参考。这些调研成果同时作为学缘传创素材库的重要来源,为创新创业项目孵化提供灵感,已有 3 个学生团队基于调研数据开发出智能垃圾分类设备原型。

(三)引入国际环保典范,拓宽全球视野

学校高度重视引入国际先进的环保理念与实践经验,积极关注国际知名的环保项目,为学生打开了一扇了解全球环保动态的窗口。在教学实践中,学校通过多种渠道向学生展示国际环保典范案例。以瑞典的垃圾处理转化为能源的模式为例,学校收集了大量瑞典垃圾处理厂的实地视频资料,详细展示了从居民垃圾分类投放、垃圾运输到垃圾处理厂进行分类、焚烧、能源转化的全过程。在课堂上,教师结合视频资料,深入讲解瑞典在垃圾处理过程中运用的先进技术,如高效的垃圾分类智能识别系统、垃圾焚烧余热回收利用技术等,以及相关的政策法规与民众环保意识培养措施。数据显示,瑞典约 54% 的区域供暖来自垃圾焚烧产生的热能,每年垃圾焚烧发电量可供 25 万户家庭使用,这一高效的垃圾处理模式让学生们惊叹不已。通过"跨国环保创业"模拟挑战赛,学生分组设计跨国环保项目方案,运用全球供应链管理知识解决文化差异问题,已有 2 个团队的方案被企业选中进行可行性论证。

为了加深学生对国际环保案例的理解与思考,学校组织学生开展国际环保案例研讨活动。在研讨瑞典垃圾处理模式时,学生分组进行深入分析,从文化差异、基础设施建设、民众环保意识等多个维度探讨该模式在我国实施的可行性。学生们积极发言,指出瑞典民众较高的环保意识与长期形成的垃圾分类习惯是其模式成功的重要基础,而在我国部分地区,民众垃圾分类意识较为薄弱,需要加强环保宣传教育与政策引导。同时,学生还结合我国国情,提出了一系列创新的改进建议,如研发适合我国社区特点的垃圾分类智能设备、建立垃圾分类激励机制等。通过此类研讨活动,学生们不仅拓宽了全球视野,深入学习到国际先进的环保理念与技术,更培养了国际环保意识与跨文化交流能力,能够从全球视角思考环保问题并提出创新性解决方案。

除了瑞典的垃圾处理模式,学校还积极引入哥斯达黎加的生态旅游成功范例。学校邀请国际环保专家通过线上讲座的形式,详细介绍哥斯达黎加在生态旅游发展过程中的经验与做法。哥斯达黎加拥有丰富的自然资源,该国政府制定了严格的环境保护法规,鼓励发展生态旅游。旅游企业在开发项目时,注重保护当地生态环境,建设生态步道、野生动物观测站等设施,让游客在欣赏自然风光的同时,深入了解生态保护知识。在讲座后,学校组织学生开展模拟国际生态旅游项目策划活动。学生们运用所学的旅游管理、生态保护等专业知识,结

合哥斯达黎加的成功经验，为国内某自然保护区设计生态旅游项目方案。在方案设计过程中，学生们充分考虑生态保护与旅游开发的平衡，注重游客体验与环保教育的融合，提出了一系列具有创新性与可行性的项目策划，如开发基于虚拟现实技术的生态旅游导览系统、举办生态保护主题的亲子活动等。

上述研讨成果被纳入"国际环保案例分析"慕课资源中，配套虚拟仿真系统模拟哥德堡垃圾焚烧厂运营流程，学生可在线调整技术参数进行创业方案测试。

二、设计环保故事讲述活动，激发学生情感共鸣

学校以"学缘传创"为主线，将创新创业教育深度融入环保故事讲述活动，构建"情感共鸣—价值认同—创新实践"的培养闭环。通过"校友资源活化、竞赛成果反哺、智能技术赋能"，实现历史传承与现代创新的有机融合。

（一）开展"环保故事会"，营造沉浸式体验

学校定期举办环保故事会，为学生打造沉浸式的环保故事体验空间。在活动策划阶段，学校精心挑选故事讲述者，除邀请环保领域的知名专家、行业资深从业者外，特别注重选拔优秀学生参与故事讲述。对于学生讲述者，学校提前组织专业培训，邀请演讲与口才专家、环保教育工作者为学生进行系统培训。培训内容涵盖故事讲述技巧，例如如何运用抑扬顿挫的语调增强故事的感染力，通过停顿与重音突出关键情节；教导学生如何通过肢体语言运用，如恰当的手势、动作辅助表达等，吸引听众注意力，使故事更加生动形象；让学生学会根据故事情节的发展，展现相应的表情管理，如在讲述环保危机时表现出忧虑，在讲述环保成功案例时展现出喜悦，从而更好地传递故事情感。

在场地布置方面，学校充分发挥专业优势，根据故事主题营造逼真的场景氛围。通过角色扮演与互动机制，学生随机抽取历史人物、行业先锋等角色进行即兴表演，完成特定环保任务。相关教学成果荣获"全国职业院校教学能力大赛"二等奖，支撑学生在"互联网＋"大赛中取得优异成绩，其中《基于生物酶技术的恶臭治理解决方案》项目演讲获评委高度评价。

在故事讲述过程中，讲述者们凭借生动的语言、丰富的表情和精湛的肢体动作，将环保故事娓娓道来。例如，在讲述关于野生动物保护的故事时，讲述者模仿野生动物的叫声和动作，生动地展现出野生动物的可爱与面临的生存困境。在互动环节，设置开放性问题，如"若你是故事中的动物保护者，你会采取哪些创新措施保护动物栖息地"，鼓励学生积极思考，大胆分享自己的想法与见解。通过这种沉浸式体验，学生们能够深刻感受环保故事的魅力，引发强烈的情感共鸣，极大地增强对环保问题的关注与责任感。

为提高环保故事会的质量与影响力，学校与当地环保组织建立了紧密合作关系，邀请环保组织的专业人士担任评委，对故事讲述者的表现进行点评与指导。同时，学校将环保故事会全程录制下来，制作成高质量的音频或视频资料，发布在学校官方网站、微信公众号、在线学习平台等网络渠道，让更多学生和社会人士能够观看，扩大环保教育的覆盖面与影响力。此外，学校还开展"最佳故事讲述者"评选活动，对表现优秀的学生予以表彰与奖励，激发学生参与环保故事会的热情与积极性。

（二）组织"环保主题演讲"，提升表达能力

学校以"学缘传创"为核心理念，将创新创业教育与环保演讲活动紧密结合，举办了一场以环保为主题的演讲比赛，为学生提供了一个展示自我和提升表达能力的平台。通过构建

"知识储备—情感表达—创新实践"的培养体系，结合"校友资源活化、竞赛成果反哺、智能技术赋能"，实现了历史传承与现代创新的有机融合。

在比赛的准备阶段，学校教师发挥了专业指导的作用，引导学生自主选择环保相关的故事或话题，并利用学校图书馆的丰富资源、专业数据库以及与企业合作的实践项目资源进行深入研究和准备。学生们通过查阅大量专业书籍、学术论文和行业报告等资料，对所选话题进行了全面的分析和思考，形成了自己独特的观点和见解。在撰写演讲稿的过程中，学生们锻炼了语言组织能力，精心运用专业词汇和生动语句，准确表达了对环保故事的理解和感悟。同时，他们注重演讲稿的逻辑结构，采用"提出问题—分析问题—解决问题"的经典结构，使演讲内容层次分明、条理清晰。例如，在讨论河流污染问题时，学生首先通过数据和案例展示了河流污染的现状及其危害，如鱼类大量死亡、周边居民健康受到威胁等；接着深入分析了污染原因，包括工业废水违规排放、生活污水直排、农业面源污染等；最后提出了一系列针对性和可行性的治理建议，如加强环境监管执法力度、推广污水处理新技术、提高公众环保意识等。

在演讲比赛中，学生们站在舞台上面对观众和评委，用清晰、流畅、富有感染力的语言表达了自己的观点。这不仅锻炼了学生的口头表达能力，还培养了他们的自信心和舞台表现力。通过分享自己对环保故事的独特见解，演讲者对环保的认识得到进一步加深，并将环保理念传递给了听众，激发了更多学生对环保的关注和热情。例如，一位学生在演讲中分享了自己参与学校与当地企业合作的河流污染治理项目经历，通过展示实地调研数据、污染前后河流照片对比，以及分享项目团队在治理过程中遇到的困难和解决方案，深深打动了在场听众，引发了大家对水资源保护的深入思考和热烈讨论。

为了提高演讲比赛的专业性和吸引力，学校邀请了专业演讲教师、环保行业专家和资深媒体人组成评委团，从演讲内容、语言表达、肢体语言、舞台表现、创新观点等多个维度对学生的演讲进行评分和点评。评委们不仅对学生的表现给予了公正的评价，还提出了具体的改进建议和指导意见，帮助学生提升演讲水平。学校设立了多个奖项，如最佳内容奖、最佳表达奖、最佳创意奖、最具感染力奖等，鼓励学生在不同方面发挥自己的优势和特长。比赛结束后，学校将优秀演讲稿整理成册，印发给学生学习参考，并挑选部分优秀演讲者到各班级、社团进行巡回演讲，让更多学生受益于演讲比赛的成果。此外，学校还组织了演讲技巧培训工作坊，针对学生在比赛中存在的问题进行专项培训，如发音训练、情感表达技巧提升、演讲节奏把握等，进一步提升了学生的演讲能力。

（三）举办"环保故事分享沙龙"，促进交流互动

学校致力于打造以"学缘传承与创新创业"为双轮驱动的环保故事分享沙龙，旨在构建一个"跨界交流、创意孵化、成果转化"的人才培养生态系统。在场地布置方面，特别增设了"校友创新创业成果展区"，以展示杰出校友从技术研发到企业创立的完整成长历程，其中包括 32 个创业团队的原始项目书、专利证书等重要资料，从而形成了一个"在校生学习案例、毕业生创业、校友回馈教学"的学缘闭环。

在分享环节中，创新实践被巧妙融入，学生们除了分享环保书籍与个人经历外，更注重阐述如何将故事中的环保理念转化为创新创业项目。例如，2023 届毕业生团队基于《寂静的春天》一书，创作了《新型微生物制剂助力工业 VOC 治理》项目，荣获第十一届"挑战杯"湖南省大学生创业计划竞赛金奖。该项目的核心技术突破了传统治理的局限，已与北控水务集团签订了技术转化协议。特别是，沙龙还设置了"校友创业故事会"，邀请在瑞典从事环保技术研发的校友分享其跨国创业经验，从而形成了"海外经验、本土实践、国际赛事"的传承创新链条。

分享环节结束后，学生们进入小组讨论环节。讨论内容涉及故事中的环保方法的可行性、个人受到的启发、如何将环保理念应用于日常生活与学习，以及如何在环保实践中进行创新等。这种形式促进了学生间的思想碰撞，拓展了他们对环保故事的理解，培养了他们的交流与合作能力，并激发了他们在环保实践中的创新思维。

在小组讨论环节引入了"智能垃圾分类设备"等真实创业案例，跨界研讨激发创新思维。学生们结合"挑战杯"金奖项目《"藻"耀未来》的研发经验，探讨技术转化路径。例如，在讨论家庭环保时，学生提出的"VR生态导览系统"创意，经过沙龙孵化后荣获第十四届"挑战杯"中国大学生创业计划竞赛铜奖，并成功与企业对接实施。教师通过历史智慧创新大赛获奖案例《"苏堤模式"城市水体修复解决方案》，引导学生思考如何将古代生态智慧与现代技术相结合，相关教学成果荣获全国职业院校教学能力大赛二等奖。

学校成立了"沙龙创意孵化基金"，为优秀的创意项目提供资金支持。2023年资助的《基于物联网的河道生态监测系统》项目，源于沙龙中对校友企业"北欧环境科技"案例的研讨，该项目荣获"挑战杯"湖南省大学生创业计划竞赛金奖，并成功应用于长沙市黑臭水体治理。同时，将沙龙讨论成果转化为中国青年碳中和创新大赛的参赛作品，其中《智能垃圾分类AI导览系统》荣获一等奖，相关技术已申请国家专利。

为确保环保故事分享沙龙的顺利进行，学校教师提前对学生进行分组，每组选出一名组长，负责组织讨论和记录讨论结果。在沙龙过程中，教师作为引导者，适时提出问题，引导讨论方向，确保讨论深入有序。例如，在讨论环保故事中环保行动的可行性时，教师提出"在实际环境下，这个环保行动实施可能会遇到哪些困难，如何运用所学专业知识解决这些困难"的问题，引导学生结合实际情况进行思考与分析。沙龙结束后，每组组长整理并汇报讨论结果，教师对各组的表现进行总结与评价，肯定学生的创新思维与积极思考，并鼓励学生将讨论中的收获应用于实际生活与学习。学校还将沙龙讨论成果整理成册，制作成《环保故事分享沙龙成果集》，在学校内部分享交流，为学生提供更多环保实践的思路与方法。

三、开展环保故事创作比赛，培养学生创新思维

（一）鼓励原创环保故事写作，激发想象力

学校开展原创环保故事写作比赛，同时为激发学生的想象力，学校组织了创意写作工作坊。在工作坊中，老师通过播放一些环保主题的科幻电影片段、展示富有创意的环保艺术作品等方式，激发学生的创作灵感。老师还会讲解一些故事创作的基本原理和技巧，例如如何构建故事框架、塑造人物形象、设置情节冲突等。

学生们在创作过程中充分发挥想象力，创作出许多精彩的环保故事。有的学生创作了一个关于未来城市的故事，在这个城市中，所有的建筑都采用了太阳能、风能等清洁能源，城市交通由智能电动汽车和高速磁悬浮列车组成，人们生活在一个零污染的环境中。还有的学生创作了一个童话故事，讲述了一群小动物为了保护自己的家园，与破坏环境的人类进行斗争，最终通过沟通和教育，让人类认识到环保的重要性，并与动物们和谐共处。这些原创环保故事不仅展现了学生们丰富的想象力，还传递了深刻的环保理念。

（二）推广环保主题绘本创作，融合艺术与环保

学校鼓励学生进行环保主题绘本创作，将艺术与环保相结合。并邀请专业的绘本画家来校举办讲座，介绍绘本创作的流程和技巧，包括如何绘制精美的插画，如何搭配色彩，如何

用简洁的文字讲述故事等。学校还为学生提供了丰富的绘画材料和创作空间。

在创作前期，引导学生深入挖掘环保主题，从社会热点环保问题、个人对环保的独特感悟等方面寻找灵感，确定故事主题和核心情节。例如，一位学生关注到电子垃圾污染问题，以此为切入点，创作了一本名为《电子垃圾的奇幻之旅》的绘本，讲述了废弃电子设备在经过一系列环保处理后，重新焕发生机的故事。在创作过程中，学生运用所学的专业知识，对绘本的角色设计、画面风格、色彩基调等进行精心构思。在角色设计上，赋予电子垃圾拟人化的形象，通过独特的造型和色彩体现其特点；在画面风格上，选择简洁明快的插画风格，增强视觉冲击力；在色彩基调上，以绿色为主色调，寓意环保与希望。

为提升学生的绘本创作水平，学校邀请国内外知名绘本画家举办线上线下工作坊。在线下工作坊中，绘本画家与学生进行面对面的交流与指导，现场示范绘画技巧，解答学生在创作过程中遇到的问题；在线上工作坊中，通过直播的方式，展示绘本创作的全过程，包括从故事构思到草图绘制、上色、排版等各个环节，并与学生进行实时互动。同时，组织学生参观各类绘本展览，无论是线上虚拟展览还是线下实地展览，让学生接触不同风格、不同主题的优秀绘本作品，拓宽艺术视野，激发创作灵感。此外，学校还建立了绘本创作资源库，收集整理了大量的绘本创作教程、优秀绘本案例、绘画素材等资源，供学生随时查阅学习。

（三）评选优秀作品并展示，增强学生成就感

学校成立专业、权威的评审团，成员包括环保领域专家、知名作家、院校教授以及本校相关专业的骨干教师。评审团依据严格、科学的评选标准，从故事内容、创意构思、艺术表现、环保主题深度等多个维度对参赛作品进行评选。在故事内容方面，要求故事完整、情节生动、逻辑合理，能够清晰地传达环保理念；在创意构思上，鼓励作品具有独特的视角、新颖的想法，展现学生的创新思维；艺术表现则关注绘画技巧、色彩运用、排版设计等方面的水平；环保主题深度考察作品对环保问题的理解和思考是否深入，提出的解决方案是否具有可行性和创新性。

在学校内设置多个展示平台，全方位展示优秀作品。在校园宣传栏中，精心设计展示版面，将优秀作品以图文并茂的形式进行展示，同时附上作者的创作心得、评委的点评以及作品所传达的环保理念解读，吸引过往师生驻足欣赏。在校园网站上，开设专门的环保故事创作比赛展示页面，将作品以电子文档、图片集、视频等多种形式呈现，方便学生随时随地查阅。利用校园广播，定期选播优秀故事作品，让学生通过听觉感受故事的魅力。此外，还举办优秀作品校园巡回展览，将作品制作成展板，在各教学楼、图书馆、学生活动中心等场所进行巡回展示，扩大作品的影响力。

学校举办隆重的颁奖典礼，邀请学校领导、企业代表、家长代表以及社会各界嘉宾出席。在颁奖典礼上，为获奖学生颁发荣誉证书、奖杯以及丰厚的奖品，对他们的创作成果给予高度认可和鼓励。邀请获奖学生代表上台分享创作心得，讲述自己在创作过程中的灵感来源、遇到的困难以及如何克服困难的经历，为其他学生提供宝贵的经验借鉴。同时，将优秀作品集结成册，出版发行《环保故事创作优秀作品集》，作为学校的特色校本教材，供学生在课堂上学习阅读，也可作为学校对外交流的特色礼品，展示学校在环保教育方面的成果。此外，积极将优秀作品推荐给相关的环保杂志、儿童文学刊物、绘本出版社等，争取公开发表，进一步提升学生的成就感和自信心，激发更多学生参与环保故事创作的热情，营造浓厚的环保创作氛围。

第二节 优化环保传创"过程圈"，厚积学生创新创业知识

一、双创导向的课程体系优化

（一）基础理论课程的双创融合

在基础理论课程教学中，教师积极将新质生产力与双创理念融入教学内容。以环境科学相关课程为例，在讲解环境化学知识时，教师引入新兴的纳米材料在环境污染物治理中的应用案例。详细介绍纳米材料独特的物理化学性质，如高比表面积、量子尺寸效应等，如何使其在吸附、催化降解环境污染物方面展现出优异性能。通过对比传统治理方法与基于纳米材料的新方法，让学生深刻理解新质生产力在环保领域的创新之处。同时，引导学生思考如何将这些新兴技术与双创理念相结合，鼓励学生提出创新性的应用设想。

在学缘案例教学方面，教师充分利用学校丰富的学缘资源，结合往届学生在相关领域的实践成果讲解基础理论。例如，在环境工程的相关课程讲解污水处理工艺时，教师以一位往届优秀毕业生参与的污水处理厂升级改造项目为例，详细介绍了项目中如何运用学缘传创范式，借鉴前人经验，对传统活性污泥法进行创新改进。该案例通过引入先进的智能控制系统，实现对污水处理过程的精准调控，提高处理效率，降低能耗。在讲解过程中，教师引导学生分析项目中所运用的基础理论知识，以及如何在实践中灵活运用这些知识解决实际问题，让学生从学缘案例中汲取经验，加深对基础理论的理解。

为了创新考核方式，教师设置了一系列双创相关开放性题目。在环境科学课程考核中，给出这样一道题目："假设你是一名环保创业者，现要开发一款针对城市室内空气污染治理的创新产品，请阐述你的产品设计思路、所运用的环境科学原理以及市场推广策略。"学生们需要综合运用所学的环境科学、环境工程等知识，结合双创理念，提出具有创新性和可行性的方案。通过这样的考核方式，不仅考查了学生对基础理论知识的掌握程度，更激发了学生的创新思维和创业意识，培养了学生运用知识解决实际问题的能力。

（二）实践课程的双创项目嵌入

在实践课程中，基于实际需求设计了一系列双创实践项目。例如，针对当前城市垃圾分类效果不佳的问题，设计了"智能垃圾分类系统研发与应用"项目。项目要求学生综合运用电子信息、自动化控制、环境科学等多学科知识，研发一款能够实现垃圾自动分类的智能设备。在项目设计过程中，教师引导学生进行市场调研，了解当前垃圾分类市场的需求和痛点，以及同类产品的优缺点。通过调研，学生们明确了智能垃圾分类系统的功能需求，如能够准确识别多种垃圾类型、具备自动分类收集功能、实现数据实时上传与分析等。

在项目实施过程中，学长学姐与企业导师共同参与项目指导。学长学姐凭借自己在过往实践项目中的经验，为学弟学妹们提供技术支持和问题解决思路。在智能垃圾分类系统的传感器选型上，学长学姐分享了自己在类似项目中对不同传感器性能的测试经验，帮助学弟学妹们选择了精度高、稳定性好的传感器。企业导师则从实际生产和市场需求的角度，为学生们提供专业指导。在产品外观设计和成本控制方面，企业导师根据市场反馈和生产工艺要求，提出了合理的建议，使产品在满足功能需求的同时，更具市场竞争力。

在成果检验环节，以项目成果评估实践课程效果。对于"智能垃圾分类系统研发与应用"项目，从系统的性能指标、创新性、实用性以及市场前景等多个方面进行评估。性能指标包括垃圾识别准确率、分类效率、设备稳定性等；创新性体现在是否采用了新的技术方法或设计理念；实用性考查系统是否能够满足实际垃圾分类需求；市场前景则通过对市场调研数据的分析，评估产品的市场潜力。通过对项目成果的全面评估，不仅检验了学生在实践课程中的学习效果，还为学生提供了改进和完善项目的方向，促进学生双创能力的提升。

二、教学方法革新助力双创能力提升

（一）项目驱动教学法的深度应用

在项目选定上，学校进一步拓宽项目来源渠道。除了与企业合作获取实际项目外，还鼓励教师根据环保领域的研究热点和社会需求，自主设计具有前瞻性的项目。例如，随着人工智能技术在环保领域的应用逐渐兴起，学校设计了"基于人工智能的环境监测数据智能分析与预警系统开发"项目。该项目要求学生运用人工智能算法对海量的环境监测数据进行分析，建立环境质量预测模型，实现对环境污染事件的提前预警。在项目选定过程中，组织专家对项目的可行性、挑战性以及对学生能力培养的价值进行评估，确保项目能够有效激发学生的创新思维，培养实践能力。

在学缘协作方面，学校建立了学缘资源共享平台。该平台整合了学校历届学生的实践项目成果、毕业设计作品以及相关的学术论文等资料，方便学生在项目实施过程中查阅和借鉴。同时，平台还提供在线交流功能，学生可以通过平台与学长学姐进行实时沟通，获取指导和建议。在"基于人工智能的环境监测数据智能分析与预警系统开发"项目中，学生们通过学缘资源共享平台，查阅到了往届学生在数据分析和算法应用方面的相关项目资料，借鉴了他们在数据预处理、模型训练等方面的经验和方法。在遇到技术难题时，学生通过平台与学长学姐进行交流，学长学姐则根据自己的经验为他们提供了解决思路和方法。

在问题解决环节，学校加强了对学生的引导和支持。学校组织专业教师成立问题解决指导小组，为学生在项目实施过程中遇到的问题提供及时的指导和帮助。同时，鼓励学生积极参加各类学术交流活动和技术研讨会，拓宽视野，学习借鉴其他团队的问题解决经验。在"基于人工智能的环境监测数据智能分析与预警系统开发"项目中，学生们在建立环境质量预测模型时，遇到了模型准确率不高的问题。问题解决指导小组的教师与学生一起分析问题，通过查阅相关文献和案例，发现是数据样本不均衡导致的。于是，教师指导学生采用数据增强技术对数据进行处理，同时调整模型结构和参数，经过多次试验，成功提高了模型的准确率。

在成果展示方面，学校举办了丰富多彩的成果展示活动。除了传统的项目汇报会和成果展览外，学校还组织学生参加各类创新创业大赛和行业论坛。在成果展示过程中，注重对学生表达能力和团队协作能力的培养。组织学生进行模拟汇报和答辩，邀请专业教师和企业专家进行点评和指导，帮助学生提高汇报和答辩技巧。在参加创新创业大赛时，学校为学生提供资金支持和后勤保障，鼓励学生积极展示项目成果，与其他团队进行交流和竞争。通过这些成果展示活动，不仅提高了学生的自信心和成就感，还为学生提供了更广阔的发展空间和机会。

（二）案例教学法的多样化实施

在课堂案例分析中，教师们进一步丰富案例类型和来源。除了选取经典的环保案例外，还关注当前环保领域的热点事件和新兴技术应用案例。例如在讲解环境影响评价课程时，以某大型新能源汽车制造项目的环境影响评价为例。教师详细介绍了该项目在建设过程中可能产生的环境影响，如废气排放、废水处理、噪声污染等，以及评价单位如何运用先进的评价方法和技术对这些环境影响进行预测和评估。同时，引入了该项目在环境影响评价过程中面临的公众参与问题，以及如何通过有效的沟通和协商解决这些问题。通过对这一案例的分析，学生了解了环境影响评价在实际项目中的应用，学会了如何应对评价过程中出现的各种问题。

在案例调研活动中，学校加强了与企业、环保机构的合作，为学生提供了更多实地调研机会。学校组织学生到正在进行环境治理的企业、自然保护区以及环保科研机构等地进行调研。在调研过程中，安排专业人员为学生进行讲解和指导，帮助学生深入了解实际案例的背景、实施过程以及取得的成果。例如，在一次对某自然保护区生态修复项目的调研中，学生们在保护区工作人员的带领下，实地考察了生态修复区域的植被恢复情况、野生动物栖息地保护情况以及生态监测设施的运行情况。工作人员详细介绍了项目的实施背景、目标以及采取的具体措施，学生们通过实地观察和与工作人员的交流，对生态修复项目有了更直观、更深入的了解。

在案例分享会中，学校邀请了更多不同领域的校友分享成功与失败案例。除了邀请在环保企业工作的校友分享项目经验外，还邀请了从事环保公益事业的校友分享他们在组织环保活动、推动公众环保意识提升等方面的经验和教训。例如，在一次案例分享会中，一位从事环保公益活动多年的校友分享了自己在组织大型环保公益活动时遇到的困难和挑战，如资金筹集困难、志愿者管理不善、活动宣传效果不佳等，以及如何通过不断调整策略和方法解决这些问题。通过这些校友的分享，学生们从不同角度了解了环保项目的实施过程，学习了宝贵的经验和教训，为自己今后的实践活动提供了有益的参考。

三、实践教学强化双创技能

（一）校内实践基地的双创项目孵化

在基地建设方面，学校不仅注重硬件设施的升级，还致力于打造完善的软件支持体系。为校内实践基地配备了专业的实验室管理团队，他们具备丰富的实验操作经验和设备维护技能，能够确保实验设备的正常运行，为学生的项目研究提供有力保障。同时，建立了完善的实验室安全管理制度，定期组织学生进行实验室安全培训，提高学生的安全意识，确保项目研究在安全的环境中进行。

在项目孵化过程中，学校设立了专项基金，用于支持学生的创新项目研究。学生可以根据自己的兴趣和专业知识，提出创新项目申请，经过专家评审后，符合条件的项目将获得资金支持。例如，一支学生团队提出了"基于微生物燃料电池的污水处理新技术研究"项目申请，该项目旨在利用微生物燃料电池技术，在处理污水的同时实现能源回收。专家经过评审，认为该项目具有创新性和可行性，给予了资金支持。在项目实施过程中，团队成员充分利用校内实践基地的设备和资源，开展实验研究。他们通过筛选和培养适合的微生物菌株，优化电池结构和运行参数，经过多次实验和改进，取得了阶段性成果，为污水处理技术的创新提供了新的思路。

学缘帮扶机制在项目实施过程中发挥了重要作用。学长学姐们不仅可以在技术上给予指导，还可以在项目管理和团队协作方面分享经验。在"基于微生物燃料电池的污水处理新技术研究"项目中，学长学姐们帮助团队成员制定详细的项目计划，合理安排实验进度，避免了因计划不合理导致的时间浪费和资源浪费。在团队协作方面，学长学姐们分享了如何处理团队成员之间的意见分歧，如何发挥每个成员的优势，提高团队整体效率。通过学缘帮扶，项目团队成员的科研能力和团队协作能力得到了显著提升，项目得以顺利推进。

（二）校外实习的双创经验积累

在实习基地拓展方面，学校积极与各类环保企业、科研机构以及政府环保部门建立合作关系。通过走访调研，了解企业和机构的需求，寻找合作契机。例如，学校与一家专注于大气污染治理的企业建立了校企合作关系。该企业在大气污染治理技术研发和工程应用方面具有丰富的经验，学校与企业签订合作协议，为学生提供实习岗位。企业为学生制订了详细的实习计划，安排经验丰富的工程师担任实习导师，指导学生参与企业的实际项目。

在实习实践过程中，学生们参与企业的实际环保项目，将所学知识应用于实践。在参与企业的一个工业废气治理项目时，学生们深入项目现场，了解项目的工艺流程和技术要点。他们协助工程师进行废气采样、分析和处理设备的调试工作。在这个过程中，学生们遇到了许多实际问题，如废气成分复杂、传统处理工艺效果不佳等。通过与工程师的交流和学习，学生们了解到企业正在研发一种新型的吸附-催化燃烧技术，用于处理这类复杂废气。学生们积极参与到新技术的研发和实验中，提出了一些创新性的想法和建议，得到了企业的认可。

校友们在实习经验传承方面发挥了重要作用。学校定期组织校友回校分享实习与工作中的经验。一位校友分享了自己在实习期间，如何通过主动学习和积极参与项目，快速提升自己的专业技能和实践能力。他还介绍了在工作中如何与团队成员合作，如何应对工作中的挑战和压力。校友们的分享让学生们对实习和未来的工作有了更清晰的认识，也为他们在实习过程中积累经验提供了宝贵的借鉴。

（三）双创竞赛模拟与实战强化

在模拟竞赛组织方面，学校制订了详细的模拟竞赛方案。按照正规双创竞赛的流程，设置项目申报、初赛、复赛和决赛等环节。在项目申报阶段，学生们需要提交详细的项目计划书，包括项目背景、创新点、实施方案、预期成果等内容。初赛采用书面评审的方式，由专业教师和企业专家组成评审团，对项目计划书进行评审，筛选出优秀项目进入复赛。复赛采用现场答辩的方式，学生们需要通过 PPT 展示和现场讲解，向评审团介绍项目的具体内容和实施情况，评审团根据项目的创新性、可行性、实用性等方面进行打分，确定进入决赛的项目。决赛则增加了项目现场演示环节，学生们需要现场展示项目的实际运行效果，接受评审团和观众的提问和评价。

在学缘指导方面，学长学姐和教师们组成了强大的指导团队。学长学姐们凭借自己在过往竞赛中的经验，为学弟学妹们提供项目策划、技巧展示等方面的指导。在项目策划上，学长学姐们帮助学弟学妹们挖掘项目的创新点，优化项目实施方案，提高项目的竞争力。在展示技巧方面，学长学姐们分享了如何制作精美的 PPT，如何进行清晰、流畅的现场讲解，如何应对评审团的提问等经验。教师们则从专业知识和理论层面给予指导，帮助学生们完善项目的技术方案，确保项目的科学性和可行性。

在实战参与方面，学校积极组织学生参加各类双创竞赛。在报名参赛后，学校为参赛学生提供全方位的支持。学校安排专门的场地供学生进行项目准备和演练，邀请行业专家对项目进行指导和点评，帮助学生进一步完善项目。例如，在参加某国赛的环保双创竞赛时，学校组织了多次模拟演练，邀请了多位企业高管和行业专家担任评委，对学生的项目展示进行严格把关。通过模拟演练，学生们不断改进项目展示方式，提高了项目的吸引力和说服力。在竞赛现场，学生们凭借扎实的专业知识、创新的项目理念和出色的展示表现，获得了评委的高度评价，取得了优异成绩。

在竞赛总结阶段，学校组织参赛学生和指导教师进行经验总结和交流。学生们分享了在竞赛过程中的收获和体会，包括对专业知识的深入理解、创新思维的激发、团队协作能力的提升等。同时，也分析了项目存在的不足之处，如技术可行性论证不够充分、市场推广策略不够完善等。指导教师对学生的表现进行了点评，提出了改进建议，并对今后的竞赛组织和指导工作进行了反思和规划。通过竞赛总结，学生们能够更好地吸收竞赛经验，提升双创能力，为今后的学习和实践打下坚实的基础。

四、科学评价体系保障双创实效

（一）科学评价体系构建

1. 指标设计：全面衡量双创能力

在知识维度指标方面，除了传统的专业课程考试，学校还增加了对学生在环保领域前沿知识掌握程度的考查。例如，设置关于新质生产力在环保行业应用的相关知识测试，包括对新兴环保技术原理、应用案例分析等内容的考核。通过在线学习平台，定期发布前沿知识学习资料和测试题目，学生自主学习后进行在线测试，系统自动记录成绩。同时，在课程作业中，增加开放性问题，要求学生运用所学知识，分析当前环保热点问题，并提出自己的见解和解决方案，教师根据学生的答题情况进行评分，以此综合评估学生在知识维度方面的掌握情况。

在能力维度指标方面，学校细化了对学生创新能力、实践能力和团队协作能力的评价标准。创新能力通过学生在环保创新项目中的表现进行评估，包括项目的创新性、可行性以及学生在项目中提出的创新想法和解决方案的数量与质量。实践能力依据学生在实习实训、实验课程以及实际环保项目中的操作技能、问题解决能力和成果完成情况进行评价。例如，在实习实训中，由实习单位的指导教师对学生的工作态度、专业技能应用能力、适应能力等方面进行评价打分；在实验课程中，根据学生的实验设计、操作规范、数据处理和实验报告撰写等方面进行考核。团队协作能力通过观察学生在团队项目中的沟通能力、分工协作能力、领导能力以及对团队目标的贡献等方面进行评价，在团队项目结束后，组织团队成员进行互评和自评，结合教师的观察评价，综合得出学生的团队协作能力得分。

在态度维度指标方面，学校建立了学生环保态度观察体系。通过问卷调查、课堂表现观察以及参与环保活动的积极性等多方面进行评估。定期开展环保态度问卷调查，了解学生对环保事业的认知、情感和行为意向。在课堂上，观察学生对环保课程的参与度、发言质量以及对环保问题的关注程度。同时，记录学生参与学校和社团组织的各类环保活动的次数、表现以及在活动中的贡献，以此综合判断学生的环保态度。例如，对于积极参与环保志愿服务活动，且在活动中表现出高度责任感和奉献精神的学生，在态度维度评价中给予较高分数。

2. 主体多元：广泛汇聚评价视角

在自评环节，学校为学生提供详细的自评指南和评价量表。学生根据自己在学习、实践和参与环保活动中的表现，对照评价指标进行自我评价。在自评过程中，学生需要对自己的优点和不足进行深入分析，并制订相应的改进计划。例如，在一个环保创新项目结束后，学生从项目目标达成情况、自己在项目中的创新贡献、团队协作表现以及遇到的问题和解决方法等方面进行自评。通过自评，学生能够更好地了解自己的学习和成长情况，增强自我反思和自我管理能力。

在互评环节，组织学生在小组项目、团队活动以及课堂讨论中进行相互评价。在小组项目中，小组成员根据各自在项目中的分工和表现，对其他成员的知识掌握、能力应用、团队协作等方面进行评价。互评过程中，要求学生客观公正地评价他人，同时也要善于从他人的评价中发现自己的问题。例如，在一次环保实践活动后，小组成员进行互评，一位成员评价另一位成员在活动中积极主动，实践操作技能熟练，但在与其他成员沟通时有时不够耐心。通过互评，学生们能够从不同角度了解自己的表现，促进相互学习和共同进步。

在师评环节，教师根据学生在课堂教学、实践教学以及日常学习生活中的表现进行全面评价。在课堂教学中，教师通过学生的课堂表现、作业完成情况、考试成绩等方面评价学生的知识掌握程度和学习态度；在实践教学中，根据学生在实验、实习、项目实践中的操作技能、问题解决能力、创新表现等方面进行评价。同时，教师还应关注学生在环保社团活动、志愿服务活动中的参与度和贡献，综合多方面因素，对学生进行客观公正的评价。例如，在评价学生的环保项目实践能力时，教师不仅要考虑项目成果的质量，还应关注学生在项目实施过程中的努力程度、遇到困难时的应对态度以及对环保知识和技能的应用能力。

3. 方法融合：精准提升评价效能

在定量评价方面，充分利用信息化手段，建立学生学习和实践数据管理系统。该系统自动收集学生的课程考试成绩、在线学习测试成绩、实验操作成绩、实习单位评价成绩等数据，并进行量化分析。例如，通过对学生在多门环保专业课程考试成绩的分析，了解学生在不同知识模块的掌握情况；通过对学生在实验课程中操作步骤的准确性、实验数据的可靠性等方面进行量化评分，评估学生的实验技能水平。同时，运用数据分析模型，对学生的学习和实践数据进行综合分析，预测学生的学习发展趋势，为个性化教学提供依据。

在定性评价方面，教师通过观察学生的课堂表现、实践操作过程、团队协作情况以及参与环保活动的行为表现等，对学生进行描述性评价。在课堂上，通过观察学生的思维活跃度、发言的创新性和逻辑性，对学生的学习态度和思维能力进行定性评价；在实践操作中，观察学生的操作熟练程度、问题解决思路以及对突发情况的应对能力，对学生的实践能力进行定性评价。同时，收集学生在环保项目中的项目报告、心得体会等文字材料，对学生的环保理念、创新思维和实践成果进行深入分析和定性评价。例如，教师在评价学生的环保创新项目时，通过阅读项目报告，了解学生的项目设计思路、创新点以及实施过程中的困难和解决方法，结合对学生在项目实践中的观察，对项目的创新性、可行性以及学生的创新能力进行定性评价。

在综合评价方面，学校将定量评价和定性评价结果进行有机结合。通过建立综合评价模型，赋予不同评价指标和评价方式相应的权重，计算出学生的综合评价得分。例如，在评价学生的环保双创能力时，将知识维度的定量考试成绩占比30%，能力维度的定量实践操作成绩占比40%，态度维度的定性评价得分占比30%，综合计算得出学生的综合评价得分。同时，根据综合评价结果，对学生进行分类评价，如优秀、良好、中等、及格和不及格，为学生提供针对性的反馈和建议，促进学生不断提升自己的环保双创能力。

（二）过程性评价实施

1. 阶段评估：动态跟踪双创进展

在评估周期设置方面，对于课程学习，学校除了常规的学期初、中、末评估，还针对重点课程的关键知识模块设置了单元评估。例如在环境工程原理课程中，当完成流体力学、传热学等重要知识模块的教学后，及时进行单元测试，以便精准掌握学生对各模块知识的理解与应用情况。对于实践项目，依据项目的复杂程度和时间跨度，将其划分为多个阶段，如项目规划、实验探索、方案优化、成果总结等阶段，每个阶段结束后都进行评估。对于一个为期半年的环保设备研发项目来说，在项目规划阶段结束时，评估项目目标的明确性、技术路线的合理性以及资源配置的有效性；在实验探索阶段结束后，评估实验数据的可靠性、实验方法的创新性以及是否达到预期的实验效果等。

在评估内容确定方面，课程学习的学期初评估除了考查先修知识，还应关注学生对本学期课程学习目标的规划合理性，通过学生提交的学习计划和目标陈述，评估其对课程的整体认知和学习期望。学期中评估增加对学生学习方法适应性的评估，观察学生在面对新知识时，能否及时调整学习方法，是否善于总结归纳知识体系。学期末评估则强化对学生知识迁移能力的考查，通过设置综合性的案例分析题，要求学生运用本学期所学知识，解决实际环保问题，以此评估其知识的综合运用和灵活迁移能力。在实践项目评估中，项目启动阶段评估还包括对项目团队组建的合理性评估，如团队成员专业背景的互补性、团队分工的明确性等；实施阶段评估注重对项目风险管理能力的考察，评估团队在面对实验失败、技术难题、资源短缺等风险时，能否及时识别、分析并采取有效的应对措施；结束阶段评估除了成果质量等方面，还评估项目对学生实践能力提升的可持续性，如学生是否能够将项目中获得的技能和经验应用到未来的学习和工作中。

在评估结果反馈方面，对于学生，除了提供书面的成绩报告和改进建议，还组织一对一的反馈面谈。教师通过与学生面对面交流，深入了解学生在学习和实践过程中的困惑与需求，针对学生的具体问题提供个性化的指导。例如，对于在课程学习中某一知识模块掌握薄弱的学生，教师在面谈中详细分析其知识漏洞，为其制订专属的学习提升计划，推荐相关的学习资料和辅导资源。对于实践项目团队，在反馈中不仅指出项目的优点和不足，还组织团队进行反思讨论，引导团队成员总结经验教训，促进团队协作能力的提升。对于教师，评估结果反馈以教学反思报告的形式呈现，教师根据评估数据和学生反馈，深入分析教学过程中教学方法、教学内容组织等方面存在的问题，制订相应的改进措施，并在后续教学中实施和验证。

2. 反馈优化：及时完善教学实践

在教学优化方面，教师根据学生的学习表现和评估反馈，及时调整教学内容和方法。如果在课堂表现评估中发现学生对某一抽象的环保概念理解困难，教师会在后续教学中增加相关的案例分析、实验演示或多媒体资料辅助讲解，帮助学生更好地理解。在课程进度方面，如果大部分学生在中期评估中对知识的掌握进度较慢，教师会适当放缓教学节奏，增加复习和巩固环节，或者组织小组讨论和辅导答疑，帮助学生跟上教学进度。在教学方法上，如果学生在互评和自评中反映小组讨论效果不佳，教师会重新设计讨论话题和组织形式，明确讨论规则和目标，提高小组讨论的质量和效率。

在实践改进方面，针对实践项目中出现的问题，及时调整实践方案。如果在环保实践项目中，发现学生在实验操作过程中存在安全隐患，实践指导教师会立即暂停项目，组织学生进行安全培训和操作规范强化训练，重新优化实验操作流程，确保实践活动的安全进行。如果在实习实训中，学生反馈实习单位安排的工作内容与专业知识结合不紧密，学校会与实习单位沟通协调，重新调整实习岗位和工作任务，使实习内容更符合学生的专业培养目标和实践需求。在项目资源配置方面，如果在项目实施过程中发现资源不足，如实验设备短缺、实验试剂不够等，学校和项目指导教师会及时调配资源，保障项目的顺利推进。

在沟通渠道建设方面，建立多元化的沟通反馈渠道。除了传统的课堂交流、作业批改反馈、师生面谈等方式，还利用信息化手段，如在线学习平台的交流论坛、即时通讯工具等，方便学生随时向教师反馈问题。学校设立了专门的教学与实践反馈邮箱，鼓励学生和教师提出意见和建议。同时，定期召开学生座谈会和教师教学研讨会，集中收集和讨论教学与实践过程中存在的问题。在学生座谈会上，学生可以畅所欲言，分享自己在学习和实践中的感受和遇到的问题，学校相关部门和教师代表现场解答和记录，会后及时跟进解决。在教师教学研讨会上，教师们交流教学经验和遇到的共性问题，共同探讨解决方案，促进教学质量的整体提升。

3. 学生反思：自主推动成长提升

在反思引导方面，教师通过课堂教学、专题讲座等方式，向学生传授反思的方法和技巧。在课堂上，教师结合具体的知识内容和实践案例，引导学生思考学习过程中的收获与不足。例如，在讲解完一个环保项目案例后，教师提问学生在类似项目中可能会采取的不同方法，以及从案例中可以汲取的经验教训，启发学生进行反思。在专题讲座中，邀请教育专家或优秀毕业生分享反思对学习和成长的重要性，以及如何进行有效的反思。专家通过实际案例介绍了反思的步骤，如回顾学习或实践过程、分析成功与失败的原因、总结经验教训、制订改进计划等，帮助学生掌握反思的方法。

在反思实践方面，要求学生定期撰写反思报告。在课程学习中，学生每周撰写学习反思周记，记录本周学习的重点知识、学习过程中遇到的问题及解决方法、对自己学习态度和方法的评价等内容。在实践项目中，学生在每个阶段结束后撰写项目反思报告，分析项目实施过程中的团队协作情况、自己在项目中的贡献和不足、项目成果与预期目标的差距及原因等。教师对学生的反思报告进行认真批改和点评，针对学生的反思内容提出建议和指导，鼓励学生深入思考，不断改进。例如，对于一份学习反思周记中只简单罗列学习内容而未深入分析学习问题的学生，教师在评语中引导学生思考学习效率不高的原因，是对知识点理解不透彻，还是学习时间管理不当等，并建议学生尝试不同的学习方法，如制作思维导图、总结错题集等，以提高学习效果。

在成长促进方面，学校将学生的反思成果与综合素质评价相结合。对于在反思中表现出积极态度、能够深刻认识自身问题并采取有效改进措施，且在后续学习和实践中取得明显进步的学生，在综合素质评价中给予加分奖励。同时，学校定期举办反思成果分享会，邀请在反思实践中表现优秀的学生分享自己的反思经验和成长历程。在分享会上，学生们互相学习，共同进步。例如，一位学生在分享中介绍，自己通过反思发现自己在团队项目中沟通能力不足，于是主动参加沟通技巧培训课程，积极参与团队讨论和交流，逐渐提高了自己的沟通能力，在后续的项目中能够更好地与团队成员协作，项目成果也得到了显著提升。通过这种方式，激励更多学生重视反思过程，促进自我提升与成长。

（三）成果性评价开展

1. 项目成果评估：总结经验与发现问题

在评估标准制定方面，针对不同类型的环保项目，制定详细且具有针对性的评估标准。对于环保科研项目，重点评估项目的创新性、科学性、实用性以及对环保领域的理论贡献。创新性体现在项目是否提出了新的研究思路、方法或技术，是否在现有研究基础上有重大突破；科学性考察项目的研究设计是否合理，实验数据是否可靠，研究过程是否符合科研规范；实用性关注项目成果能否解决实际环保问题，是否具有推广应用价值；理论贡献评估项目成果对环保学科理论体系的完善和发展是否有积极作用。对于环保实践项目，如环保公益活动、环保工程实施项目等，评估标准侧重于项目目标的达成情况、项目实施过程的规范性、项目的社会影响力以及实践能力的提升效果。项目目标达成情况考察项目是否按照预定计划完成了各项任务，是否达到了预期的环境改善效果或社会效果；项目实施过程的规范性评估项目在实施过程中是否遵守相关法律法规、环保标准和操作规范；项目的社会影响力关注项目对公众环保意识的提升、对社会环保行动的推动作用等；实践能力的提升效果评估项目参与学生在实践操作技能、团队协作能力、问题解决能力等方面的提升程度。

在评估方法选择方面，采用多种评估方法相结合的方式。对于科研项目成果，除了组织专家进行同行评审外，还引入第三方评估机构进行评估。同行评审邀请在环保领域具有深厚学术造诣和丰富科研经验的专家，对项目的研究报告、论文发表情况、专利申请等成果进行评价，从专业角度给出意见和建议。第三方评估机构则从市场应用前景、经济效益、社会效益等多个维度进行评估，提供客观、全面的评估结果。对于实践项目成果，采用实地考察、问卷调查、数据分析等方法。实地考察由评估人员深入项目实施现场，观察项目的实际运行情况，了解项目的实施效果；问卷调查针对项目的受益群体，如环保公益活动的参与者、环保工程周边的居民等，了解他们对项目的满意度和反馈意见；数据分析则通过收集项目实施前后的环境数据、社会统计数据等，对比分析项目对环境和社会的影响。

在评估结果应用方面，将评估结果作为项目改进和推广的重要依据。对于评估中发现的问题，应及时反馈给项目团队，要求其制订整改措施，进行项目优化。例如，在一个环保科研项目评估中，专家指出项目在实验数据的统计分析方面存在不足，项目团队根据专家意见，重新进行数据统计和分析，完善了研究成果。对于评估结果优秀的项目，学校加大宣传和推广力度，将项目成果在学校内部进行展示和分享，鼓励其他学生和团队学习借鉴。同时，积极向社会推广，与相关企业、环保机构合作，促进项目成果的转化和应用。例如，一个关于新型污水处理技术的实践项目经过评估，发现其处理效果显著，具有良好的市场应用前景。学校与环保企业合作，将该技术进行产业化推广，为解决实际污水处理问题提供了新的方案。

2. 案例总结：提炼可推广的经验模式

在案例筛选方面，从众多环保项目中筛选具有代表性和借鉴价值的案例。筛选标准包括项目的创新性、实施的可行性、成果的显著性以及在不同场景下的可复制性。例如，选择一个在农村地区开展的生态农业与环保相结合的项目，该项目创新性地将生态种植、养殖与农村废物资源化利用相结合，通过建立沼气池、堆肥场等设施，实现了农业废物的减量化、无害化和资源化处理，同时提高了农产品的品质和产量。项目实施过程中，充分考虑了农村地区的资源条件、经济状况和农民的接受程度，具有较强的可行性。经过实践验证，该项目取得了显著的生态、经济和社会效益，改善了农村生态环境，增加了农民收入。而且该项目模式在其他农村地区具有一定的可复制性，因此被选为重点总结案例。

在经验提炼方面，组织专业教师和项目团队成员对筛选出的案例进行深入分析。从项目的策划、实施、管理、技术应用等多个环节，提炼出成功的经验和关键要素。对于上述农村生态农业与环保项目，总结出以下经验：一是精准锚定项目目标，深度契合农村实际需求，将解决农村环境治理难题、推动农业绿色可持续发展作为根本出发点；二是采用综合技术集成，将多种环保技术和农业生产技术有机结合，形成完整的技术体系；三是注重农民参与和能力建设，通过开展培训和进行示范，提高农民对项目的认识和操作技能，确保项目的顺利实施；四是建立有效的项目管理机制，明确各方职责，保障项目的资金、物资和技术支持。

在模式推广方面，通过举办经验交流会议、编写案例教材等方式，将提炼出的经验模式进行推广。学校定期举办环保项目经验交流会议，邀请项目团队成员、相关领域专家以及其他学校和机构的代表参加。在会议上，项目团队详细介绍项目的实施过程和经验教训，与参会人员进行深入交流和讨论。同时，学校组织编写了环保项目案例教材，将典型案例的详细资料、经验总结和分析点评等内容编入教材，作为环保专业教学和实践的参考资料。此外，利用学校的网站、社交媒体平台等渠道，发布案例信息和经验分享文章，扩大经验模式的传播范围，为更多的环保项目提供借鉴。

3. 表彰奖励：激励持续创新与实践

在奖励体系构建方面，建立多元化的奖励体系，包括物质奖励和精神奖励：物质奖励设置多种奖项，如环保创新奖、实践成果奖、优秀团队奖等，对获奖的学生和团队给予奖金、奖品等奖励，奖金根据项目的重要性和成果的突出程度设置不同等级，奖品选择与环保相关的实用物品，如环保监测设备、环保书籍、环保主题纪念品等；精神奖励包括荣誉证书、公开表彰、推荐参加更高层次的竞赛和活动等。荣誉证书设计具有专业性和纪念性，体现奖项的重要性和学生的荣誉。公开表彰通过学校官网、校报、校园广播、颁奖典礼等多种渠道进行，对获奖学生和团队的事迹进行广泛宣传，增强其荣誉感和自豪感，推荐参加更高层次的竞赛和活动，为学生提供更广阔的发展平台，进一步激发其创新和实践的积极性。

在激励效果评估方面，定期对奖励体系的激励效果进行评估。通过问卷调查、学生访谈等方式，了解学生对奖励体系的认知度、满意度以及奖励对其学习和实践的激励作用。问卷调查内容包括学生对奖励项目的了解程度，认为奖励是否公平合理，奖励对自己参与环保项目的积极性影响等方面。学生访谈则选取部分获奖学生和未获奖学生，深入了解他们对奖励的看法和感受，以及奖励对他们在环保领域发展的影响。根据评估结果，对奖励体系进行调整和优化。例如，如果调查发现学生对某一奖项的认知度较低，学校会加强对该奖项的宣传和推广；如果学生反映奖励的公平性存在问题，学校会重新审查奖励评选标准和流程，确保奖励的公正、公平。

在持续推动方面，将表彰奖励与学生的学业发展和职业规划相结合。对于在环保项目中表现优秀并获得奖励的学生，在学业上给予一定的优惠政策，如优先推荐参加国内外学术交流活动、优先参与教师的科研项目、在课程考核中给予适当加分等。在职业规划方面，为获奖学生提供就业推荐、职业指导等服务。学校与环保企业、科研机构建立合作关系，将获奖学生的信息推荐给相关单位，帮助学生更好地实现就业。同时，邀请企业人力资源专家和职业规划师为获奖学生举办职业规划讲座和咨询活动，指导学生根据自己的兴趣和特长，制订合理的职业发展规划，鼓励学生在环保领域持续创新和实践，为环保事业做出更大的贡献。

第三节　构筑环保传创"平台圈"，厚铸学生创新创业技术

一、核心"科教平台"的传创基石与创新转化

（一）专业教学平台：知识传承与创新孵化

在课程教学创新方面，教师们不断探索新的教学方法和手段。采用线上线下混合式教学模式，利用网络教学平台，为学生提供丰富的学习资源，如教学视频、电子教材、在线测试等。在课堂教学中，引入项目式教学、小组讨论等互动教学方法，激发学生的学习兴趣和主动性。在讲解环境监测课程时，教师们结合实际案例，将学生分成小组，让他们模拟环境监测项目，从监测方案设计、样品采集与分析到数据处理与报告撰写全程参与。通过这种方式，学生们不仅掌握了环境监测的理论知识和实践技能，还培养了创新思维和团队协作

能力。

在实践教学拓展方面，学校积极开展各类创新实践活动。组织学生参加环保科技制作大赛，鼓励学生利用所学知识，设计和制作具有环保功能的科技作品。例如，在一次环保科技制作大赛中，学生们制作了多种创新作品，如基于太阳能的智能垃圾桶，能够自动感应垃圾投放并进行压缩处理，减少垃圾存储空间；还有利用废旧材料制作的空气净化装置，通过植物净化和物理吸附相结合的方式，改善室内空气质量。这些作品充分展示了学生们的创新能力和实践能力。

在学术交流促进方面，学校定期举办环保学术讲座和研讨会。邀请国内外知名专家学者来校讲学，介绍环保领域的最新研究成果和发展趋势。例如，在一次关于"碳中和背景下的能源转型与环境保护"的讲座中，专家详细介绍了全球能源转型的现状和挑战，以及实现碳中和目标过程中环境保护的重要作用和创新技术。通过讲座，学生们拓宽了学术视野，了解到环保领域的前沿动态，激发了他们的科研兴趣和创新灵感。

（二）科研创新平台：技术突破与成果转化

在科研项目开展方面，学校积极鼓励教师和学生申报省部级科研项目。学校提供科研项目申报培训，邀请科研管理专家和资深教授为教师和学生讲解项目申报的流程、技巧和注意事项。在申报过程中，组织专家对项目申报书进行评审和指导，帮助教师和学生完善项目申报书。例如，在申报一项关于"基于新型纳米材料的水污染治理技术研究"的省部级科研项目时，学校组织了多次专家评审会，对项目的研究内容、技术路线、预期成果等方面进行深入讨论和指导。经过多次修改和完善，该项目成功获得立项支持。

在学缘协作研究方面，学校建立了科研团队学缘传承机制。鼓励老教师带领年轻教师和学生开展科研工作，传承科研经验和方法。例如，在一个关于"生态修复技术在矿山废弃地治理中的应用研究"的科研团队中，老教师凭借自己多年的科研经验，指导年轻教师和学生确定研究方向、设计实验方案、分析实验数据。年轻教师和学生则积极运用新的技术和方法，为项目研究注入新的活力。通过学缘协作，团队成员的科研能力得到了快速提升，项目研究取得了重要进展。

在成果转化应用方面，学校加强了与企业的合作，推动科研成果落地。建立了科研成果转化服务平台，为科研团队和企业提供对接服务。例如，在一项关于"高效生物降解塑料的研发"的科研成果转化过程中，学校通过科研成果转化服务平台，与多家塑料生产企业进行对接。经过多次沟通和洽谈，最终与一家企业达成合作协议，将科研成果转化为实际产品。企业利用学校的科研成果，成功开发出一系列高效生物降解塑料制品，投放市场后受到了广泛欢迎，取得了良好的经济效益和社会效益。

二、环院"黄埔军校"的历史底蕴与辐射效应

（一）人才培养传统：为环保行业输送中坚力量

在培养体系构建方面，学校不断完善环保专业培养体系。根据行业发展需求和人才培养目标，优化课程设置，加强实践教学环节，注重培养学生的创新能力和实践能力。在课程设置上，增加了新兴环保技术、环境政策与法规等课程，使学生能够及时了解行业的最新发展动态。在实践教学方面，加大了实验教学、实习实训和毕业设计的比重，为学生提供更多的实践机会。同时，建立了完善的教学质量监控体系，对教学过程进行全程监控和评估，确保人才培养质量。

在学缘传承体现方面，学校的毕业生在环保行业中具有广泛的影响力。许多毕业生成为了环保企业的技术骨干、管理人员以及政府环保部门的工作人员。他们在工作中，将学校所学的知识和技能与实际工作相结合，不断创新和实践，为环保行业的发展做出了重要贡献。同时，他们也积极与母校保持联系，为学弟学妹们提供实习和就业机会，分享工作经验和行业信息，形成了良好的学缘传承氛围。例如，一位毕业于学校环境工程专业的校友，在一家大型环保企业担任技术总监，他经常回校举办讲座，为学生们介绍环保行业的最新技术和发展趋势，指导学生进行毕业设计和实习。他还为学校设立了奖学金，鼓励学生努力学习，为环保事业做出贡献。

（二）行业影响力拓展：带动区域环保产业发展

在区域合作项目方面，学校积极参与地方环境规划与政策实施。与地方政府环保部门合作，为地方环境规划提供技术支持和决策建议。例如，在某地区的环境规划编制过程中，学校组织专家团队对该地区的环境现状进行了全面调研，分析了环境问题的成因和发展趋势，提出了一系列针对性的环境规划建议，包括优化产业布局、加强污染治理、推进生态修复等。这些建议被纳入地方环境规划中，为该地区的环境保护和可持续发展提供了有力支持。

在产业带动作用方面，学校为企业提供技术与人才支持；与环保企业合作，开展技术研发和人才培训。例如，在一家环保设备制造企业的新产品研发过程中，学校的科研团队与企业技术人员密切合作，共同攻克了多项技术难题，成功开发出一款新型的污水处理设备。该设备具有处理效率高、运行成本低、占地面积小等优点，投放市场后取得了良好的经济效益。同时，学校还为企业提供了人才培训服务，根据企业的需求，定制培训课程，为企业培养了一批高素质的技术人才，提高了企业的创新能力和市场竞争力。

三、区域"校企平台"的优势地位与整合赋能

（一）区域合作平台：协同解决环境问题

在政府合作方面，学校与地方政府建立了长期稳定的合作关系，积极参与地方环境规划与政策实施，为政府提供专业的技术支持和决策咨询。例如，在制订地方的大气污染防治行动计划时，学校的专家团队对当地的大气污染源进行了详细的调查和分析，利用先进的监测技术和模型模拟，评估了不同污染治理措施的效果。在此基础上，为政府制订了科学合理的大气污染防治方案，包括加强工业污染源治理、优化能源结构、推广清洁能源使用、加强机动车尾气排放管理等措施。通过学校与政府的共同努力，当地的空气质量得到了显著改善。

在企业合作方面，学校与北控水务集团、生态环境部卫星环境应用中心、力合科技（湖南）股份有限公司、湖南瀚洋环保科技有限公司等环保企事业单位开展产学研合作，共同解决实际环境问题。例如，学校与一家化工企业合作，针对企业生产过程中产生的高浓度有机废水处理难题，开展联合研发。学校的科研团队通过对废水成分的分析和处理技术的研究，提出了一种采用生物强化与高级氧化相结合的处理工艺。在企业的生产现场进行中试试验后，该工艺取得了良好的处理效果，废水达标排放，同时为企业节省了大量的处理成本。通过这种产学研合作模式，学校的科研成果得以快速转化为实际生产力，企业的环境问题得到有效解决，实现了学校与企业的互利共赢。

在公益活动组织方面，学校积极组织各类环保公益活动，提高公众环保意识与参与度。开展环保知识普及活动，走进社区、学校、企业，通过举办讲座、发放宣传资料、开展环保实践活动等方式，向公众传播环保知识和理念。在一次走进社区的环保知识普及活动中，学

校组织学生志愿者为社区居民举办了环保知识讲座，介绍了垃圾分类、节能减排、绿色出行等环保知识。同时，组织居民开展垃圾分类实践活动，通过游戏的方式，让居民在轻松愉快的氛围中学习垃圾分类知识，提高了居民的环保意识和参与积极性。

（二）区域资源整合：优化环保教育实践

在实践基地建设方面，学校充分利用区域资源，与当地的自然保护区、污水处理厂、垃圾填埋场等建立实习实训基地。这为学生提供了丰富的实践场所，使学生能够在实际工作环境中学习和锻炼。在自然保护区实习实训基地，学生们参与了生态监测、生物多样性保护等工作中，了解了自然生态系统的结构和功能，掌握了生态保护的技术和方法。在污水处理厂实习实训基地，学生们深入了解了污水处理的工艺流程和设备运行原理，参与了污水处理厂的日常运行管理和维护工作，提高了实践操作能力。

在科研资源整合方面，学校与区域内的科研机构合作开展研究。共同承担科研项目，共享科研设备和数据资源。学校与当地的环境科学研究院合作，开展关于区域生态环境质量评估与保护对策的研究。双方科研团队共同制订研究方案，分工协作，利用各自的科研优势，开展实地调查、实验分析和模型模拟等工作。通过科研资源整合，提高了科研工作的效率和质量，为区域生态环境保护提供了更有力的技术支撑。

在师资队伍优化方面，学校邀请区域内的环保专家和企业骨干担任兼职教师。他们具有丰富的实践经验和行业知识，能够为学生带来最新的行业动态和实际工作案例。例如，一位来自环保企业的技术骨干在为学生授课时，结合自己在企业参与的实际项目，详细介绍了环保工程设计、施工和运行管理过程中的关键技术和注意事项。通过兼职教师的授课，学生们能够更好地将理论知识与实践相结合，提高了学习效果和就业竞争力。

四、高校"社团平台"的活力激发与资源拓展

（一）环保创新社团：技术探索与项目实践

在竞赛参与方面，环保创新社团积极组织成员参加各类环保科技竞赛。通过竞赛，不仅检验社团成员的创新成果，还能与其他团队交流学习，拓宽视野。例如，在准备某全国性环保创新创业大赛时，社团成员们齐心协力，对之前的"校园雨水收集与利用系统设计"项目进行升级优化。他们深入研究市场需求，进一步完善系统的功能，如增加水质监测模块，实时反馈雨水净化后的水质情况；引入物联网技术，实现远程监控和智能调控。在竞赛过程中，社团成员们凭借扎实的专业知识、创新的设计理念和出色的展示能力，在众多参赛团队中脱颖而出，获得了优异成绩。这次竞赛经历极大地增强了社团成员的自信心和成就感，也吸引了更多同学加入社团，为社团注入了新的活力。

在成果转化尝试方面，社团与学校的科研成果转化服务平台合作，积极推动社团项目成果的实际应用。对于"校园雨水收集与利用系统设计"项目，社团成员与平台工作人员一起，对项目进行商业可行性分析，制订推广方案。他们联系了多家校园设施建设企业介绍项目的优势和应用前景。经过多次沟通与洽谈，最终与一家企业达成合作意向。该企业在参考社团设计方案的基础上，进行了规模化生产和改进，将该系统应用于多所学校和公共建筑，实现了项目成果的转化，为环保事业做出了实际贡献，同时也提升了社团的社会影响力。

（二）环保志愿服务社团：宣传推广与实践行动

在宣传活动策划方面，环保志愿服务社团精心设计了各类环保宣传活动，以提高公

众的环保意识。他们针对不同群体，制订了差异化的宣传策略。面向社区居民，社团组织了环保知识进社区活动，通过举办环保讲座、发放环保宣传手册、开展环保主题文艺表演等形式，向居民普及垃圾分类、节能减排等环保知识。在一次社区环保讲座中，社团成员通过生动形象的图片和案例，详细讲解了垃圾分类的重要性和方法，现场还设置了互动环节，居民们积极参与，提出自己在垃圾分类过程中遇到的问题，社团成员一一进行解答。活动结束后，居民们纷纷表示对环保知识有了更深入的了解，愿意在日常生活中践行环保行动。

在实践活动组织方面，社团积极开展各类环保实践活动，如参与城市绿化行动、河流湖泊清理活动等。例如，在参与城市绿化行动时，社团与当地园林部门合作，组织志愿者们在城市公园、街道两旁等地种植树木和花草。活动前，社团成员对志愿者进行培训，讲解植树的技巧和注意事项。活动当天，志愿者们热情高涨，分工合作，经过一天的努力，完成了大量树木和花草的种植任务，为城市增添了一抹绿色。通过这些实践活动，不仅改善了环境，还增强了志愿者们的环保责任感和团队协作能力。

在合作拓展方面，社团与其他环保组织和企业建立合作关系，共同开展环保项目。例如，社团与一家环保公益组织合作，开展了"保护母亲河"项目。双方共同制订项目计划，组织志愿者对河流进行定期监测，清理河流周边的垃圾，向沿岸居民宣传保护河流生态环境的重要性。同时，社团与一家环保企业合作，开展环保产品推广活动。企业为社团提供环保产品，如可降解塑料制品、节能灯具等，社团通过举办产品展示会、线上宣传等方式，向公众介绍这些环保产品的优势和使用方法，促进环保产品的推广和应用。

（三）社团资源拓展：多渠道获取与共享

在资源获取渠道方面，社团可以通过多种途径获取活动资源。一方面，社团可以积极向学校申请活动经费和场地支持，定期向学校提交活动计划和经费预算，详细说明活动的目的、内容和预期效果，争取学校的资金支持；同时，提前向学校相关部门申请活动场地，确保活动的顺利开展。另一方面，社团积极寻求社会赞助，通过制作精美的赞助方案，向企业介绍社团的影响力和活动的宣传价值，吸引企业提供资金、物资或技术支持。例如，在举办一场大型环保公益活动时，社团成功获得了一家环保企业的赞助，企业为活动提供了活动所需的物资和部分资金，还安排了专业技术人员为活动提供技术指导。

在资源共享机制方面，社团建立了完善的资源共享平台。社团成员可以在平台上分享环保知识、项目经验、活动资料等资源。在开展环保项目时，新成员可以通过平台查阅老成员的项目报告和经验总结，快速了解项目的实施流程和注意事项。同时，社团与其他学校的环保社团建立了资源共享合作关系，定期开展交流活动，分享各自的社团建设经验、活动策划方案和创新项目成果。通过资源共享，社团成员能够获取更多的知识和信息，提升自身能力，同时也促进了社团之间的交流与合作，共同推动环保事业的发展。

在资源利用成效方面，社团通过合理利用资源，取得了显著的成果。丰富的活动资源保障了社团活动的高质量开展，吸引了更多同学参与到环保活动中来。通过资源共享，社团成员的知识水平和实践能力得到了快速提升，社团的创新能力和影响力也不断增强。例如，在社团资源的支持下，环保创新社团成功研发了多款环保创新产品，如便携式空气净化装置、智能垃圾分类助手等。这些产品在学校和社会上得到了广泛关注和应用，为解决实际环境问题提供了有效的解决方案，同时也展示了社团在环保领域的创新实力。

第四节　构建环保传创"支持圈"，厚蓄学生创新创业资本

一、人力资本支持体系：区域产业智力资源整合

人力资本的支持在环保创新创业中扮演着基础性角色，是学生创业成功的基石。在环保行业蓬勃发展的当下，长沙环境保护职业技术学院深刻理解到人力资本在推动环保领域创新创业中的关键作用。通过整合区域产业的智力资源，学校构建了一套全方位、多层次的人力资本支持体系，为学生提供了知识、技能和视野的全面提升，为他们的创业之路打下了坚实的基础。

（一）双师型导师库建设

1. 校企协同机制：打造强大的双轨制导师队伍

专业导师和创业导师在学生的创业过程中发挥着至关重要的指导作用。专业导师凭借其深厚的专业知识，为学生提供技术支持和专业指导。例如，在某大学生创新环保项目中，专业导师在项目的技术研发阶段，指导学生进行实验设计、数据分析和技术优化，帮助学生攻克了一个又一个技术难题。创业导师则从创业规划、市场分析、营销策略等方面给予学生全方位的指导。例如，一位创业导师在指导学生创业时，帮助学生进行市场调研，分析市场需求和竞争态势，并制定了切实可行的创业计划和营销策略。同时，导师还会定期与学生进行一对一的交流，了解学生的创业进展和遇到的问题，及时给予建议和帮助。通过导师的指导，学生能够更加清晰地认识自己的创业项目，避免走弯路，提高创业的成功率。

学校积极与湖南省环保产业协会开展深度合作，共建"生态环境专家智库"。这一举措整合了湖南省煤业集团、北控水务集团等23家龙头企业的技术骨干，形成了一支实力雄厚的"行业专家＋校内教师"的双轨制导师队伍。这种双轨制的导师队伍模式将企业的实践经验与学校的理论知识有机结合，为学生提供了更加全面、实用的教育。

为了确保双师型导师队伍的质量和稳定性，学校制定了《双师型教师认定与管理办法》。该办法明确规定企业导师每年须承担不少于200学时的实践教学任务。这一规定不仅保证了学生能够接触到最新的行业实践知识，也促使企业导师更加深入地参与到学校的教学工作中，将企业的实际需求和行业动态传递给学生。

在实际教学过程中，企业导师凭借其丰富的行业经验，为学生带来了许多实际案例和解决方案。例如，在环境监测课程中，企业导师会结合自己在实际项目中遇到的问题，向学生讲解如何运用先进的监测技术和设备进行数据采集和分析。而校内教师则从理论层面进行深入讲解，帮助学生理解监测技术的原理和方法。这种理论与实践相结合的教学方式，使学生能够更好地掌握专业知识和技能，提高了他们的综合素质和就业竞争力。

2. 课程开发创新：紧跟行业标准，培养实用型人才

学校紧跟行业发展趋势，开发了一系列模块化课程，如《重金属污染土壤修复技术》《环境监测智能运维》等。这些课程融入了现行行业标准，如《土壤和沉积物　19种金属元素总量的测定 电感耦合等离子体质谱法》（HJ 1315—2023）。通过将现行行业标准纳入课程体系，学生能够学习到最前沿的知识和技术，为他们未来在环保行业的发展打下坚实的基础。

为了保证课程内容的时效性和实用性，学校建立了动态课程更新机制，每学期根据湖南省污染防治攻坚战的重点任务调整教学内容。例如，当湖南省加大对大气污染防治的力度时，学校会及时在课程中增加相关内容，如大气污染物的监测、治理技术等。这种动态的课程更新机制使学生所学的知识能够紧密贴合实际需求，提高了他们在实际工作中的应对能力。

在课程开发过程中，学校还注重培养学生的实践能力和创新思维。例如，在重金属污染土壤修复技术课程中，教师会组织学生进行实地调研和实验，让他们亲身体验土壤修复的过程。同时，鼓励学生提出创新的修复方案，并进行实践验证。这种教学方式不仅提高了学生的实践能力，也激发了他们的创新思维，为他们未来的创新创业奠定了基础。

3. 项目化教学实施：在实践中成长，为环保事业贡献力量

学校实施"项目驻场导师制"，教师团队带领学生参与湘江流域综合治理、洞庭湖湿地生态修复项目等省级重点工程。这种项目化教学方式让学生在实际项目中锻炼、提高了实践操作水平和解决实际问题的能力。

以 2024 年"湘潭锰矿地质环境治理示范工程项目"为例，师生团队在项目中承担了污染场地调查、风险评估与修复方案设计等重要任务。在项目实施过程中，学生们在教师和企业导师的指导下，运用所学的知识和技能，深入实地进行调查和分析，收集了大量的数据和信息。通过对这些数据的分析和研究，他们制订了科学合理的修复方案，并最终获得了湖南省生态环境厅的采纳。

通过参与这些省级重点工程，学生们不仅提高了自己的专业能力，也增强了他们的社会责任感和使命感。他们深刻认识到环保事业的重要性，立志为保护生态环境贡献自己的力量。同时，这些项目也为学生提供了与行业内专家和企业合作的机会，拓宽了他们的人脉资源和职业发展空间。

行业门槛和风险在创业过程中扮演了关键角色。此外，创业补贴政策也为学生创业提供了直接的资金援助。

（二）校友资源深度激活

校友资源作为高校发展进程中至关重要的社会资本，在大学生创业支持体系里占据着无可替代的独特地位。在当下的创业大环境中，大学生创业面临着资金短缺、经验匮乏、人脉资源有限等诸多难题，而校友资源恰能针对性地解决这些困境。通过深度激活校友资源，可以全方位地为大学生创业提供资金助力，无论是创业初期的启动资金，还是发展阶段的后续融资；校友分享的丰富创业经验，让大学生少走弯路；通过校友资源拓展广阔的人脉网络，链接上下游产业，能够极大地拓展大学生的创业空间，提高创业成功率。

1. 校友网络构建路径：从离散到系统的资源整合

在传统模式下，校友关系往往显得松散和离散。毕业后，校友们分散在各地，投身于不同的行业，彼此之间缺乏有效的组织和整合。由于缺少系统性的联络方式，即使许多校友愿意支持母校学生的创业活动，也难以找到合适的途径。为了充分挖掘校友资源在大学生创业领域的巨大潜力并发挥其作用，构建一个系统、高效的校友网络变得至关重要。

高校应当建立专门的校友工作机构，配备专业人员，并利用现代化的信息管理技术，全面负责校友信息的收集工作。这不仅包括校友的基本联系方式，还应深入了解校友的职业发展、行业成就和专业技能等关键信息，并定期进行整理和更新，确保信息的准确性和时效性。同时，高校应搭建多样化的校友交流平台，如功能完备的校友网站，集信息发布、交流互动、资源共享等功能于一体，以及便捷的校友 APP，界面友好，操作简便，便于校友随时登录。通过这些平台，可以将分散在全国各地、各个行业的校友紧密联系起来。

高校还应定期举办丰富多彩的校友返校活动。如举办校庆活动，通过邀请各届校友重返校园，共叙师生情谊、同窗之情；建立校友论坛，围绕热门行业话题、创业趋势展开研讨；开展创业分享会，邀请成功创业的校友分享经验、教训等。这些活动能极大地增强校友间的互动与交流频率，促进校友资源在交流碰撞中实现整合与共享。例如，学校通过校友 APP 实现了校友信息的实时更新和交流互动。校友们在平台上不仅可以发布创业项目、招聘信息、投资需求等，还能对感兴趣的内容进行评论、点赞、转发，形成了活跃的校友创业资源交流氛围，为大学生创业提供了丰富多样的资源和难得的发展机会。

2. 资源对接路径：从单向输出到双向赋能

长期以来，校友对大学生创业的支持多以单向输出为主。校友基于对母校的深厚情感，通过捐赠资金的方式，为大学生创业项目提供启动资金，帮助他们迈出创业的第一步；或者提供实习岗位，让大学生在实践中积累工作经验，了解行业运作模式。然而，这种模式未能充分挖掘双方的潜力和优势。

随着时代的发展和创业环境的变化，高校应积极构建双向赋能的资源对接新模式，促使校友与大学生创业群体形成相互促进、携手共进的良好局面。一方面，校友凭借在创业道路上积累的丰富经验、对行业趋势的精准把握，以及手中掌握的行业资源和资金优势，为大学生创业提供全方位的指导。例如，从项目的市场调研、商业计划书的撰写，到产品研发、市场营销策略制定等各个环节，校友都能提供专业的建议；通过提供投资，助力创业项目顺利启动和发展；通过开展业务合作，为大学生创业项目打开市场渠道。另一方面，大学生的创新思维和活力也能为校友企业带来新的思路和发展机遇。例如，为校友企业的产品或服务提供创新性的改进方案，开拓新的市场领域。

高校在其中扮演着重要的桥梁和纽带角色。高校可以积极组织校友与创业大学生开展项目对接会，精心筛选优质创业项目，与有合作意向的校友企业进行精准匹配；举办创业挑战赛，设置丰厚奖项，激发大学生的创新热情，同时也让校友企业发现优秀的创业"苗子"。例如，长沙环境保护职业技术学院组织校友企业与大学生创业团队开展"一对一"帮扶活动，校友企业充分发挥自身优势，为创业团队提供先进的技术支持、成熟的市场渠道和充足的资金投入；创业团队则凭借自身的创新能力，为校友企业提供独具匠心的产品和服务方案，双方在合作过程中实现了互利共赢，共同成长。

3. 可持续发展路径：从短期合作到生态共建

为了实现校友资源支持大学生创业的可持续发展，必须从短期合作转向生态共建。这需要高校、校友和大学生创业群体三方紧密合作，共同构建一个有机的创业生态系统，以实现资源的高效循环利用和价值的最大化。

高校作为知识的摇篮和人才培养的基地，应进一步加强创业教育和培训工作。应当开设系统全面的创业课程，内容涵盖创业理论知识、市场分析、财务管理、风险管理等多个方面；邀请行业专家、成功的企业家举办创业讲座和培训活动，分享实战经验；建立创业实践基地，为学生提供真实的创业实践环境，让学生在实践中提升创业能力，为大学生创业提供坚实的理论支持和丰富的实践指导。

校友作为创业领域的先行者和成功人士，应积极投身于大学生创业支持工作。不仅要参与创业指导，将自己的创业经验毫无保留地传授给大学生，还要积极参与投资，为有潜力的创业项目注入资金，助力其发展壮大；主动参与资源对接，利用自身的人脉资源和行业资源，为大学生创业项目牵线搭桥，成为创业生态系统的重要推动者。

大学生创业群体作为创业生态系统的新生力量，应不断提升自身的创业能力和创新水平。应注重知识学习，广泛涉猎各领域知识，拓宽视野；积极参加各类创业实践活动，锻炼实践操作能力；培养创新思维，敢于突破传统，勇于尝试新的商业模式和技术应用，为创业生态系统持续注入新鲜活力。

同时，政府、企业和社会机构也应积极参与到这个创业生态系统中来。政府应出台一系列优惠政策，如税收减免、创业补贴、场地租赁优惠等，为大学生创业提供政策支持；设立专项创业基金，为大学生创业提供资金扶持。企业应积极与高校、校友企业和大学生创业团队开展合作，提供技术支持、市场渠道、实习岗位等。社会机构如创业服务中心、孵化器等，应提供专业的创业辅导、法律咨询、知识产权保护等服务保障，共同营造良好的创业生态环境。例如，长沙市政府联合高校和校友企业，设立了大学生创业基金，该基金规模庞大，资金充足，为众多大学生创业项目提供了关键的资金支持；同时，建立了设施完善的创业孵化基地，配备先进的场地、设备，并邀请专业导师团队提供全方位的创业辅导等服务，极大地促进了大学生创业项目的成长和发展，成功形成了一个可持续发展、充满活力的创业生态系统。

（三）政行企校专家协同

在当前社会资本大力支持大学生创业的宏观大背景之下，政行企校专家协同机制已然成为实现资源深度整合、全面提升创业教育质量以及有力推动创业项目成功落地的核心关键所在。通过政策研究、技术创新和标准制定等多路径协同作业，能够为大学生创业构建起一个全方位、多层次、且环环相扣的支持体系，从不同维度为大学生创业梦想的启航保驾护航。

1. 政策研究路径：从政策接受到主动参与

回顾过去，高校和企业在面对各类政策时，大多处于一种较为被动、接受的状态。那时，它们仅仅是机械地按照既定政策要求开展创业教育相关活动，在整个政策生态中缺乏主动性与创造性。然而随着时间的推移，如今政行企校专家开始积极主动地投身到政策研究与制定的关键环节当中。高校凭借其在学术研究领域深厚的底蕴与专业能力，能够运用严谨的学术方法，深入剖析创业政策对大学生创业所产生的多方面影响。例如，通过构建专业的经济模型，分析税收优惠政策对大学生创业企业资金流的具体影响，以及创业扶持政策对大学生创业意愿激发的量化效果，从而为政策制定提供坚实可靠的理论依据。企业则充分发挥其扎根市场的优势，从市场实际需求的角度出发，敏锐捕捉政策在实际执行过程中所暴露出来的问题与不足，例如某些创业补贴政策在申请流程上过于烦琐，导致许多大学生创业企业望而却步，又或者一些政策在扶持对象的界定上不够精准，使得部分真正有需求的创业项目未能得到应有的支持。政府部门为了广泛汲取各方智慧，通过组织专家研讨会、听证会等多样化的形式，搭建起沟通交流的桥梁，让高校、企业、行业协会等各方代表能够充分表达意见，进而使政策能够最大程度地贴合大学生创业的实际需求。以税收优惠政策制定为例，在深入调研大学生创业企业的规模普遍较小、资金实力薄弱以及发展阶段多处于初创期等特点后，政府应专门针对这些特性给予更具针对性的减免措施，如对初创前三年的大学生创业企业实行全额税收减免，其后续发展阶段根据企业营收规模分档制定税收优惠比例，以此激发大学生创业的积极性。

2. 技术创新路径：从技术研发到成果转化

在至关重要的技术创新领域，政行企校专家协同模式实现了从单纯聚焦技术研发到高度重视成果转化的重大跨越。高校科研团队依托高校丰富的科研资源和人才储备，专注于前沿技术研究，在诸如人工智能、新能源、生物医药等多个热门领域不断探索创新，为创业项目提供坚实的技术支撑。比如，在人工智能领域，高校科研团队致力于研发新型的深度学习算法，不断提升算法的准确性和效率，为后续的技术应用奠定基础。企业凭借其在市场中摸爬滚打所积累的敏锐市场洞察力，能够精准把握市场需求和技术发展趋势，从而明确技术创新的方向，确保研发成果具有切实的市场应用价值。例如，企业通过对市场的深入调研发现，智能客服和智能物流领域对人工智能技术有着强烈的需求，便与高校科研团队合作，引导其技术研发朝着满足这两个领域需求的方向发展。政府则在技术创新与成果转化过程中扮演着至关重要的推动者角色。例如，通过设立科技专项基金，为技术研发项目提供充足的资金保障，解决科研团队的后顾之忧；搭建技术交易平台，打破技术供需双方的信息壁垒，促进技术成果的高效转移转化。行业协会则在技术标准制定、技术交流等方面充分发挥桥梁纽带作用，组织行业内的技术专家共同研讨制定统一的技术标准，规范技术应用，同时定期举办技术交流活动，促进高校、企业等各方之间的技术共享与合作。以人工智能领域为例，高校研发出先进的算法模型后，企业迅速将其应用于智能客服、智能物流等实际场景当中，通过不断实践优化，提升产品和服务的质量与效率。政府在这一过程中给予资金扶持和政策引导，如对应用人工智能技术的创业企业给予专项补贴，对技术转化项目提供税收优惠等，加速技术的商业化进程，从而为大学生创业提供更多技术驱动型的创业机会，让大学生能够凭借先进的技术开启创业之路。

3. 标准制定路径：从行业参与到标准引领

在大学生创业相关标准制定方面，政行企校专家协同经历了一个从初步参与行业标准制定到逐步引领标准制定的渐进式发展过程。起初，各方主要是参与已有的行业标准制定工作，在这个过程中，将大学生创业群体所具有的独特特点和实际需求融入其中。例如，在已有的企业管理标准中，考虑到大学生创业企业在团队规模、管理经验等方面的特殊性，对一些管理流程和指标进行适当调整，使其更适合大学生创业企业的发展。随着政行企校协同合作的不断深入发展，各方开始积极主动地引领制定适合大学生创业的专属标准。高校专家凭借其扎实的专业知识，在创业教育领域，对课程体系设置、师资队伍建设等方面提出科学合理的标准建议；在创业项目评估方面，运用科学的评估方法，从项目创新性、市场前景、团队能力等多个维度构建评估指标体系。企业则从长期的实践经验出发，对创业企业的运营管理，如财务管理、人力资源管理等方面的标准提供实践依据；在市场拓展方面，根据自身的市场开拓经验，为大学生创业企业制定市场定位、营销策略等方面的标准。政府则充分发挥主导作用，通过广泛收集高校、企业、行业协会等各方意见，进行系统梳理和整合，制定出具有权威性和指导性的标准体系。例如，在制定大学生创业项目孵化标准时，经过深入调研和多方论证，明确规定孵化周期一般为1~2年，服务内容应涵盖创业培训、项目指导、资金对接、市场推广等多个方面，考核指标包括项目的商业计划书完善度、市场拓展进度、资金使用效率等，为大学生创业项目的孵化提供规范和保障，有效提升创业项目的成功率和质量，助力大学生创业项目茁壮成长。

二、社会资本支持：拓展学生创业空间

社会资本支持是学生环保创新创业的重要保障，它为学生提供了广阔的创业空间和丰富的资源，能够帮助学生突破创业过程中的各种限制，实现创业目标。社会资本支持涵盖了校企合作模式、政府政策扶持和社会组织助力等多个方面，这些方面相互协作，共同为学生的创业之路保驾护航。

（一）校企合作

校企合作是一种双赢的模式，企业与学校通过合作，能够为学生提供实习机会、资金支

持、技术支持，共同开发项目，实现资源共享和优势互补。企业为学生提供实习机会，让学生在实践中积累经验，了解市场需求和行业动态。例如，某环保企业与高校合作，为学生提供了为期三个月的实习岗位。学生在实习期间，参与到企业的环保项目中，与企业的专业人员一起工作，不仅提高了自己的实践能力，还对环保行业有了更深入的了解。企业还会为学生提供资金和技术支持，帮助学生解决创业过程中的资金和技术难题。例如，一些企业会设立创业基金，为有潜力的学生的创业项目提供资金支持。同时，企业的技术专家也会为学生提供技术指导，帮助学生攻克技术难关。校企合作还可以共同开发项目，实现产学研一体化。例如，某高校与环保企业合作，共同开发了一款新型的环保监测设备。在项目开发过程中，高校的科研人员提供了技术支持，企业则负责市场调研、生产和销售。通过合作，双方实现了优势互补，成功开发出了具有市场竞争力的产品。

（二）政策扶持

政府出台的一系列政策，如税收优惠、创业补贴、简化手续等，对降低学生创业门槛和风险起到了重要作用。在税收优惠方面，政府对学生创办的环保企业给予一定期限的税收减免。某学生创办的环保科技公司，在成立初期享受了三年的企业所得税减免政策，这大大减轻了企业的负担，为企业的发展提供了资金支持。创业补贴政策也为学生创业提供了直接的资金帮助。一些地方政府为鼓励学生创业，会给予创业补贴。例如，某市政府对大学生创业项目给予最高 5 万元的创业补贴，这为学生提供了启动资金，激发了学生的创业热情。政府还通过简化手续，为学生创业提供便利。在企业注册登记方面，政府推行"一站式"服务，减少了烦琐的审批流程，提高了办事效率。学生可以在一个窗口办理所有的注册登记手续，大大节省了时间和精力。

（三）社会助力

社会组织在学生环保创新创业中扮演着至关重要的角色，它们通过举办讲座、培训、竞赛，以及提供人脉和资源对接等方式，为学生提供了实际帮助。社会组织会邀请行业专家和成功的创业者举办讲座和培训，分享经验和知识。

参与学术会议、交流活动是学生拓宽视野、获取新知识和新思想的重要途径。学术会议汇聚了国内外众多的专家学者和行业精英，他们在会议上分享最新的研究成果和实践经验。学生通过参加学术会议，可以了解到环保领域的前沿技术和发展趋势，为自己的创业项目带来新的思路和灵感。例如，在一次国际环保学术会议上，学生了解到了一种新型的污水处理技术，这种技术具有高效、节能、环保等优点。学生受到启发，将这种技术引入到自己的创业项目中，对项目进行了优化和升级，提高了项目的竞争力。此外，学生还可以通过学术交流活动，结识同行和专家，建立良好的人际关系网络，为未来的创业合作打下基础。

社会组织还会举办创业竞赛，为学生提供展示项目的平台，激发学生的创新精神。例如在某环保创业竞赛中，学生们展示了自己的创新环保项目，通过与其他团队的交流和竞争，不仅提高了项目的质量，还获得了投资机会。社会组织还会为学生提供人脉和资源对接服务，帮助学生建立合作关系。例如某社会组织组织了一场环保创业项目对接会，邀请了投资机构、企业和学生创业团队参加。通过对接会，学生创业团队与投资机构和企业建立了联系，为项目的发展找到了合作伙伴。

三、心理资本支持：激发学生创业动力

心理资本支持在学生环保创新创业中起着核心作用，它能够激发学生的内在动力，增强

学生的自信心和抗压能力，使学生在创业道路上保持积极的心态和坚定的信念。心理资本支持涵盖了创业心态培养、自我效能提升和挫折应对机制等多个方面，这些方面相互关联，共同为学生的创业动力提供支撑。

（一）创业心态培养

积极乐观、坚韧不拔的心态是学生在面对创业挫折时的重要支撑。在创业过程中，学生不可避免地会遇到各种困难和挫折，如市场竞争激烈、技术难题难以攻克、资金短缺等。拥有积极乐观的心态，能够看到问题的积极面，从挫折中吸取教训，将挫折视为成长的机会。例如，某学生在创业项目的市场推广阶段遇到了困难，产品的市场认知度低，销售业绩不佳。但他没有气馁，而是积极分析市场需求和竞争态势，调整营销策略，最终成功打开了市场。坚韧不拔的心态使学生能够在面对困难时坚持不懈，不轻易放弃。例如一位创业者在技术研发过程中，多次遇到技术瓶颈，但他始终没有放弃，经过反复试验和研究，最终成功突破了技术难题，实现了产品的升级换代。

（二）自我效能提升

通过实践、成功案例激励等方式，可以有效增强学生的创业信心和能力。实践是提升学生自我效能的重要途径。学生通过参与实际的创业项目，能够将所学知识应用到实践中，积累经验，提高自己的实际操作能力。在实践过程中，学生每取得一次成功，都能增强自己的自信心和自我效能感。例如，某学生在参与环保创业项目时，负责项目的市场调研工作。他通过深入的市场调研，为项目提供了准确的市场信息，为项目的成功实施做出了贡献，这次成功的实践经历让他对自己的能力有了更清晰的认识，增强了他的创业信心。成功案例激励也是提升学生自我效能的有效方式。学校可以邀请成功的创业者分享他们的创业经验和故事，让学生了解他们在创业过程中遇到的困难和挑战，以及如何克服这些困难取得成功。这些成功案例能够激发学生的创业热情，让学生相信自己也能够通过努力实现创业目标。

（三）挫折应对机制

学校和社会在帮助学生建立应对挫折的方法和心理调适能力方面发挥着重要作用。学校可以开设心理健康教育课程和创业挫折应对讲座，教导学生如何正确认识挫折，掌握应对挫折的方法和技巧。例如，在心理健康教育课程中，教师可以通过案例分析、角色扮演等方式，帮助学生了解挫折对人的心理和行为的影响，以及如何调整心态，应对挫折。创业挫折应对讲座则可以邀请专业的心理咨询师和成功的创业者，为学生提供应对挫折的建议和经验。学校还可以建立心理咨询服务中心，为学生提供心理咨询和辅导服务。当学生在创业过程中遇到挫折，感到焦虑、沮丧时，可以及时寻求心理咨询师的帮助，通过心理咨询和辅导，缓解心理压力，调整心态。社会也可以通过提供实践机会和举办公益活动等方式，让学生在实践中体验挫折感，提高应对挫折的能力。一些社会组织会组织创业实践活动，让学生在实践中面对各种困难和挑战，以锻炼他们的应对挫折能力。同时，社会各界也应该营造一个宽容失败的氛围，让学生在创业失败时不会受到过多的指责和压力，能够重新振作起来，继续前行。

四、"支持圈"协同效应：全方位厚蓄创业资本

人力资本、社会资本和心理资本在学生环保创新创业中并不是孤立存在的，而是相互作用、相互影响，形成一个有机的整体，共同为学生提供全面的支持。

人力资本为社会资本和心理资本的发展提供了基础。学生通过教育资源投入、导师指导体系和学术交流机会，积累了丰富的知识和技能，这些知识和技能是他们在社会交往和创业实践中发挥作用的关键。拥有扎实环保专业知识的学生，在与企业合作时，能够更好地理解企业的需求，提供有价值的技术支持，从而与企业建立良好的合作关系，拓展社会资本。同时，丰富的知识储备和实践经验也能够增强学生的自信心，使他们在面对创业挫折时，能够更加从容地应对，提升心理资本。

社会资本为人力资本的提升和心理资本的强化提供了平台和资源。校企合作、政府政策扶持和社会组织助力，为学生提供了实践机会、资金支持和人脉资源。这些资源能够帮助学生将所学知识应用到实际中，进一步提升自己的专业技能和实践能力，丰富人力资本。在与企业合作的项目中，学生能够接触到行业内的先进技术和管理经验，拓宽自己的视野，提高自己的能力。社会资本所带来的成功经验和积极反馈，也能够增强学生的自信心和自我效能感，强化心理资本。当学生的创业项目得到政府的政策支持和社会组织的认可时，他们会更加相信自己的能力，从而更加坚定地追求创业目标。

心理资本则是人力资本和社会资本发挥作用的内在动力。积极乐观、坚韧不拔的心态，以及强大的自我效能感，能够促使学生充分利用人力资本和社会资本，积极主动地参与创业活动。拥有良好心理资本的学生，在面对困难时不会轻易放弃，而是会积极寻找解决问题的方法，充分发挥自己的知识和技能，利用社会资源克服困难，实现创业目标。在创业过程中遇到资金短缺的问题时，心理资本强的学生不会灰心丧气，而是会积极与投资人沟通，展示自己项目的优势，争取获得资金支持。

第四章
"芯"质生态环境卫士学缘传创培养模式的案例研究

第一节 案例选择与背景介绍

一、案例选择的依据

（一）典型性

以长沙环境保护职业技术学院北控产业学院的"绿色创客空间"作为案例，主要基于其具有典型性。该案例充分体现了学校的办学理念和"芯"质生态环境卫士的培养目标，能够全面反映学校在环保教育、技术创新和创业实践方面的特色。北控产业学院作为校企协同育人的典范，通过"绿色创客空间"这一平台，有效整合了学校与企业的资源，为学生提供了丰富的实践机会和创新空间，培养了大量具有环保技术创新能力的高素质人才。

（二）实践性

本案例聚焦学缘传创范式在环保教育中的落地路径，具有极强的实践性。通过详细介绍"绿色创客空间"的运营模式、项目实践过程及学生成长路径，展示了学生在环保实践中的实际操作和成果产出，突出了学缘传创范式的实践价值。这种通过真实项目驱动的教学方式，不仅提升了学生的专业技能，还锻炼了他们的创新思维和团队协作能力。

（三）可复制性

该案例的成果对同类院校或区域具有示范价值。北控产业学院"绿色创客空间"的成功经验，如校企协同机制、课程体系构建、实践教学模式等，都可以被其他院校借鉴和复制。通过推广这一模式，可以有效提升环保类职业院校的人才培养质量，推动环保教育事业的持续发展。

二、案例背景概述

（一）宏观背景

随着国家生态文明建设的深入推进，环保人才需求日益增长。政府出台了一系列政策文件，鼓励高校和职业院校加强环保人才的培养，以满足经济社会发展的需求。长沙环境保护职业技术学院积极响应国家号召，致力于培养具有创新精神和实践能力的环保技术人才，为生态文明建设贡献力量。

（二）中观背景

环保职业教育改革与"芯"质生态环境卫士培养目标紧密相连。面对环保产业的快速发展和技术的不断革新，传统的环保教育模式已难以满足现代社会的需求。长沙环境保护职业技术学院通过引入学缘传创范式，对环保职业教育进行了全面改革，旨在培养具备"芯"质（即技术硬核能力、创新思维和社会责任感）的"芯"质生态环境卫士。这一改革不仅提升了学生的专业素养，还增强了他们的社会责任感和使命感。

（三）微观背景

1. 长沙环境保护职业技术学院"绿色卫士下三湘"项目

"绿色卫士下三湘"项目是学校长期开展的环保志愿服务项目。该项目通过组织学生深入湖南各地，开展环保宣传、垃圾分类指导、河流清洁等志愿服务活动，培养学生的环保意识和社会责任感。学生在服务过程中发现环保问题，并通过创新思维提出解决方案，孵化公益创业项目。

该项目体现了志愿服务与创新创业的结合，展示了学生从实践中发现问题并提出创新解决方案的能力，适合作为入门案例，突出学缘传创范式中"学缘传承"与"创新驱动"的初步实践。

2. 北控产业学院"绿色创客空间"项目

北控产业学院是长沙环境保护职业技术学院与北控水务集团合作成立的校企协同育人新模式，旨在培养具有环保技术创新能力的高素质人才。"绿色创客空间"是该学院设立的创新创业平台，鼓励学生基于环保技术创新开展创业实践。学生在导师的指导下，结合环保行业需求，开发环保技术产品或服务，形成创新创业项目。

该项目体现了校企协同育人对创新创业的推动作用，展示了学生通过校企合作提升技术创新和创业实践能力的路径，适合作为中级案例，突出学缘传创范式中"校企协同"与"创业实践"的深度融合。

3. 大界村驻村工作队校地合作项目

长沙环境保护职业技术学院与"大界村驻村工作队"合作，开展生态振兴实践项目。该项目通过推广生态农业技术、建设污水处理设施等方式，助力乡村生态振兴。学生通过校地合作项目，学习乡村生态振兴的知识和经验，并结合实际需求提出创新解决方案，推动乡村环保事业的发展。

该项目体现了乡村振兴与生态振兴的结合，展示了学生通过校地合作推动乡村生态振兴的实践成果，适合作为中高级案例，突出学缘传创范式中"校地合作"与"生态振兴"的协同效应。

4. "环保铁军"计划项目

长沙环境保护职业技术学院通过"技术差序"培养模式，分层分类培养"环保铁军"人才。该模式在不同阶段融入创新创业教育，鼓励学生将环保技术创新成果转化为创业项目。学生在基础阶段掌握环保技术的基本技能，在核心阶段提升技术应用能力，在综合阶段具备解决复杂环境问题的能力。

该项目体现了技术差序培养与创新创业的结合，展示了学生通过技术差序培养模式提升技术能力和创业能力的路径，适合作为高级案例，突出学缘传创范式中"技术差序"与"双创实践"的系统性。

5. "卫星遥感实训基地"建设项目

长沙环境保护职业技术学院"卫星遥感实训基地"的建设结合卫星遥感技术，以推动环保技术创新和创业实践。学生通过基地平台，开发基于遥感技术的环保解决方案，如环境监测、生态评估等。学校提供技术支持和企业资源，帮助学生将创新成果转化为创业项目，推动环保技术的数字化应用。

该项目体现了数字化技术对环保创新创业的赋能作用，展示了学生通过前沿科技推动环保技术创新的实践成果，适合作为综合型案例，突出学缘传创范式中"数字化赋能"与"创新创业"的前瞻性。

三、案例研究方法与数据来源

（一）研究方法

为确保案例研究的深入性、全面性和科学性，研究者采用了多种研究方法，包括实地调研法、深度访谈法、文献分析法和案例比较法。这些方法相互补充，共同构成了本研究的方法论基础。以下是对每种研究方法的详细阐述。

1. 实地调研法

实地调研法是研究者获取第一手资料、深入了解项目实际情况的重要手段。通过深入项目现场，可以直接观察学生的实践过程、项目运作机制以及成果落地情况，从而获取直观、真实的数据和感受。具体来说，实地调研法在本研究中的应用体现在以下几个方面。

（1）现场观察与记录　研究者多次前往北控产业学院"绿色创客空间"及其他相关项目现场，对学生的实践过程进行细致观察。通过现场观察，能够直观地了解学生在项目中的实际操作、团队协作以及问题解决能力。同时，研究者还详细记录了项目现场的实际情况，包括设备设施、工作环境、学生状态等，为后续的数据分析和案例总结提供了丰富的素材。

（2）参与式观察　为了更深入地了解项目运作机制和学生实践过程，研究者还参与了部分项目的策划、实施和总结阶段。通过参与式观察，能够更全面地了解项目的各个环节，包括项目目标的设定、实施方案的制订、团队组建与分工、项目实施过程中的问题与挑战以及成果展示与评估等。这种参与式观察使研究者能够更准确地把握项目的核心内容和关键节点。

（3）访谈与问卷调查　在实地调研过程中，研究者还对师生、企业导师、地方政府人员等关键参与者进行了访谈和问卷调查。通过访谈和问卷调查，能够获取他们对项目实践的看法和感受，了解他们在项目实施过程中的角色定位、职责分工以及所面临的问题和挑战。这些访谈和问卷调查的结果为研究者提供了宝贵的参考信息，有助于更全面地了解项目实际情况。

2. 深度访谈法

深度访谈法是研究者获取关键参与者经验和观点的重要途径。通过对师生、企业导师、地方政府人员等关键参与者进行半结构化访谈，能够深入了解他们对项目实践的深入思考和独特见解，从而获取更为全面和深入的信息。具体来说，深度访谈法在本研究中的应用体现在以下几个方面。

（1）访谈对象的选择　研究者精心选择了具有代表性和典型性的访谈对象，包括项目负责人、企业导师、学校教师、学生代表以及地方政府相关人员等。这些访谈对象在项目实践中扮演着不同的角色，具有不同的经验和观点。通过选择这些访谈对象，能够确保访谈结果具有全面性和代表性。

（2）访谈提纲的设计　研究者根据研究目的和访谈对象的特点，设计了详细的访谈提纲。提纲内容涵盖了项目背景、实施过程、成效评价、问题与挑战等多个方面，确保访谈能够全面覆盖研究主题。同时，研究者还根据访谈过程中的实际情况，对提纲进行了灵活的调整和优化，以确保访谈的针对性和有效性。

（3）访谈的实施与记录　在访谈过程中，研究者注重与访谈对象的互动和沟通，鼓励他们充分表达自己的观点和感受。为了确保访谈内容的完整性和准确性，研究者还对访谈内容进行了详细的记录。记录方式包括录音、录像以及现场笔记等，以便后续的数据分析和案例总结。

（4）访谈数据的整理与分析　访谈结束后，研究者对收集到的访谈数据进行了整理和分析。通过对访谈内容的编码、分类和归纳，提炼出了关键信息和核心观点，为后续的理论框架构建和案例总结提供有力支撑。

3. 文献分析法

文献分析法是研究者获取理论支撑和背景信息的重要手段。通过梳理政策文件、项目报告、学术论文等资料，能够了解国内外环保教育、技术创新和创业实践等方面的最新研究进展和动态，为案例研究提供有力的理论支撑和背景信息。具体来说，文献分析法在本研究中的应用体现在以下几个方面。

（1）资料收集与筛选　研究者广泛收集了国内外关于环保教育、技术创新和创业实践等方面的政策文件、项目报告、学术论文等资料。为了确保资料的全面性和代表性，研究者还对收集到的资料进行了严格的筛选和整理工作。通过筛选和整理，确保了资料的质量和可用性。

（2）文献阅读与分析　在资料收集与筛选的基础上，研究者对收集到的文献进行了详细的阅读和分析工作。通过对文献的深入阅读和分析，研究者了解了国内外环保教育、技术创新和创业实践等方面的最新研究进展和动态，为后续的理论框架构建和案例总结提供有力的理论支撑。

（3）理论框架的构建　在文献分析的基础上，研究者结合案例研究的实际情况和需要构建了理论框架。该框架涵盖了环保教育、技术创新和创业实践等多个方面，并明确了各个方面之间的关系和联系。通过理论框架的构建工作，能够更加清晰地认识和理解案例研究中的问题和现象，为后续的数据分析和案例总结提供有力的理论支撑。

4. 案例比较法

案例比较法是研究者提炼共性与差异、总结规律与经验的重要手段。通过横向对比不同案例的实践路径与成效，研究者能够发现它们之间的共性和差异之处，并总结出具有普遍意义的规律和经验。具体来说，案例比较法在本研究中的应用体现在以下几个方面。

（1）案例的选择　研究者选择了多个具有代表性和典型性的案例进行比较分析工作。这些案例涵盖了不同的环保领域、实践路径和成效表现等方面，能够提供丰富的比较对象和素材。

（2）比较分析的实施　研究者对选定的案例进行了详细的比较分析工作。首先，对每个案例的实践路径和成效表现进行了深入的剖析和解读；其次，对不同案例之间的共性和差异之处进行了提炼和总结；最后，结合实际情况和需要提炼出了具有普遍意义的规律和经验。

（3）结果呈现与讨论　研究者将比较分析的结果以图表、文字等形式进行了呈现和说明工作。同时，还对比较分析的结果进行了深入的讨论和分析工作，以确保结果的准确性和可靠性。这些结果不仅展示了不同案例之间的共性和差异之处，还总结了具有普遍意义的规律和经验，为后续的案例总结和启示提供有力支撑。

（二）数据来源

为确保案例研究的可靠性和有效性，研究者广泛收集了多种来源的数据资料。这些数据资料涵盖了政策文件、项目文档、追踪数据以及社会评估等多个方面。以下是每种数据来源的详细阐述：

1. 政策文件

政策文件是了解国家与地方环保教育、乡村振兴相关政策的重要依据。通过收集和分析这些政策文件，能够明确政府对环保教育和乡村振兴工作的总体要求和具体部署，为案例研究提供有力的政策支撑和背景信息。具体来说，研究者收集了以下政策文件。

（1）国家层面政策文件　研究者收集了国家关于环保教育、技术创新和创业实践等方面的政策文件。这些文件包括《国家中长期教育改革和发展规划纲要（2010—2020年）》《关于大力推进大众创业万众创新若干政策措施的意见》等。这些文件明确了国家对环保教育和创新创业工作的总体要求和具体部署，为研究提供了宏观的政策背景和指导方向。

（2）地方层面政策文件　研究者收集了湖南省及长沙市关于环保教育、乡村振兴等方面的政策文件。这些文件包括《湖南省乡村振兴战略规划（2018—2022年）》《湖南省环境保护条例》等。这些文件具体阐述了湖南省及长沙市在环保教育和乡村振兴方面的政策措施和实施路径，为研究提供更为具体和细致的政策支撑和背景信息。

2. 项目文档

项目文档是了解案例实施过程和成效表现的重要依据。通过收集和分析这些项目文档，能够详细了解项目的策划、实施、管理和评估等各个环节的具体情况，为案例研究提供有力的数据支撑和实证依据。具体来说，研究者收集了以下项目文档。

（1）实施方案　研究者收集了北控产业学院"绿色创客空间"项目的实施方案。该方案详细阐述了项目的背景、目标、内容、进度安排和保障措施等方面的内容。通过对实施方案进行的收集和分析工作，能够了解项目的整体规划和实施路径，为后续的数据分析和案例总结提供有力支撑。

（2）技术报告　研究者收集了项目实践过程中产生的技术报告。这些报告详细记录了项目在实践过程中遇到的技术问题和解决方案等方面的内容。通过对技术报告进行的收集和分析工作，能够了解项目在实践过程中遇到的技术挑战和解决方案，为后续的技术创新和问题解决提供有益参考。

（3）成果总结　研究者收集了项目实践过程中产生的成果总结报告。这些报告详细阐述了项目在实践过程中取得的成效和经验等方面的内容。通过对成果总结进行的收集和分析工作，能够了解项目的实际成效和经验教训，为后续的项目推广和复制提供有力支持。

此外，研究者还收集了其他与项目相关的文档资料，如项目合同、会议纪要、工作日志等。这些文档资料为研究者提供了更全面的项目信息，有助于研究者更深入地了解项目的实施过程和成效表现。

3. 追踪数据

追踪数据是了解学生成长路径和成效表现的重要依据。通过收集和分析这些追踪数据，能够详细了解学生在项目实践过程中的成长路径和成效表现等方面的内容，为案例研究提供有力的数据支撑和实证依据。具体来说，研究者收集了以下追踪数据。

（1）学生成长档案　研究者收集了参与项目实践学生的成长档案。这些档案详细记录了学生在项目实践过程中的学习、实践和成长等方面的内容。通过对学生成长档案的收集和分析工作，能够了解学生在项目实践过程中的成长路径和成效表现，为后续的学生培养和发展提供有力支持。

（2）竞赛获奖记录　研究者收集了学生在各类环保竞赛中的获奖记录。这些记录详细展示了学生在环保领域的专业素养和创新能力等方面的内容。通过对竞赛获奖记录进行的收集和分析工作，能够了解学生在环保领域的实际表现和成效，为后续的学生评价和激励提供有力依据。

（3）就业质量报告　研究者收集了参与项目实践学生的就业质量报告。这些报告详细阐述了学生在就业过程中的表现和发展等方面的内容。通过对就业质量报告进行的收集和分析工作，能够了解学生在就业市场上的竞争力和发展潜力，为后续的学生就业指导和服务提供有力支持。

此外，研究者还收集了其他与学生成长路径和成效表现相关的追踪数据，如学生反馈意见、企业评价报告等。这些追踪数据提供了更全面的学生信息，有助于更深入地了解学生在项目实践过程中的成长路径和成效表现。

4. 社会评估

社会评估是了解项目社会效益和影响力的重要依据。通过收集和分析这些社会评估报告，能够详细了解项目在实践过程中产生的社会效益和影响力等方面的内容，为案例研究提供有力的数据支撑和实证依据。具体来说，研究者收集了以下社会评估报告。

（1）第三方机构评估报告　研究者收集了第三方机构对项目社会效益和影响力进行评估的报告。这些报告详细阐述了项目在实践过程中产生的生态修复效果、经济带动数据等方面的内容。通过对第三方机构评估报告进行的收集和分析工作，能够更客观地了解项目的社会效益和影响力，为后续的项目推广和复制提供有力支持。

（2）社会反馈意见　研究者收集了社会各界对项目实践过程和成效表现的反馈意见。这些意见详细反映了社会各界对项目实践过程和成效表现的评价和看法等方面的内容。通过对社会反馈意见进行的收集和分析工作，能够更全面地了解项目的社会认可度和影响力，为后续的项目改进和优化提供有益参考。

此外，研究者还收集了其他与社会评估相关的资料，如媒体报道、网络评论等。这些资料提供了更广泛的社会视角，有助于研究者更深入地了解项目的社会效益和影响力。

综上所述，通过采用多种研究方法和广泛收集多种来源的数据资料，研究者能够确保案例研究的科学性和全面性。这些研究方法和数据来源提供了丰富的素材和信息支撑，为后续的数据分析和案例总结提供了有力保障。同时，这些研究方法和数据来源也提供了宝贵的经验和启示，有助于研究者更好地开展未来的研究工作。

第二节　志愿服务：环保情怀孵化新篇章

在当今全球面临严峻环境挑战的时代，环境保护已成为关乎人类生存与可持续发展的核心议题。随着社会对生态文明建设的重视程度不断提高，高校作为知识创新与人才培养的重要基地，肩负着推动环保事业发展的重大使命。长沙环境保护职业技术学院作为一所专注于环境教育的高职院校，始终致力于培养具有高度环保责任感和创新能力的专业人才，为解决环境问题提供智力支持和技术保障。

在这样的背景下，"绿色卫士下三湘"项目应运而生。该项目以"学缘传创范式"为核心理念，通过跨学科师生团队协作机制和志愿服务与技术创新"双链融合"的模式，将环保教育、技术创新与社会实践紧密结合，旨在探索一种可持续的环保创新孵化路径。这一项目不仅体现了高校在环境保护领域的社会责任，也为高校如何将专业知识与社会实践相结合提供了新的思路和方法。

"绿色卫士下三湘"项目通过深入基层社区、农村和学校开展形式多样的环保志愿服务活动，将环保理念传递给更多的人，同时结合实际需求进行技术创新，开发出具有实用价值的环保技术产品。这一过程不仅提升了学生的环保责任感和创新能力，也为地方环境治理提供了有力支持，实现了高校与社会的良性互动。

本案例通过对"绿色卫士下三湘"项目的深入分析，展示了长沙环境保护职业技术学院在环保创新孵化方面的积极探索和实践成果。希望通过这一案例的分享，能够为其他高校和环保组织提供有益的借鉴，激发更多人投身环保事业，共同为建设美丽中国贡献力量。

一、学缘传创范式的嵌入路径

（一）跨学科师生团队协作机制

"绿色卫士下三湘"项目依托长沙环境保护职业技术学院强大的学科基础和师资力量，构建了跨学科师生团队协作机制。该机制涵盖了环境工程、环境科学、计算机科学等多个学科领域，充分发挥各学科的优势，形成协同创新的合力。

在项目团队中，环境工程专业的教师和学生负责环保技术的研发和应用，如污水处理技术、垃圾处理技术等；环境监测专业的师生则专注于环境质量监测技术的研究和实践，为环保决策提供科学依据；计算机科学和软件工程专业的人员则负责开发智能监测系统和数据分析平台，实现环境数据的实时监测和智能化管理。这种跨学科的团队协作模式，打破了学科壁垒，促进了知识和技术的交叉融合，为项目的创新孵化提供了坚实的基础。

同时，学校还建立了完善的团队协作机制，通过定期的学术研讨会、项目推进会等形式，加强师生之间的交流与合作，及时解决项目实施过程中遇到的问题。此外，学校还鼓励学生参与科研项目，通过导师制、项目组等形式，让学生在实践中锻炼能力，培养创新思维和团队协作精神。

（二）志愿服务与技术创新"双链融合"模式

"绿色卫士下三湘"项目将志愿服务与技术创新有机结合，形成了"双链融合"模式。一方面，项目团队通过开展志愿服务活动，深入基层社区、农村、学校等地，了解当地的环保需求和问题，为技术创新提供实践基础和研究方向。另一方面，项目团队将研发的技术成果应用于志愿服务中，为解决实际环保问题提供技术支持，提升志愿服务的科学性和有效性。

在志愿服务方面，项目团队开展了形式多样的环保宣传活动，如环保知识讲座、垃圾分类指导、环保公益行动等，向公众普及环保知识，提高公众的环保意识。同时，团队还积极参与当地的环保治理工作，如协助政府部门开展环境监测、污染治理等工作，为改善当地环境质量贡献力量。

在技术创新方面，项目团队针对实际环保需求，研发了一系列环保技术产品，如智能环境监测系统、污水处理设备、垃圾处理设备等。这些技术成果不仅具有较高的技术水平，还具有较强的实用性和经济性，能够有效解决实际环保问题。通过"双链融合"模式，项目团队实现了志愿服务与技术创新的良性互动，既提升了志愿服务的质量和效果，又推动了环保技术的创新和发展。

二、核心成效

（一）技术成果：智能监测系统开发

"绿色卫士下三湘"项目团队成功开发了一套智能环境监测系统。该系统集成了多种先进的监测技术和数据分析方法，能够实时监测环境质量数据，并对数据进行智能化分析和处理。该系统主要由传感器网络、数据采集终端、数据传输模块、数据分析平台和用户界面组成。

传感器网络部署在监测区域，包括大气监测传感器、水质监测传感器、土壤监测传感器等，能够实时采集环境质量数据。数据采集终端负责接收传感器网络采集的数据，并进行初步处理和存储。数据传输模块通过无线通信技术将采集到的数据传输到数据分析平台。数据分析平台对数据进行深度分析和处理，提取有价值的信息，并生成环境质量报告。用户界面则为用户提供直观的数据展示和操作界面，方便用户实时查看环境质量数据和分析结果。

该智能监测系统具有多种创新特点。首先，系统采用了先进的传感器技术和无线通信技术，能够实现环境数据的实时采集和传输，提高了监测效率和准确性。其次，系统集成了多种数据分析算法，能够对海量的环境数据进行智能化分析和处理，提取有价值的信息，为环保决策提供科学依据。此外，系统还具备自动报警功能，当监测数据超过预设阈值时，能够及时向用户发出警报，提醒用户采取相应的措施。

该智能监测系统的开发和应用为环保工作提供了有力的技术支持，提高了环境监测的效率和准确性，为解决实际环保问题提供了科学依据。同时，该系统也具有较高的经济价值和社会效益，能够广泛应用于环境监测、污染治理、生态修复等领域，为推动环保事业的发展做出了重要贡献。

（二）学生能力：环保责任感与创新能力双重提升

"绿色卫士下三湘"项目不仅取得了显著的技术成果，还对学生的能力提升产生了积极影响。通过参与项目，学生在环保责任感和创新能力方面得到了双重提升。

在环保责任感方面，项目团队深入基层社区、农村、学校等地开展志愿服务活动，让学生亲身感受到环保问题的严重性和紧迫性，增强了学生的环保责任感和使命感。学生通过参与环保宣传活动、协助环境治理等，将环保理念传递给更多的人，为改善环境质量贡献力量。这种亲身实践的经历，让学生深刻认识到环保工作的重要性和艰巨性，激发了他们投身环保事业的热情和决心。

在创新能力方面，项目团队为学生提供了良好的创新实践平台。学生在参与项目的过程中，有机会接触前沿的环保技术和科研方法，通过参与科研项目、技术创新等活动，锻炼了学生的创新思维和实践能力。同时，学校还鼓励学生开展创新创业活动，通过举办创新创业大赛、设立创新创业基金等形式，激发学生的创新活力和创业热情。通过这些措施，学生的创新能力得到了显著提升，为未来的职业发展奠定了坚实的基础。

"绿色卫士下三湘"项目通过跨学科师生团队协作机制和志愿服务与技术创新"双链融合"的模式，取得了显著的技术成果和社会效益，同时也对学生的能力提升产生了积极影响。该项目的成功实施，为高校开展环保志愿服务和技术创新提供了有益的经验借鉴，也为推动环保事业的发展做出了重要贡献。

第三节　校企联动：环保创客知识实践之旅

随着全球环境问题的日益严峻，环保技术的创新与发展成为了社会关注的焦点。然而，环保技术的研发与应用不仅需要前沿的科学知识，而且需要实践中的不断探索与优化。在这一背景下，校企协同模式下的环保创客实践应运而生，它通过将高校的教育资源与企业的实践经验相结合，为环保技术的创新与发展提供了新的路径。以北控产业学院的"绿色创客空间"为例，深入探讨校企协同驱动下的环保创客实践，分析其协同机制、实施过程及核心成效，以期为环保领域的创新与发展提供借鉴。

一、学缘传创范式的协同机制

在现代职业教育体系中，产教融合、校企合作已成为培养高素质技术技能人才的重要途径。北控产业学院作为长沙环境保护职业技术学院与北控水务集团有限公司深度合作的产物，不仅在学科建设、师资培训、实训基地建设等方面取得了显著成效，更在环保创客实践方面探索出了一条独特的道路。其中，"绿色创客空间"作为校企协同创新的典范，充分展示了学缘传创范式的协同机制，特别是企业导师与院校科研团队"双向嵌入"以及真实项目驱动的创客教育模式。

（一）企业导师与院校科研团队"双向嵌入"

1. 企业导师的引入与角色定位

在北控产业学院的"绿色创客空间"中，企业导师的引入是校企协同机制的重要组成部分。北控水务集团有限公司作为环保行业的领军企业，深知人才培养对于行业发展的重要性。因此，公司积极参与长沙环境保护职业技术学院的高等职业教育，通过派遣经验丰富的企业导师入驻学校，实现了企业资源与教育资源的深度融合。这些企业导师不仅具备扎实的专业知识，还拥有丰富的实践经验，他们能够将企业中的实际问题带入课堂，为学生提供真实的学习场景。

企业导师的角色定位不仅仅是知识的传授者，更是学生创新思维的激发者和实践能力的引导者。他们通过组织专题讲座、打造工作坊、进行项目指导等多种形式，将企业的管理理念、技术标准和行业趋势融入教学过程，帮助学生建立对环保行业的全面认知。同时，企业导师还积极参与学生的创新创业项目，为学生提供技术支持、资金援助和市场拓展等方面的帮助，帮助学生将创意转化为实际成果。

2. 院校科研团队的开放与合作

长沙环境保护职业技术学院的科研团队在环保领域拥有深厚的学术积累和研究成果。为了加强与企业的合作，学校积极向企业开放科研资源，邀请企业导师参与科研项目，共同解决行业难题。这种开放合作的模式不仅提升了学校科研项目的实用性和针对性，还为企业导师提供了学术交流和提升的机会。

通过与企业导师的紧密合作，学校科研团队能够更好地把握行业前沿动态，将最新的科研成果转化为教学内容，提升教学质量。同时，企业导师的实践经验也为科研团队提供了宝贵的案例和数据支持，促进了科研成果的转化和应用。

3. "双向嵌入"的协同效应

企业导师与院校科研团队的"双向嵌入"机制，实现了教育资源与企业资源的互补与共享。一方面，企业导师的引入为学校带来了实践经验和行业资源，丰富了教学内容和形式；另一方面，学校科研团队的开放合作为企业提供了学术支持和智力资源，推动了企业的技术创新和产业升级。

这种协同机制还促进了师生与企业之间的深度交流与合作。学生们通过与企业导师的密切接触，不仅能够学习到专业知识，还能够了解企业的运作模式和行业文化，为未来的职业生涯打下坚实的基础。同时，企业也能够通过参与学校的教育活动，发掘和培养具有创新潜力和实践能力的优秀人才，为企业的持续发展注入新的活力。

（二）真实项目驱动的创客教育模式

1. 真实项目的挖掘与筛选

在"绿色创客空间"中，真实项目的挖掘与筛选是创客教育模式的核心环节。为了确保项目的真实性和可行性，学校采取了多种渠道和方式来获取项目资源。

一方面，学校积极与企业合作，共同挖掘具有市场潜力和创新价值的环保项目，通过与企业的深入沟通和交流，了解了企业的技术需求和实际问题，针对性地提出了解决方案和创新思路；另一方面，学校还关注行业动态和市场趋势，积极寻找具有前瞻性和引领性的环保项目，通过参加行业展会、技术交流会等活动，及时掌握行业发展的最新动态和技术趋势，为项目的挖掘和筛选提供有力支持。

北控产业学院"绿色创客空间"以真实项目为驱动，通过与企业合作，筛选出一批具有代表性和实用性的环保项目供学生选择。这些项目不仅涵盖了污水处理、垃圾分类、节能减排等多个环保领域，还紧密结合了企业的实际需求和发展战略。

在选择项目时，"绿色创客空间"注重项目的可操作性和创新性。一方面，项目需要具备一定的技术难度和挑战性，以激发学生的创新思维和解决问题的能力；另一方面，项目还需要具备可实施性和应用价值，以确保学生能够将所学知识应用于实际问题的解决中。

在项目策划阶段，"绿色创客空间"会组织企业导师、学校教师和学生共同参与讨论和制订项目方案。通过集思广益和充分沟通，确保项目方案的科学性和可行性。同时，还会明确项目的目标、任务、时间节点和评价标准等关键要素，为项目的顺利实施提供有力保障。

2. 创客团队的组建和培训

根据项目需求和学生兴趣，"绿色创客空间"会组建跨学科的创客团队。这些团队由来自不同专业背景的学生组成，他们共同协作，互相学习，共同完成项目任务。通过组建跨学科团队，不仅能够促进不同学科之间的交叉融合和创新思维的培养，还能够提升学生的团队协作能力和沟通能力。

在团队组建完成后，"绿色创客空间"会组织一系列的培训活动，包括项目管理、技术技能、创新思维等方面的培训。通过培训，帮助学生掌握项目管理和团队协作的基本方法和技巧，提升他们的技术能力和创新能力。同时，还会邀请企业导师和行业专家为学生进行专题讲座和指导，为学生提供更多的学习资源和机会。

3. 项目实施的流程与管理

在真实项目驱动的创客教育模式中，项目实施的流程与管理是确保项目顺利进行的关键。团队制定了一套完善的项目实施流程和管理制度，以确保项目的有序进行和高效完成。

项目实施流程通常包括项目策划、团队组建、方案设计、实验验证、数据分析、成果展示等环节。在每个环节中都设定了明确的目标和任务，并制定了详细的工作计划和时间表。同时，还建立了项目管理制度，对项目进度、质量、成本等方面进行全面的监控和管理。通过定期的项目汇报和评审会议，及时了解项目的进展情况，解决项目中出现的问题，确保项目的顺利进行。

在项目实施过程中，团队还注重培养学生的团队协作精神和沟通能力。通过组织团队建设活动、开展项目交流会等方式，加强了学生之间的沟通和协作，提升了团队的凝聚力和执行力。

4. 创客教育的成果与反馈

真实项目驱动的创客教育模式在"绿色创客空间"中取得了显著成果。通过参与真实项目的实践，学生不仅掌握了环保技术的核心要点和实践技能，还培养了创新思维、团队协作精神和解决问题的能力。同时，他们的专业素养和实践能力也得到了显著提升，为未来的职业生涯打下了坚实的基础。

为了了解创客教育的实际效果和学生的反馈意见，团队定期开展问卷调查和访谈活动。通过收集和分析学生的反馈意见，及时了解创客教育的实际效果和存在的问题，为后续的改进和优化提供了有力支持。同时，团队还积极与企业沟通合作，了解企业对人才的需求和评价意见，为创客教育的持续改进和升级提供了有力参考。

二、核心成效

（一）商业化落地案例：智慧水务管理系统

1. 项目背景与需求分析

随着城市化进程的加速和人口的增长，水资源短缺和水污染问题日益严重。传统的水务管理方式已经难以满足现代城市的需求，智慧水务管理系统的研发与应用成为了解决这一问题的有效途径。在"绿色创客空间"中，学校与北控水务集团紧密合作，共同研发了智慧水务管理系统，并成功实现了商业化落地。

在项目启动初期，学校深入调研了水务行业的需求和市场趋势。通过与水务企业的沟通和交流，学校了解了传统水务管理方式存在的问题和痛点，如数据孤岛、管理效率低下、应急响应不及时等。针对这些问题，学校提出了智慧水务管理系统的解决方案，旨在通过集成物联网、大数据、云计算等先进技术，实现对水务设施的远程监控、智能调度和数据分析，提高水务管理的效率和水平。

2. 系统设计与功能实现

在系统设计阶段，学校充分考虑了水务行业的实际需求和特点，结合物联网、大数据、云计算等先进技术，设计了一套完善的智慧水务管理系统架构。该系统包括数据采集层、数据传输层、数据处理层和应用服务层四个部分，实现了对水务设施的全面监控和管理。

数据采集层主要负责采集水务设施的运行数据和环境数据，如水位、流量、水质等参数。通过部署各种传感器和监测设备，学校实现了对水务设施的实时监测和数据采集。数据传输层主要负责将采集到的数据传输到数据中心进行处理和分析。学校采用了多种数据传输方式，如无线传输、有线传输等，目的是确保数据的及时性和准确性。数据处理层主要负责对采集的数据进行处理和分析，提取有价值的信息和知识。通过运用大数据和云计算技术，学校实现了对海量数据的快速处理和分析，为水务管理提供了有力支持。应用服务层主要负责为用户提供各种水务管理服务，如远程监控、智能调度、数据分析等。通过开发各种应用软件和接口，学校实现了与用户之间的交互和沟通，提高了水务管理的便捷性和效率。

在系统功能实现方面，学校注重实用性和创新性相结合。除了实现基本的远程监控和智能调度功能外，还引入了数据分析、预警预测、优化调度等高级功能。通过运用机器学习和人工智能技术，实现了对水务设施运行状态的智能分析和预测，为水务管理提供了更加精准和高效的决策支持。

3. 商业化落地与市场推广

在智慧水务管理系统的研发过程中，学校注重与企业的合作和市场推广。通过与北控水务集团的紧密合作，学校共同完成了这一系统的研发和测试工作，并成功实现了商业化落地。该系统已在多个水务项目中得到了广泛应用，取得了显著的经济效益和社会效益。

为了进一步扩大市场份额和提升品牌影响力，学校积极参加了各种行业展会和技术交流会等活动。通过展示系统的功能和优势，吸引了众多水务企业的关注和合作意向。同时，还与多家水务企业建立了长期稳定的合作关系，共同推动智慧水务管理系统的应用和推广。

在市场推广过程中，学校注重与用户的沟通和反馈。通过定期的用户调研和满意度调查等活动，及时了解了用户的需求和反馈意见，为系统的持续改进和优化提供了有力支持。同时，还积极响应用户的需求和建议，不断完善系统的功能和性能，提高用户的满意度和忠诚度。

（二）行业影响力：技术解决方案输出

1. 技术解决方案的研发与应用

在"绿色创客空间"项目中，学校不仅注重环保技术的研发与应用，还积极输出技术解决方案，为环保领域的创新与发展提供有力支持。通过与企业的紧密合作和深入沟通，了解了企业的技术需求和实际问题，针对性地研发了一系列具有自主知识产权的技术解决方案。这些技术解决方案涵盖了水处理、大气治理、固废处理等多个环保领域。在水处理领域，学校研发了高效膜分离技术、生物处理技术等先进的水处理技术解决方案；在大气治理领域，学校研发了低温等离子体技术、光催化技术等先进的大气治理技术解决方案；在固废处理领域，研发了热解气化技术、生物降解技术等先进的固废处理技术解决方案。这些技术解决方案不仅具有较高的技术水平和实用性，还具有较强的市场竞争力和推广价值。

在技术解决方案的应用方面，学校注重与企业的合作和示范项目的建设。通过与企业的紧密合作，学校共同推动了技术解决方案的应用和推广。同时，学校还积极建设示范项目，展示技术解决方案的实际效果和优势。这些示范项目不仅验证了技术解决方案的可行性和有效性，还为后续的市场推广和应用提供了有力支持。

2. 行业标准的制定与参与

在环保领域的发展过程中，行业标准的制定和参与对于推动技术进步和规范市场秩序具有重要意义。在"绿色创客空间"中，学校积极参与行业标准的制定工作，为环保领域的规范化发展提供有力支持。

学校密切关注行业动态和市场趋势，及时了解行业标准的制定进展和修订情况。通过参与行业标准的制定工作，学校积极提出自己的意见和建议，为行业标准的完善和优化贡献自己的力量。同时，学校还积极推广和应用行业标准，提高行业标准的普及率和影响力。

除了参与行业标准的制定工作外，学校还积极与行业协会和科研机构等组织合作，共同推动环保领域的技术进步和规范发展。通过参加行业研讨会、技术交流会等活动，及时掌握行业发展的最新动态和技术趋势，为技术解决方案的研发和应用提供了有力支持。

3. 行业影响力的扩展与提升

通过技术解决方案的输出和行业标准的参与制定，"绿色创客空间"在环保领域的影响力得到了显著扩展和提升。一方面，学校的技术解决方案得到了广泛应用和认可，为环保技术的创新与发展提供了有力支持；另一方面，学校的行业参与和贡献也得到了广泛关注和赞誉，提升了学校在环保领域的知名度和影响力。

为了进一步扩大行业影响力和提升品牌知名度，学校积极参加了各种行业展会和技术交流会等活动。通过展示技术解决方案和成功案例，吸引了众多环保企业和投资者的关注和合作意向。同时，还积极与国内外知名环保企业和科研机构等组织建立合作关系，共同推动环保技术的创新与发展。

此外，学校还注重与媒体和公众的沟通和互动。例如通过发布新闻稿、接受媒体采访等方式，及时传递了最新动态和成果信息，提高了公众的认知度和信任度。同时，还积极参与公益活动和社会责任项目等活动，展示了社会责任感和良好形象。

三、校企协同驱动下的环保创客实践面临的挑战与对策

（一）面临的挑战

1. 校企双方利益诉求的差异

在校企协同驱动下的环保创客实践中，校企双方利益诉求的差异是一个不可忽视的问题。高校作为教育机构，注重的是人才培养和科研成果的产出；而企业作为市场主体，更注重的是经济效益和市场竞争力的提升。这种利益诉求的差异可能导致双方在合作过程中产生分歧和矛盾，影响合作的顺利进行。

2. 技术转化与商业化应用的难题

环保技术的研发与应用是一个复杂而漫长的过程，其中涉及技术转化和商业化应用等多个环节。在技术转化过程中，如何将高校的科研成果转化为具有市场竞争力的产品是一个重要难题。同时，在商业化应用过程中，如何满足市场需求、提高产品质量和降低成本也是企业面临的重要挑战。

3. 创客教育与传统教育的融合

创客教育作为一种新兴的教育模式，与传统教育模式存在较大差异。如何将创客教育与传统教育有机融合，实现二者的优势互补和协同发展是一个重要问题。同时，如何培养学生的创新思维和实践能力，提高他们的专业素养和就业竞争力，也是创客教育面临的重要挑战。

（二）对策与建议

1. 加强沟通与协调，实现利益共赢

为了克服校企双方利益诉求的差异，需要加强沟通与协调，建立长期稳定的合作关系。通过定期召开合作会议、开展联合项目等方式，及时了解双方的需求和意见，共同制订合作计划和实施方案。同时，还可以探索建立利益共享机制，如技术入股、成果转化收益分配等，实现校企双方的利益共赢。

2. 强化技术转化与商业化应用的能力

为了提升技术转化与商业化应用的能力，需要加强科研团队的建设和人才培养。通过引进高层次人才、加强科研投入等方式，提高科研团队的创新能力和技术水平。同时，还可以加强与企业的合作与交流，共同推动技术转化和商业化应用的进程。此外，还可以探索建立产学研用协同创新机制，促进科研成果的快速转化和应用。

3. 推动创客教育与传统教育的融合

为了推动创客教育与传统教育的融合，需要加强课程体系和教学方法的改革与创新。通过开设跨学科课程、引入项目式学习等方式，培养学生的创新思维和实践能力。同时，还可以加强与企业的合作与交流，共同开发实践课程和项目案例等资源。此外，还可以探索建立创新创业孵化平台和实践基地等设施，为学生提供更多的实践机会和创新空间。

四、案例分析：北控产业学院"绿色创客空间"的具体实践

（一）项目背景与目标设定

北控产业学院"绿色创客空间"是在北控水务集团与沈阳建筑大学市政与环境工程学院共同合作的基础上建立的。该项目旨在通过校企协同驱动下的环保创客实践，培养具有创新思维和实践能力的环保人才，推动环保技术的创新与发展。

在项目启动初期，明确了项目的目标和任务。一方面，要加强校企之间的沟通与协作，建立长期稳定的合作关系；另一方面，要推动环保技术的研发与应用，实现技术转化和商业化应用的目标。同时，还要注重创客教育与传统教育的融合，培养学生的创新思维和实践能力。

（二）实施过程与关键环节

在项目实施过程中，注重各个环节的协同与配合。以下是项目实施过程中的关键环节。

1. 校企双方的沟通与协作

为推动校企深度合作，学校搭建起全面且高效的沟通协作桥梁。建立定期合作会议制度，每季度举行一次高层对话会议，双方就人才培养、课程设置、实习就业等关键议题深入探讨，及时交换需求与意见，共同规划合作方向。同时，构建信息交流机制，打造专属的线上信息共享平台，涵盖企业招聘、项目需求、科研成果等板块，实现信息实时互通。此外，积极开展联合项目，如在环保领域共同开展污水处理技术研发项目，学校提供理论支持与创新思路，企业负责实践验证与成果转化。通过这些举措，不仅增进了校企双方的了解与信任，还实现了资源的优化整合，为培养符合市场需求的环保人才、推动行业技术进步奠定坚实基础，达成互利共赢的良好局面。

2. 环保技术的研发与应用

在环保技术的研发与应用上，学校多管齐下、协同推进。首先聚焦科研团队建设，积极引进环保领域的高端人才，同时选派内部人员深造学习，提升团队整体实力。加大科研投入，配备先进实验设备，打造专业研发环境。与北控水务集团等知名企业紧密合作，共建研发中心，针对水污染治理、大气污染防控等难题联合攻关。在项目实施过程中，探索产学研用协同创新机制，成立专门的成果转化小组，加强与企业的沟通对接，简化技术转化流程，加速科研成果从实验室走向市场的进程，让先进的环保技术能够切实应用于实际场景，为环境保护提供有力的技术支撑，助力环保事业发展。

（三）成效评估与经验总结

在项目实施过程中，学校注重成效评估和经验总结。通过项目汇报、评审会议等方式，及时了解项目的进展情况并解决问题。同时，还对项目的实施效果进行了全面评估和总结分析。

1. 成效评估

从项目实施效果来看，"绿色创客空间"取得了显著的成效。一方面，该项目加强了校企之间的沟通与协作，校企之间建立了长期稳定的合作关系；另一方面，该项目推动了环保技术的研发与应用，实现了技术转化和商业化应用的目标。同时，还注重创客教育与传统教育的融合，培养了学生的创新思维和实践能力。

具体而言，在环保技术的研发与应用方面，成功研发了智慧水务管理系统等具有自主知识产权的技术解决方案，并在多个水务项目中得到了广泛应用。这些技术解决方案不仅提高了水务管理的效率和水平，还为合作企业带来了显著的经济效益和社会效益。

在创客教育与传统教育的融合方面，通过开设跨学科课程、引入项目式学习等方式培养了学生的创新思维和实践能力。同时，还与北控水务集团等知名企业合作开发了实践课程和项目案例等资源，为学生提供了更多的实践机会和创新空间。

2. 经验总结

通过项目实施过程中的实践探索和经验总结，得出了一些有益的经验和启示。

加强校企之间的沟通与协作是项目实施成功的关键。通过建立定期的合作会议制度和信息交流机制等方式，可以及时了解双方的需求和意见，共同制订合作计划和实施方案。

注重科研团队的建设和人才培养是技术转化和商业化应用的重要保障。通过引进高层次人才、加强科研投入等方式，可以提高科研团队的创新能力和技术水平。

推动创客教育与传统教育的融合是培养学生创新思维和实践能力的重要途径。通过开设跨学科课程、引入项目式学习等方式，可以培养学生的创新思维和实践能力，提高其专业素养和就业竞争力。

五、环保创客实践的未来展望与发展趋势

（一）未来展望

随着全球环境问题的日益严峻和环保技术不断地创新与发展，环保创客实践将迎来更加广阔的发展前景。未来，环保创客实践将更加注重跨学科融合和协同创新，推动环保技术的创新与发展。同时，环保创客实践还将注重商业化应用和市场推广，实现技术转化和经济效益的双赢。

在跨学科融合和协同创新方面，环保创客实践将更加注重与其他学科领域的交叉融合和协同创新。通过与其他学科领域的专家和学者开展合作与交流等方式，可以借鉴其他领域的研究成果和技术手段，推动环保技术的创新与发展。同时，还可以与国内外知名环保企业和科研机构等组织建立合作关系，共同推动环保技术的研发与应用。

在商业化应用和市场推广方面，环保创客实践将更加注重市场需求和用户体验。通过深入了解市场需求和用户体验等方式，可以针对性地开发具有市场竞争力的环保产品和技术解决方案。同时，还可以加强与企业的合作与交流等方式，推动技术转化和商业化应用的进程。此外，还可以积极参加各种行业展会和技术交流会等活动，展示技术解决方案和成功案例，吸引更多环保企业和投资者的关注和合作意向。

（二）发展趋势

未来环保创客实践将呈现出以下几个发展趋势。

1. 智能化与自动化

随着物联网、大数据、人工智能等技术的不断发展与应用，环保创客实践将更加注重智

能化与自动化的发展。通过运用这些先进技术手段，可以实现对环保设施的远程监控、智能调度和数据分析等功能，提高环保管理的效率和水平。同时，还可以开发具有自主学习能力的智能环保系统等产品和技术解决方案，为环保领域的创新与发展提供有力支持。

2. 绿色化与低碳化

随着全球气候变化的日益严峻和环保意识的不断提高，环保创客实践将更加注重绿色化与低碳化的发展。通过开发具有节能减排效果的环保产品和技术解决方案等方式，可以降低能源消耗和碳排放量，实现可持续发展目标。同时，还可以积极推广和应用绿色建筑、绿色交通等环保理念和技术手段，为构建绿色生态城市做出积极贡献。

3. 国际化与合作化

随着全球化进程的加速和国际化合作的不断深入，环保创客实践将更加注重国际化与合作化的发展。通过加强与国外知名环保企业和科研机构等组织的合作与交流等方式，可以借鉴国外先进的研究成果和技术手段，推动国内环保技术的创新与发展。同时，还可以积极参与国际环保项目和技术合作等活动，提高我国在国际环保领域的影响力和竞争力。

第四节　乡村振兴：生态技术平台振兴实践

在全面实施乡村振兴战略的宏伟蓝图下，生态振兴作为其中的关键一环，正日益成为推动乡村全面振兴与可持续发展的重要动力。随着国家对生态文明建设的日益重视，如何在乡村振兴的进程中实现经济发展与环境保护的双赢，成为了一项重要课题。在此背景下，"大界村驻村工作队"与高校等外部力量携手，共同探索了一条校地合作推动生态振兴的创新路径，为乡村振兴实践提供了宝贵的经验与启示。

大界村，作为一个典型的乡村地区，面临着生态环境退化、经济发展滞后等多重挑战。然而，在国家乡村振兴战略的指引下，大界村驻村工作队积极响应号召，主动作为，通过引入高校等外部智力资源，共同开展了一系列生态振兴实践项目。这些项目不仅有效改善了当地的生态环境质量，还促进了农村经济的绿色转型，为乡村振兴注入了新的活力。

通过深入分析"大界村驻村工作队"校地合作项目的具体实践，探讨乡村振兴背景下生态振兴的有效路径与策略，希望能够为其他地区提供可借鉴的经验与模式，共同推动乡村振兴战略的深入实施，实现乡村的全面振兴与可持续发展。同时，也期待通过这一研究，进一步丰富和完善乡村振兴的理论体系与实践框架，为构建人与自然和谐共生的美丽中国贡献智慧与力量。

一、学缘传创范式的实践逻辑

（一）校地合作下的"生态规划—治理—产业"一体化路径

在乡村振兴的大背景下，生态振兴作为其中的重要一环，不仅需要科学的规划，更需要有效的治理和产业的支撑。大界村驻村工作队与高校的合作，正是基于这样一种"生态规划—治理—产业"一体化路径的探索与实践。

1. 生态规划：科学引领，精准施策

大界村驻村工作队在入驻之初，便联合高校专家团队对村庄进行了全面的生态调研。通

过实地考察、数据分析等手段，科学评估了大界村的生态环境现状，包括土壤质量、水资源状况、植被覆盖度等关键指标。基于调研结果，工作队与高校专家共同制定了详细的生态规划方案。

该方案充分考虑了大界村的自然条件、资源禀赋以及发展潜力，明确了生态修复的目标、任务和时间表。例如，针对村庄内存在的废弃矿山，规划提出了复绿的具体措施，包括土壤改良、植被恢复、水土保持等；同时，还规划了村庄周边的生态廊道建设，以增强生态系统的连通性和稳定性。

此外，生态规划还注重与村庄发展的整体规划相衔接，确保生态振兴与产业振兴、文化振兴等相互促进、协调发展。通过科学引领、精准施策，大界村的生态振兴工作有了明确的方向和目标。

2. 生态治理：多方参与，协同推进

生态治理是生态振兴的关键环节。大界村驻村工作队与高校的合作，不仅体现在生态规划上，更体现在生态治理的实践中。工作队积极动员村庄内外的各方力量，形成政府主导、高校支持、村民参与的多元共治格局。

在治理过程中，工作队注重发挥高校的专业优势和技术力量。高校专家团队为大界村提供了科学的技术指导和支持，包括生态修复技术的研发、推广和应用等。同时，工作队还组织村民参与生态治理活动，如植树造林、垃圾清理、污水处理等，提高了村民的环保意识和参与度。

此外，工作队还积极协调政府相关部门和社会组织，争取更多的政策支持和资金投入。通过多方参与、协同推进，大界村的生态治理工作取得了显著成效。废弃矿山得到了有效复绿，村庄环境得到了明显改善，生态系统的稳定性得到了增强。

3. 产业支撑：绿色发展，持续增收

生态振兴的最终目的是实现村庄的可持续发展。因此，产业支撑是生态振兴不可或缺的一环。大界村驻村工作队与高校的合作，不仅注重生态修复和治理，更注重产业的培育和发展。

工作队联合高校专家团队对大界村的产业资源进行了深入挖掘和评估。基于村庄的自然条件和资源禀赋，工作队提出了发展绿色产业的思路和方向。例如，利用村庄内的丰富林果资源，发展特色林果种植业；利用村庄周边的自然风光和人文景观，发展乡村旅游和休闲农业等。

在产业培育过程中，工作队注重发挥高校的技术支持和智力支撑作用。高校专家团队为大界村提供了科学的技术指导和培训服务，帮助村民掌握先进的种植技术和管理经验。

通过绿色发展、持续增收，大界村的产业支撑能力得到了显著增强。绿色产业不仅为村庄带来了可观的经济效益，还为村民提供了更多的就业机会和增收渠道。同时，绿色产业的发展也促进了村庄生态环境的保护和改善，实现了经济效益和生态效益的双赢。

（二）传统智慧与现代技术的创新结合

在生态振兴的实践中，大界村驻村工作队与高校的合作还体现在传统智慧与现代技术的创新结合上。工作队充分挖掘和传承了村庄内的传统生态智慧，同时积极引入和应用现代科技手段，形成了独具特色的生态振兴模式。

1. 传承传统生态智慧

大界村作为一个历史悠久的村庄，蕴含着丰富的传统生态智慧。这些智慧体现在村民的生产生活方式、文化传承和风俗习惯等各个方面。工作队在入驻之初，便深入村庄内部，与

村民进行广泛交流和沟通，充分挖掘和传承了这些传统生态智慧。

例如，在农业生产方面，村民长期以来形成了独特的耕作制度和种植技术。他们注重土地的轮作休耕和肥料的有机施用，有效保护了土壤的肥力和生态系统的稳定性。工作队将这些传统耕作制度和种植技术进行了整理和推广，帮助村民更好地掌握和应用这些技术。

在文化传承方面，大界村有着丰富的民俗文化和传统节日。这些文化和节日不仅体现了村民的精神风貌和文化底蕴，还蕴含着丰富的生态智慧。工作队通过组织文化活动、举办文化讲座等方式，积极传承和弘扬这些传统文化和节日，提高了村民的文化认同感和环保意识。

2. 引入现代科技手段

在传承传统生态智慧的同时，大界村驻村工作队还积极引入和应用现代科技手段。通过现代科技的支持和助力，工作队为村庄的生态振兴注入了新的活力和动力。

例如，在生态监测方面，工作队引入了先进的遥感技术和无人机技术。通过遥感卫星和无人机对村庄的生态环境进行实时监测和数据分析，工作队能够及时了解村庄生态环境的变化情况，为生态治理和修复提供科学依据。

在生态修复方面，工作队引入了生物技术和新材料技术。通过生物技术的应用，工作队能够更有效地进行土壤改良和植被恢复；通过新材料技术的应用，工作队能够更环保地进行污水处理和垃圾处理等工作。

此外，工作队还积极推广和应用现代信息技术和智能设备。通过建设智慧农业系统和智能环保设备，能够更精准地进行农业生产管理和环境保护工作，提高了工作效率和治理效果。

通过传统智慧与现代技术的创新结合，大界村的生态振兴工作取得了显著成效。传统智慧为村庄的生态振兴提供了深厚的文化底蕴和丰富的实践经验；现代技术则为村庄的生态振兴注入了新的活力和动力。两者的有机结合，为大界村的生态振兴提供了有力保障和支撑。

二、核心成效

（一）生态修复成果：废弃矿山复绿

废弃矿山复绿是大界村生态振兴工作的重要成果之一。在驻村工作队与高校的合作下，大界村成功实现了废弃矿山的生态修复和复绿工作，为村庄的生态环境保护和改善做出了重要贡献。

1. 废弃矿山现状与挑战

大界村内的废弃矿山是历史遗留问题之一。由于长期的开采活动，矿山区域形成了裸露的岩石和贫瘠的土壤，生态系统遭到了严重破坏。同时，矿山开采还带来了水土流失、空气污染等环境问题，对村庄的生态环境和居民生活造成了严重影响。

面对这一现状和挑战，大界村驻村工作队与高校专家团队进行了深入研究和探讨。他们发现，废弃矿山的生态修复不仅是一项艰巨的任务，更是一项长期的工作，需要采取科学有效的措施和技术手段，才能逐步恢复矿山的生态功能和景观价值。

2. 复绿措施与技术应用

为了实现废弃矿山的复绿工作，大界村驻村工作队与高校专家团队制定了详细的复绿方案和技术措施。他们结合矿山的实际情况和自然条件，采取了多种措施和技术手段进行生态修复。

在土壤改良方面，工作队引入了先进的土壤改良技术和材料。他们通过添加有机肥料、微生物菌剂等方式改善土壤结构和肥力；同时，还采用了物理和化学方法处理土壤污染问题，确保土壤质量达到生态修复的要求。

在植被恢复方面，工作队根据矿山的生态环境和气候条件选择了适宜的植被种类和种植方式。他们通过人工种植和自然恢复相结合的方式逐步恢复了矿山的植被覆盖度；同时，还采用了生态工程技术手段提高植被的稳定性和抗逆性。

此外，工作队还注重矿山水土保持和生态防护工作。他们通过建设拦沙坝、护坡工程等措施，防止水土流失和滑坡等自然灾害的发生；同时，还加强了矿山区域的生态监测和预警工作，确保生态修复工作的顺利进行。

3. 复绿成效与生态价值

经过一段时间的努力和实践，大界村成功实现了废弃矿山的复绿工作。矿山区域形成了茂密的植被覆盖和稳定的生态系统，为村庄的生态环境保护和改善做出了重要贡献。

复绿工作不仅恢复了矿山的生态功能和景观价值，还为村庄带来了显著的生态效益和社会效益。植被的恢复有效改善了矿山区域的气候条件和空气质量；水土保持工程的建设有效防止了水土流失和自然灾害的发生；生态监测和预警系统的建立为村庄的生态环境保护提供了有力保障。

此外，复绿工作还促进了村庄的经济发展和社会进步。通过发展绿色产业和旅游业等方式，大界村实现了经济效益和生态效益的双赢。废弃矿山的复绿工作不仅为村庄带来了久违的绿色，还为村民提供了更多的就业机会和增收渠道。

（二）社会价值：乡村经济与环保教育协同发展

大界村驻村工作队与高校的合作不仅取得了显著的生态修复成果，还带来了深远的社会价值。通过乡村经济与环保教育的协同发展，大界村实现了经济效益和生态效益的双赢，为乡村振兴注入了新的动力和活力。

1. 乡村经济发展与绿色转型

大界村在生态振兴的过程中，注重将生态优势转化为经济优势，推动乡村经济的绿色转型和可持续发展。通过发展绿色产业和旅游业等方式，实现了经济效益和生态效益的双赢。

在绿色产业方面，大界村充分利用自身的自然条件和资源禀赋，发展了特色林果种植业、乡村旅游和休闲农业等产业。绿色产业的发展也促进了村庄生态环境的保护和改善，实现了经济效益和生态效益的双赢。

在旅游业方面，大界村依托自身的自然风光和人文景观资源，积极开发乡村旅游项目和产品。通过建设旅游设施、提升服务质量等方式，吸引了大量游客前来观光旅游和休闲度假。旅游业的发展不仅为村庄带来了可观的经济收入，还为村民提供了更多的就业机会和服务岗位。

绿色产业的发展也促进了村庄生态环境的保护和改善，为乡村振兴注入了新的动力和活力。

2. 环保教育与公众参与

在生态振兴的过程中，大界村驻村工作队与高校还注重环保教育和公众参与的重要性。他们通过开展环保教育活动、推广环保理念等方式，提高了村民的环保意识和参与度，为村庄的生态环境保护提供了有力保障。

在环保教育活动方面，大界村驻村工作队与高校联合开展了多种形式的环保教育活动。他们通过举办环保讲座、开展环保知识竞赛等方式，向村民普及环保知识和理念；同时，还组织村民参与环保实践活动和志愿服务活动等，提高村民的环保意识和参与度，为村庄的生态环境保护提供有力支持。

在公众参与方面，大界村驻村工作队与高校积极动员村民参与生态治理和环保活动。他们通过建立环保志愿者队伍、开展环保公益活动等方式鼓励村民积极参与村庄的生态环境保护工作；同时，还加强与政府相关部门和社会组织的合作与沟通，争取更多的政策支持和资金投入。通过公众参与和多方协同合作，大界村的生态环境保护工作取得了显著成效。

3. 社会价值与可持续发展

大界村驻村工作队与高校的合作不仅带来了显著的生态修复成果和乡村经济发展成果，还带来了深远的社会价值和可持续发展意义。

首先，大界村的生态振兴工作为其他乡村提供了可借鉴的经验和模式。通过校地合作和多方协同合作的方式推动生态振兴工作，并取得了显著成效；同时，还注重将生态优势转化为经济优势，推动乡村经济的绿色转型和可持续发展。这些经验和模式可以为其他乡村提供有益的参考和借鉴。

其次，大界村的生态振兴工作有助于推动城乡融合发展和区域协调发展。通过发展绿色产业和旅游业等方式促进乡村经济的繁荣和发展；同时，还注重加强城乡之间的交流和合作，缩小城乡差距，推动城乡融合发展和区域协调发展。

最后，大界村的生态振兴工作有助于实现可持续发展目标。通过注重生态环境保护和可持续发展理念，推动乡村经济的绿色转型和可持续发展；同时，还应注重加强环保教育和公众参与，提高村民的环保意识和参与度。这些举措有助于实现经济、社会和环境的协调发展以及可持续发展目标。

三、深入分析与案例拓展

（一）校地合作模式的深化与拓展

大界村与长沙环境保护职业技术学院的校地合作模式为乡村振兴提供了有力支撑。通过深化和拓展校地合作模式，可以进一步发挥高校在乡村振兴中的作用和优势。

一方面，可以加强高校与地方政府之间的沟通协调机制建设。通过建立定期会晤、信息共享等机制，加强双方在乡村振兴工作中的协同配合和资源共享。同时，可以探索建立校地合作的长效机制和政策支持体系，为校地合作提供更加稳定和可持续的保障。

另一方面，可以拓展校地合作的领域和范围。除了生态振兴领域外，还可以将校地合作拓展到产业振兴、文化振兴、人才振兴等多个方面。通过引入高校的专业技术和人才支持，推动当地产业的转型升级和创新发展；通过挖掘和传承当地的文化资源，打造具有地方特色的文化产业；通过培养和引进优秀人才，为当地的乡村振兴提供智力支持。

（二）生态振兴与产业振兴的深度融合

在大界村的生态振兴实践中，生态振兴与产业振兴实现了深度融合。通过发展绿色产业和生态农业等方式，大界村实现了经济与生态的双赢发展。

未来，可以进一步探索生态振兴与产业振兴的深度融合路径。一方面，可以加强生态产业与传统产业的融合发展。通过引入现代科技手段和管理模式，推动传统产业向绿色化、智能化方向转型升级；同时，可以将生态产业与传统产业相结合，形成具有地方特色的产业链条和产业集群。

另一方面，可以加强生态产业与新兴产业的融合发展。随着新技术、新模式的不断涌现，新兴产业正成为推动经济高质量发展的重要力量。可以积极探索生态产业与新兴产业的融合发展路径，如将生态产业与数字经济、智能制造等新兴产业相结合，形成新的经济增长点和竞争优势。

（三）环保教育与乡村振兴的相互促进

在大界村的生态振兴实践中，环保教育与乡村振兴实现了相互促进。通过普及和推广环保教育，提高村民的环保意识和参与度；同时，通过推动乡村振兴工作的发展，为环保教育提供更加广阔的空间和平台。

未来，可以进一步探索环保教育与乡村振兴的相互促进路径。一方面，可以加强环保教育与学校教育的深度融合。通过将环保课程纳入学校教学计划、开展环保主题实践活动等方式，培养学生的环保意识和责任感；同时，可以加强学校与社区之间的合作与互动，共同推动环保教育工作的开展。

另一方面，可以加强环保教育与社区建设的深度融合。通过组织环保志愿服务活动、开展环保知识讲座等方式，提高社区居民的环保意识和参与度；同时，可以将环保元素融入社区建设中，如建设绿色社区、推广低碳生活方式等，为居民提供更加宜居的生活环境。

大界村的生态振兴实践为乡村振兴提供了有益借鉴和启示。通过校地合作和多方努力，大界村成功实现了生态修复与经济发展的双赢局面。未来，可以进一步深化和拓展校地合作模式，加强生态振兴与产业振兴的深度融合，推动环保教育与乡村振兴的相互促进等，为乡村振兴注入新的动力和活力。

也应该认识到，乡村振兴是一个长期而复杂的过程。在未来的发展中，需要继续坚持绿色发展理念，加强生态文明建设，推动产业转型升级，加强人才培养和引进等方面的工作；同时，还需要注重发挥政府、市场和社会各方面的作用和优势，形成合力共同推动乡村振兴事业的发展。相信在各方共同的努力下，能够实现乡村振兴的美好愿景。

综上所述，大界村驻村工作队与高校的合作在生态振兴方面取得了显著成效，并带来了深远的社会价值和可持续发展意义。这些经验和模式可以为其他乡村提供有益的参考和借鉴，并为乡村振兴注入新的动力和活力。

第五节　技术差序：环保专创融合技术培育新径

在新时代背景下，职业教育肩负着为社会培养高素质技术技能人才的重要使命。长沙环境保护职业技术学院作为我国环保职业教育领域的先锋，积极探索创新人才培养模式，以"技术差序"理念为核心，构建了"环保铁军"计划，旨在培养适应环保行业需求、具备创新精神和创业能力的高素质环保人才。本节将详细阐述该计划的培养框架、实施过程以及取得的核心成效，为其他职业院校提供有益的借鉴和参考。

一、"技术差序"培养模式的理论基础

"技术差序"培养模式是长沙环境保护职业技术学院在长期教学实践中探索出的一种创新人才培养模式。该模式以费孝通的"差序格局"理论为启发，结合职业教育的特点和环保行业的需求，通过不同难度层次的技术项目，逐步提升学生的职业能力和创新素养。

（一）差序格局理论的引入

差序格局理论强调社会关系的层次性和动态性，个体在社会网络中根据亲疏远近形成不

同的关系层次。在职业教育中，这种层次性被转化为技术能力的递进关系，即从基础技能到专项技能，再到综合技能的逐步提升。长沙环境保护职业技术学院将这一理论应用于环保人才培养，构建了分层递进的课程体系和实战训练模式，使学生能够在不同阶段获得相应的技术能力，最终成为能够独当一面的"环保铁军"。

（二）能力本位理论的支撑

能力本位理论强调职业教育应以学生的职业能力培养为核心，通过明确的职业目标和能力要求，设计相应的教学内容和方法。长沙环境保护职业技术学院在"技术差序"培养模式中，充分体现了能力本位理念。课程体系围绕环保行业的真实需求设计，注重实践教学，通过真实项目的驱动，培养学生的实际操作能力和解决问题的能力。这种以能力为导向的教学模式，使学生在毕业后能够快速适应工作岗位，成为企业的技术骨干。

二、学缘传创范式的培养框架

（一）分层递进式课程体系（基础—专项—综合）

在长沙环境保护职业技术学院的"环保铁军"计划中，课程体系的构建是核心环节之一。该计划借鉴了"技术差序"理论，构建了分层递进式的课程体系，旨在通过系统化的教学，逐步提升学生的环保专业素养和创新创业能力。

1. 基础课程阶段

基础课程阶段是学生环保专业学习的起点，主要目标是帮助学生建立扎实的环保理论基础。这一阶段设置了多门通识课程，如环境保护概论、环境监测技术、环境法律法规等，旨在让学生了解环境保护的基本概念、原理和方法，以及国家相关的法律法规和政策。

通过基础课程的学习，学生不仅能够掌握环保领域的基础知识，还能够培养对环保事业的兴趣和热情。同时，学校还注重将课程思政融入基础教学中，通过引导学生关注环保热点问题，培养学生的社会责任感和使命感。

2. 专项课程阶段

在基础课程的基础上，专项课程阶段进一步细化了环保专业的学习内容。这一阶段设置了多个专业方向，如水处理技术、大气污染治理、固体废物处理与资源化等，学生可以根据自己的兴趣和职业规划选择相应的方向进行深入学习。

专项课程不仅涵盖了专业的理论知识，还注重实践技能的培养。学校通过与企业合作，引入了真实的环境治理项目，让学生在实践中掌握专业技能。例如，在水处理技术方向，学生可以通过参与污水处理厂的运营和管理，了解水处理技术的实际应用；在大气污染治理方向，学生可以通过参与大气环境监测和治理项目，掌握大气污染治理的方法和技术。

此外，学校还注重将创新创业教育融入专项课程中。通过开设创新创业基础、商业模式创新等课程，培养学生的创新思维和创业能力。同时，学校还鼓励学生参与各类创新创业竞赛，如"互联网＋"大学生创新创业大赛、全国职业院校技能大赛等，以赛促学，提升学生的创新创业实践能力。

3. 综合课程阶段

综合课程阶段是"环保铁军"计划的最高阶段，主要目标是培养学生的综合能力和解决复杂环境问题的能力。这一阶段设置了多门跨学科的综合课程，如环境规划与管理、环境影响评价等，旨在让学生了解环境保护的全方位内容，并培养综合运用所学知识解决实际问题的能力。

在综合课程阶段，学校还注重培养学生的团队协作和沟通能力。通过组织团队项目、模拟谈判等活动，让学生在实践中锻炼团队协作能力。同时，学校还鼓励学生参与社会实践和志愿服务活动，如环保宣教、社区环保服务等，以提升学生的社会责任感和公民意识。

（二）真实环境治理项目驱动的实战训练

在"环保铁军"计划中，真实环境治理项目驱动的实战训练是提升学生实践能力的重要环节。学校通过与企业合作，引入了多个真实的环境治理项目，帮助学生在实践中掌握了专业技能和解决问题的方法。

1. 项目选择与筛选

学校与企业合作，根据企业的实际需求和学校的教学资源，共同选择和筛选环境治理项目。这些项目涵盖了水处理技术、大气污染治理、固体废物处理与资源化等多个领域，既符合企业的实际需求，又能够提升学生的实践能力。

在项目选择与筛选过程中，学校注重项目的代表性和实用性。选择具有代表性的项目可以让学生在实践中掌握行业内的主流技术和方法；选择实用性的项目可以让学生了解环境治理的实际需求和挑战，提升解决实际问题的能力。

2. 项目实施与管理

项目实施与管理是实战训练的核心环节。学校与企业共同制订项目实施方案和时间表，明确项目的目标、任务和要求。同时，学校还为学生配备了专业的指导教师和企业导师，以提供必要的技术支持和指导。

在项目实施过程中，学生需要按照项目要求完成方案设计、实验操作、数据分析等任务。通过实践训练，学生不仅能够掌握专业技能和解决问题的方法，还能够了解环境治理的实际流程和规范。

为了确保项目的顺利实施和有效管理，学校还建立了完善的项目监控和评估机制。通过定期的项目进度汇报和现场检查，及时了解项目的实施情况和存在的问题，并采取相应的措施进行解决。

3. 项目总结与反馈

项目总结与反馈是实战训练的收尾环节。在项目完成后，学生需要撰写项目总结报告，对项目的实施过程、成果和存在的问题进行全面总结。同时，学校还组织项目评审会，邀请企业专家和行业专家对项目的成果进行评估和指导。

通过项目总结与反馈，学生不仅能够了解自己在实践中的表现和存在的问题，还能够从专家的建议和指导中汲取经验和教训，为今后的学习和工作提供有益的参考。

三、核心成效

（一）学生能力：省级竞赛获奖率80%

在"环保铁军"计划的实施过程中，学生的实践能力得到了显著提升。通过参与真实环境治理项目的实战训练，学生不仅掌握了专业技能和解决问题的方法，还培养了团队协作和沟通能力。这些能力的提升为学生在各类竞赛中取得了优异成绩奠定了坚实基础。

近年来，长沙环境保护职业技术学院的学生在省级以上各类环保竞赛中屡获佳绩。据统计，近五年来，学生在省级竞赛中的获奖率达到了80%以上。这些竞赛不仅涵盖了环保领域的多个方面，如环境监测、污水处理、大气污染治理等，还涉及了创新创业和团队协作等多个维度。通过参与这些竞赛，学生不仅锻炼了自己的实践能力和团队协作能力，还提升了自信心和竞争力。

例如，在全国职业院校技能大赛中，长沙环境保护职业技术学院的学生多次获得一等奖和二等奖的好成绩。这些荣誉不仅彰显了学校在环保教育领域的实力和水平，也为学生今后的就业和职业发展提供了有力支持。

（二）行业认可：毕业生成为企业技术骨干

"环保铁军"计划的实施不仅提升了学生的实践能力，还得到了行业的广泛认可。通过与企业合作开展实战训练项目，学生不仅了解了企业的实际需求和挑战，还掌握了行业内的主流技术和方法。这些经验和技能为学生在毕业后顺利进入企业并成为技术骨干奠定了坚实基础。

近年来，长沙环境保护职业技术学院的毕业生在环保领域得到了广泛认可。许多毕业生凭借扎实的专业知识和丰富的实践经验，迅速成为企业的技术骨干和管理人才。他们不仅在企业中发挥了重要作用，还积极参与行业交流和合作，推动了环保技术的创新和发展。

此外，长沙环境保护职业技术学院还注重与企业的长期合作与共赢。通过与企业建立稳定的合作关系和人才培养机制，学校不仅为企业输送了大量优秀的人才资源，提供了技术支持，还推动了产学研用的深度融合和创新发展。这种合作模式不仅提升了学校的教育质量和声誉度，也为企业的可持续发展提供了有力支持。

四、案例分析与启示

（一）案例分析

长沙环境保护职业技术学院的"环保铁军"计划通过构建分层递进式的课程体系和真实环境治理项目驱动的实战训练模式，有效提升了学生的实践能力和创新创业能力。该计划的成功实施不仅得益于学校与企业的紧密合作和资源共享机制建设，还得益于学校对课程体系的科学规划和教学内容的持续更新与优化。

在课程体系构建方面，学校注重将通识教育与专业教育相结合、理论教学与实践教学相结合。通过开设多门基础课程和专项课程以及跨学科的综合课程，形成了系统完整、层次分明的课程体系。这些课程不仅涵盖了环保领域的基础知识和专业技能，还注重培养学生的创新思维和团队协作能力。同时，学校还通过引入真实环境治理项目驱动的实战训练模式，帮助学生在实践中掌握专业技能和解决问题的方法，并培养了团队协作和沟通能力。

在实战训练方面，学校注重与企业合作开展真实环境治理项目。通过项目选择与筛选、项目实施与管理以及项目总结与反馈等环节，形成了完整的实战训练机制。这些项目不仅涵盖了水处理技术、大气污染治理、固体废物处理与资源化等多个领域，还涉及了环境监测、环境评价等多个环节。通过参与这些项目，学生不仅能够了解企业的实际需求和挑战，还能够掌握行业内的主流技术和方法，并培养解决实际问题的能力。

此外，学校还注重将创新创业教育融入教学全过程。通过开设创新创业基础课程、组织创新创业竞赛等活动，激发学生的创新精神和创业意识。这些措施不仅提升了学生的创新创业能力，还为他们今后的就业和职业发展提供了有力支持。

（二）启示

长沙环境保护职业技术学院的"环保铁军"计划为其他高职院校在环保领域的人才培养提供了有益的借鉴和启示。具体来说，可以从以下几个方面进行借鉴和推广。

1. 加强校企合作与资源共享

高职院校应加强与企业的合作与资源共享机制建设。通过与企业建立稳定的合作关系和人才培养机制，共同开展教学科研活动和创新创业项目。这不仅可以为企业提供技术支持和人才资源，还可以为学校提供实践基地和教学资源，实现双方的互利共赢。

2. 构建科学合理的课程体系

高职院校应注重课程体系的科学规划和教学内容的持续更新与优化。通过开设多门基础课程和专项课程以及跨学科的综合课程，形成系统完整、层次分明的课程体系。这些课程应涵盖专业的基础知识和专业技能，并注重培养学生的创新思维和团队协作能力。同时，还应注重将创新创业教育融入教学全过程，激发学生的创新精神和创业意识。

3. 强化实践教学与实战训练

高职院校应注重实践教学与实战训练的重要性。通过引入真实项目驱动的实战训练模式，让学生在实践中掌握专业技能和解决问题的方法。同时，还应建立完善的项目监控和评估机制，确保项目的顺利实施和有效管理。此外，还可以组织各类创新创业竞赛和社会实践活动，提升学生的实践能力和团队协作能力。

4. 注重师资队伍建设与培训

高职院校应注重师资队伍的建设与培训。通过引进高素质的专业人才和加强对现有教师的培训力度，提升教师的专业素养和教学能力。同时，还应鼓励教师积极参与教学科研活动和创新创业项目，提升教师的实践经验和创新能力。此外，还可以建立激励机制和评价体系，激发教师的工作积极性和创造力。

"环保铁军"计划通过构建分层递进式的课程体系和真实环境治理项目驱动的实战训练模式，有效提升了学生的实践能力和创新创业能力。该计划的成功实施不仅为学校赢得了良好的声誉和口碑，也为其他高职院校在环保领域的人才培养提供了有益的借鉴和启示。未来，随着国家对生态文明建设的日益重视和环保产业的快速发展，高职院校应继续加强校企合作与资源共享机制建设，构建科学合理的课程体系，强化实践教学与实战训练，以及注重师资队伍建设与培训等方面的工作，为培养更多高素质的环保人才做出更大的贡献。

第六节　数字赋能：环保创业资本支持新生态

在全球环境危机日益严峻、生态文明建设迫在眉睫的背景下，环保教育与创新创业活动的重要性日益凸显。随着数字化技术的飞速发展，遥感大数据、人工智能（AI）算法等前沿技术为环保领域带来了前所未有的机遇与挑战。

长沙环境保护职业技术学院始终秉承"物我同舟，天人共泰"的校训，坚持"实践融入教学、技术服务社会"的办学特色，致力于培养具有创新精神和实践能力的高素质环保技术技能人才。面对环保领域数字化转型的大趋势，学校敏锐地捕捉到遥感大数据与AI算法在环境监测、生态保护、环境治理等方面的巨大潜力，决定将这些前沿技术引入教育教学和科研创新中。

"卫星遥感实训基地"的建设，是学校在数字化赋能环保创新创业方面的重要举措。该基地不仅配备了先进的遥感影像处理设备、大数据分析平台、AI算法研发环境等硬件设施，还构建了涵盖数据采集、分析、决策全链条的课程体系和实践教学体系。通过与企业、科研机构的深度合作，学校将遥感大数据与AI算法等前沿技术融入课堂教学和实训项目中，使学生在掌握理论知识的同时，能够通过实践操作掌握全链条的技能。

本案例将详细阐述长沙环境保护职业技术学院"卫星遥感实训基地"在学缘传创范式下的技术赋能路径，包括遥感大数据与AI算法的教学融合，以及"数据采集—分析—决策"

全链条实训体系的构建。同时，还将展示该基地在技术创新和社会服务方面取得的显著成效，如湿地生态监测系统的研发与应用，以及为政府决策提供科学化支持等。

通过本案例的分享，期望能够为其他高职院校和环保教育机构在数字化赋能环保创新创业方面提供有益的借鉴和启示。同时，也期待更多的高校、企业和科研机构能够加入到环保领域的数字化转型和创新创业活动中来，共同推动生态文明建设和可持续发展事业的蓬勃发展。

一、学缘传创范式的技术赋能路径

在数字化转型的大潮中，环保教育领域的创新创业活动正以前所未有的速度蓬勃发展。长沙环境保护职业技术学院积极响应国家生态文明建设与"双碳"目标，依托其深厚的环保教育底蕴和产学研合作优势，创建了"卫星遥感实训基地"，成为数字化赋能环保创新创业的典范。

本节将详细阐述该基地在学缘传创范式下的技术赋能路径，具体包括遥感大数据与 AI 算法的教学融合，以及"数据采集—分析—决策"全链条实训体系的构建。

（一）遥感大数据与 AI 算法的教学融合

1. 技术前沿引入课堂教学

长沙环境保护职业技术学院紧跟时代步伐，将遥感大数据与 AI 算法等前沿技术引入课堂教学，打破了传统环保教育的界限。学校与生态环境部卫星环境应用中心深度合作，共同开发了遥感技术应用、大数据分析在环保领域的应用等特色课程，使学生能够在课堂上接触到最新的技术动态和应用案例。

例如，在遥感技术应用课程中，教师不仅讲解遥感技术的基本原理和方法，还结合生态环境部卫星环境应用中心提供的实际卫星遥感影像数据，引导学生进行图像解译和分析。学生可以通过专业软件如 ENVI、ArcGIS 等，对影像数据进行处理，提取地表覆盖信息、监测生态环境变化等，从而加深对遥感技术应用的理解。

同时，学校还引入了 AI 算法的教学内容，如机器学习、深度学习等，旨在培养学生的数据分析和建模能力。在大数据分析在环保领域的应用课程中，学生通过学习 Python、R 等编程语言，掌握了数据清洗、特征工程、模型训练与评估等关键技术环节。学校还与企业合作，提供了大量的实际环保数据集，如空气质量监测数据、水质监测数据等，供学生进行实战演练。

2. 跨学科融合培养复合型人才

环保领域的问题往往涉及多个学科，如环境科学、计算机科学、地理学等。长沙环境保护职业技术学院在"卫星遥感实训基地"的建设中，注重跨学科融合，培养复合型人才。学校鼓励环境工程专业、计算机科学与技术专业的学生跨专业学习，共同参与遥感大数据与 AI 算法的研发与应用项目。

例如，在湿地生态监测系统的研发项目中，环境工程专业的学生负责湿地生态系统的现场调查与样本采集，计算机科学与技术专业的学生则负责遥感影像数据的处理与分析，以及 AI 算法的构建与优化。通过跨学科合作，学生不仅能够掌握本专业的核心技能，还能够拓宽视野，了解其他学科的知识与方法，提升综合解决问题的能力。

3. 产学研合作推动技术创新

长沙环境保护职业技术学院与多家环保企业、科研机构建立了紧密的产学研合作关系，共同推动遥感大数据与 AI 算法在环保领域的技术创新。学校与生态环境部卫星环境应用中心、北控水务集团等企业合作，共同承担了多项国家级、省部级科研项目，如"长江经济带生态质量遥感监测技术研究""洞庭湖湿地生态修复项目"等。

在项目实施过程中，学校与企业、科研机构的技术人员紧密合作，共同攻克技术难题。例如，在湿地生态监测系统的研发中，学校的技术团队与生态环境部卫星环境应用中心的技术人员共同研发了基于遥感影像的湿地植被分类算法，提高了湿地生态监测的精度和效率。同时，学校还与企业合作，将研发成果转化为实际产品，如湿地生态监测系统软件、遥感影像处理软件等，推动了遥感大数据与 AI 算法在环保领域的产业化应用。

（二）"数据采集—分析—决策"全链条实训体系的构建

1. 实训基地建设

长沙环境保护职业技术学院投入大量资金，建设了"卫星遥感实训基地"，配备了先进的遥感影像处理设备、大数据分析平台、AI 算法研发环境等硬件设施。实训基地的建设为学生提供了从数据采集、分析到决策的全链条实训环境。

例如，在数据采集环节，实训基地配备了多光谱、高光谱遥感卫星影像接收设备，能够实时接收和处理来自国内外遥感卫星的影像数据。在数据分析环节，实训基地配备了高性能计算集群、大数据分析平台等设备，支持大规模遥感影像数据的快速处理和分析。在决策环节，实训基地还配备了 GIS（地理信息系统）软件、环境模拟软件等工具，支持学生根据数据分析结果进行环境问题的模拟和预测，为决策提供科学依据。

2. 课程体系设计

为了配合实训基地的建设，长沙环境保护职业技术学院设计了涵盖数据采集、分析、决策全链条的课程体系。学校开设了遥感影像采集与处理、大数据分析技术、环境模拟与预测等课程，使学生能够在理论学习的基础上，通过实训操作掌握全链条的技能。

例如，在遥感影像采集与处理课程中，学生不仅学习遥感影像采集的基本原理和方法，还通过实训基地的设备进行实际操作，掌握遥感影像的预处理、几何校正、辐射定标等关键技术环节。在大数据分析技术课程中，学生通过学习数据挖掘、机器学习等算法，结合实训基地的大数据分析平台，对遥感影像数据进行深度挖掘和分析，提取有价值的信息。在环境模拟与预测课程中，学生利用 GIS 软件和环境模拟软件，根据数据分析结果进行环境问题的模拟和预测，为制定科学合理的环保政策提供决策支持。

3. 项目驱动式教学

长沙环境保护职业技术学院采用项目驱动式教学方法，将数据采集、分析、决策等技能融入实际项目中，使学生在实践中掌握全链条的技能。学校与企业、科研机构合作，共同承接了多项环保领域的实际项目，如"长江经济带生态质量遥感监测技术研究""洞庭湖湿地生态修复项目"等。

在项目实施过程中，学生被分成若干小组，每个小组负责一个具体的任务环节。例如，在"长江经济带生态环境质量监测"项目中，一个小组负责遥感影像数据的采集和处理，另一个小组负责大数据分析和环境模拟预测，还有一个小组负责撰写项目报告和提出决策建议。通过项目驱动式教学，学生不仅能够掌握全链条的技能，还能够培养团队协作精神和沟通能力。

二、核心成效

（一）技术突破：湿地生态监测系统

长沙环境保护职业技术学院依托"卫星遥感实训基地"，在湿地生态监测技术领域取得了显著的技术突破。学校与生态环境部卫星环境应用中心合作，共同研发了基于遥感影像的湿地生态监测系统。该系统利用多光谱、高光谱遥感卫星影像数据，结合 AI 算法进行湿地植被分类、生态参数反演等处理，实现了对湿地生态系统的实时监测和动态评估。

湿地生态监测系统的研发过程中，学校的技术团队攻克了多项技术难题。例如，在湿地植被分类算法的研发中，技术团队针对湿地植被类型的多样性和复杂性，提出了基于深度学习的植被分类方法。通过大量的遥感影像数据训练和模型优化，该算法实现了对湿地植被类型的高精度分类，分类准确率达到了 90% 以上。此外，技术团队还研发了湿地生态参数反演算法，能够准确提取湿地生态系统的关键参数，如植被覆盖度、生物量等，为湿地生态保护和修复提供了科学依据。

湿地生态监测系统的应用效果显著。该系统已经在洞庭湖、鄱阳湖等典型湿地进行了示范应用，为湿地生态系统的保护和修复提供了有力的技术支撑。例如，在洞庭湖湿地生态修复项目中，系统实时监测了湿地生态系统的变化情况，为修复方案的制订和调整提供了科学依据。同时，系统还评估了修复项目的效果，为项目的验收和评估提供了数据支持。

（二）社会服务：政府决策科学化支持

长沙环境保护职业技术学院"卫星遥感实训基地"的建设和应用，不仅推动了学校在环保领域的技术创新，还为政府决策提供了科学化的支持。学校利用遥感大数据和 AI 算法等技术手段，为政府提供了生态环境质量监测、生态保护红线监管、生态修复效果评估等服务。

例如，在生态环境质量监测方面，学校利用卫星遥感影像数据结合地面监测数据，对全国范围内的生态环境质量进行了全面监测和评估。学校定期向政府提交生态环境质量监测报告，为政府制定环保政策和规划提供了科学依据。在生态保护红线监管方面，学校利用遥感影像数据对全国重要生态空间的人类活动变化进行了监测和分析，为政府加强生态保护红线监管提供了有力支持。在生态修复效果评估方面，学校利用遥感影像数据和 AI 算法对生态修复项目的效果进行了科学评估，为政府验收和评估生态修复项目提供了数据支持。

此外，长沙环境保护职业技术学院还积极参与政府组织的环保公益活动，如"绿色讲堂""环保科普进社区"等。学校利用自身的技术优势和资源优势，为公众提供了丰富多彩的环保科普教育服务，提高了公众的环保意识和参与度。通过这些活动，学校不仅履行了社会责任，还为政府推动环保事业的发展提供了有力支持。

长沙环境保护职业技术学院"卫星遥感实训基地"的建设和应用，是数字化赋能环保创新创业的典范。通过遥感大数据与 AI 算法的教学融合以及"数据采集—分析—决策"全链条实训体系的构建，学校不仅推动了环保领域的技术创新和应用，还为政府决策提供了科学化的支持。未来，随着数字化技术的不断发展和应用，长沙环境保护职业技术学院将继续深化与生态环境部卫星环境应用中心、北控水务集团等企业和科研机构的合作，共同推动环保事业的数字化转型和高质量发展。同时，学校还将继续加强人才培养和学科建设，为生态文明建设和可持续发展贡献更多的智慧和力量。

第七节　案例总结与启示

一、案例的共性与差异

（一）共性

1. 目标导向明确
五个案例均围绕环保教育和创新创业的核心目标展开，旨在通过不同的实践路径，培养学生的环保意识、创新能力和社会责任感。无论是"绿色卫士下三湘"项目的志愿服务与技术创新结合，还是北控产业学院"绿色创客空间"的校企协同育人，都体现了对环保人才培养目标的明确追求。

2. 实践路径多样

案例中的实践路径各具特色，但均强调理论与实践的紧密结合。通过志愿服务、校企合作、校地合作、技术差序培养以及数字化赋能等多种方式，学生在实践中学习环保知识，掌握环保技能，提升创新能力。

3. 注重成果转化

所有案例都注重将创新成果转化为实际应用。无论是智能环境监测系统的开发，还是智慧水务管理系统的商业化落地，都体现了学校在推动环保技术创新和应用方面的积极努力。同时，这些成果也为地方环境治理和可持续发展提供了有力支持。

4. 强调社会责任

案例中的项目不仅关注技术创新和人才培养，还强调学生的社会责任意识。通过参与志愿服务、环保宣教等活动，学生将环保理念传递给更多人，为改善环境质量贡献力量。

5. 校企合作紧密

校企合作在案例中扮演了重要角色。学校与企业共同开展科研项目、提供实训基地、搭建创新平台等，实现了资源共享和优势互补。这种紧密的合作关系不仅提升了学生的实践能力，也推动了环保技术的创新和发展。

（二）差异

1. 实践层次不同

五个案例在实践层次上存在差异。"绿色卫士下三湘"项目作为入门案例，主要培养学生的环保意识和初步创新能力；北控产业学院"绿色创客空间"项目则侧重于通过校企协同提升学生的技术创新和创业实践能力；大界村驻村工作队校地合作项目则更注重学生在乡村振兴和生态振兴中的实践成果；"环保铁军"计划项目则通过技术差序培养，全面提升学生的环保技术能力和创新创业能力；"卫星遥感实训基地"项目则聚焦于数字化赋能环保创新创业，推动环保技术的数字化应用。

2. 领域聚焦不同

案例涉及的环保领域各有侧重。"绿色卫士下三湘"项目主要关注社区、农村和学校的环保问题；"绿色创客空间"项目则更广泛地涉及污水处理、垃圾分类、节能减排等多个环保领域；大界村驻村工作队校地合作项目则聚焦于乡村生态振兴；"环保铁军"计划项目则全面覆盖环保技术的各个领域；"卫星遥感实训基地"项目则专注于遥感大数据和 AI 算法在环保领域的应用。

3. 合作对象不同

案例中的合作对象也存在差异。"绿色卫士下三湘"项目主要与政府部门和社区合作；"绿色创客空间"项目则与北控水务集团等环保企业紧密合作；大界村驻村工作队校地合作项目则与地方政府和乡村社区合作；"环保铁军"计划项目则广泛吸纳行业企业参与合作；"卫星遥感实训基地"项目则与生态环境部卫星环境应用中心等科研机构合作。

4. 创新点不同

每个案例都有其独特的创新点。"绿色卫士下三湘"项目通过志愿服务与技术创新"双链融合"模式，探索了环保创新孵化的新路径；"绿色创客空间"项目则通过企业导师与院校科研团队"双向嵌入"机制，推动了校企协同育人的深入发展；大界村驻村工作队校地合作项目则通过校地合作，促进了乡村生态振兴；"环保铁军"计划项目则通过技术差序培养，构建了分层递进式的环保技术人才培养体系；"卫星遥感实训基地"项目则通过数字化赋能，推动了环保技术的数字化应用和创新发展。

二、学缘传创范式的优势与不足

（一）优势

1. 跨学科融合

学缘传创范式强调跨学科融合，打破了传统学科壁垒，促进了知识和技术的交叉融合。这种融合不仅有助于培养学生的创新思维和综合能力，还有助于推动环保技术的创新和发展。

2. 校企协同育人

学缘传创范式注重校企协同育人，通过与企业深度合作，共同开展科研项目，提供实训基地，搭建创新平台等，实现了资源共享和优势互补。这种协同育人模式不仅提升了学生的实践能力，还有助于推动环保技术的创新和应用。

3. 注重实践创新

学缘传创范式强调实践创新，通过志愿服务、校企合作、校地合作等多种方式，让学生在实践中学习环保知识，掌握环保技能，提升创新能力。这种实践创新模式不仅有助于培养学生的环保意识和社会责任感，还有助于推动环保技术的创新和发展。

4. 成果导向明确

学缘传创范式注重成果导向，强调将创新成果转化为实际应用。通过推动环保技术的创新和应用，为地方环境治理和可持续发展提供了有力支持。这种成果导向模式不仅有助于提升学生的实践能力和创新能力，还有助于推动环保技术的产业化和商业化发展。

5. 社会责任意识强

学缘传创范式强调学生的社会责任意识，通过参与志愿服务、环保宣教等活动，将环保理念传递给更多人。这种社会责任意识不仅有助于培养学生的公民素养和道德品质，还有助于推动环保事业的深入发展。

（二）不足

1. 资源分配不均

在学缘传创范式实施过程中，可能存在资源分配不均的问题。一些优势学科和热门领域可能获得更多的资源和支持，而一些冷门领域和新兴学科则可能面临资源匮乏的困境。这种资源分配不均的问题可能影响环保技术的全面发展和创新能力的提升。

2. 合作机制不完善

学缘传创范式强调校企合作和校地合作，但在实际操作中可能存在合作机制不完善的问题。例如，合作双方可能在利益分配、责任划分等方面存在分歧和矛盾；合作过程中可能出现沟通不畅、协调不力等问题。这些合作机制不完善的问题可能影响校企协同育人的效果和创新成果的转化。

3. 评价体系不健全

在学缘传创范式实施过程中，可能存在评价体系不健全的问题。目前，对于环保技术创新和人才培养的评价主要依赖于传统的学术指标和成果产出，而忽视了对学生实践能力、创新能力和社会责任感的综合评价。这种评价体系不健全的问题可能影响学生的全面发展和创新能力的提升。

4. 创新能力待提升

尽管学缘传创范式强调创新能力的培养，但在实际操作中可能存在创新能力待提升的问题。例如，学生在参与创新项目时可能缺乏独立思考和解决问题的能力；教师在指导学生创新时可能缺乏创新思维和方法论的引导。这些创新能力待提升的问题可能影响环保技术的创新和发展。

5. 政策支持不足

学缘传创范式的实施需要政策的大力支持，但在实际操作中可能存在政策支持不足的问题。例如，政府可能在资金、税收、人才等方面给予的支持不够充分；相关政策法规可能不够完善或执行不力。这些政策支持不足的问题可能影响学缘传创范式的深入实施和环保技术的创新发展。

三、学缘传创范式对"芯"质生态环境卫士培养的启示

（一）优化培养模式

1. 构建跨学科课程体系

为了培养具有跨学科知识和综合能力的"芯"质生态环境卫士，应构建跨学科课程体系。通过整合环境工程、环境科学、计算机科学等多个学科领域的知识和技能，形成系统完整、层次分明的课程体系。同时，应注重将创新创业教育融入课程体系中，培养学生的创新思维和创业能力。

2. 强化实践教学环节

实践教学是培养学生实践能力和创新能力的重要环节。应通过引入真实项目、建设实训基地、搭建创新平台等方式，强化实践教学环节，让学生在实践中学习环保知识，掌握环保技能，提升创新能力。同时，应建立完善的项目监控和评估机制，确保项目的顺利实施和有效管理。

3. 推动校企协同育人

校企协同育人是培养高素质环保技术技能人才的重要途径。应加强与企业的深度合作，共同开展科研项目、提供实训基地、搭建创新平台等。通过资源共享和优势互补，实现校企协同育人的深入发展。同时，应建立完善的合作机制和评价体系，确保校企协同育人的效果和质量。

4. 注重个性化发展

每个学生都有其独特的兴趣和特长。应注重个性化发展，根据学生的兴趣和职业规划提供个性化的培养方案。通过开设选修课程、提供个性化指导等方式，满足学生的不同需求和发展方向。同时，应建立完善的评价和反馈机制，及时了解学生的学习情况和成长需求，为个性化发展提供有力支持。

（二）加强资源整合

1. 整合校内资源

校内资源是培养学生环保意识和创新能力的重要基础。应整合校内的教学资源、科研资源、师资力量等资源，合力推动环保技术的创新和发展。同时，应建立完善的资源共享机制

和管理制度，确保校内资源的有效利用和可持续发展。

2. 拓展校外资源

校外资源是培养学生实践能力和创新能力的重要补充。应积极拓展校外资源，与政府部门、行业协会、环保企业等建立紧密的合作关系。通过资源共享和优势互补，实现校外资源的有效利用和可持续发展。同时，应建立完善的合作机制和评价体系，确保校外资源的有效利用和合作效果。

3. 推动产学研用深度融合

产学研用深度融合是推动环保技术创新和发展的重要途径。应加强与科研机构、企业的深度合作，共同开展科研项目，提供技术服务，推动成果转化等。通过产学研用深度融合，实现知识创新、技术创新和产业创新的协同发展。同时，应建立完善的合作机制和评价体系，确保产学研用深度融合的效果和质量。

4. 利用数字化技术赋能

数字化技术为环保技术创新和人才培养提供了新的机遇和挑战。应充分利用数字化技术赋能环保技术创新和人才培养。通过建设数字化平台、开发数字化工具、推广数字化应用等方式，提升环保技术的创新能力和人才培养的质量。同时，应建立完善的数字化管理体系和安全保障机制，确保数字化技术的有效利用和可持续发展。

（三）注重社会价值

1. 强化社会服务意识

社会服务意识是培养学生公民素养和道德品质的重要途径。应强化学生的社会服务意识，通过参与志愿服务、环保宣教等活动，将环保理念传递给更多人。同时，应建立完善的志愿服务体系和管理制度，确保志愿服务活动的有序开展和有效管理。

2. 推动环保技术应用

环保技术的应用是推动生态文明建设和可持续发展的重要手段。应积极推动环保技术的应用和推广，将创新成果转化为实际应用。通过提供技术服务、开展技术咨询、推动成果转化等方式，为地方环境治理和可持续发展提供有力支持。同时，应建立完善的技术服务和推广体系，确保环保技术的有效应用和可持续发展。

3. 参与环保政策制定

环保政策制定是推动生态文明建设和可持续发展的重要保障。应积极参与环保政策制定过程，为政府决策提供科学化支持。通过参与政策调研、提供专家咨询、推动政策实施等方式，为环保政策的制定和实施贡献智慧和力量。同时，应建立完善的政策参与和反馈机制，确保环保政策的有效性和可持续性。

4. 促进环保产业发展

环保产业的发展是推动生态文明建设和可持续发展的重要动力。应积极促进环保产业的发展和壮大，通过提供技术支持、推动产业创新、拓展市场应用等方式，为环保产业的发展提供有力支持。同时，应建立完善的产业发展和支持体系，确保环保产业的健康发展和可持续发展。

综上所述，通过优化培养模式、加强资源整合和注重社会价值等方面的努力，可以进一步提升"芯"质生态环境卫士的培养质量和社会影响力。同时，也可以为生态文明建设和可持续发展贡献更多的智慧和力量。

第五章
"芯"质生态环境卫士学缘传创培养模式的成效

随着全球环境问题日益严峻，环保事业已成为关乎人类未来发展的核心议题。在这一背景下，培养具有创新精神和社会责任感的环保人才显得尤为重要。长沙环境保护职业技术学院作为全国首批环境保护类高职院校，始终以服务国家生态文明建设为己任，积极探索并实践"学缘传创"培养模式，致力于培养兼具技术硬核能力、创新思维和社会责任感的"芯"质生态环境卫士。

在人才培养方面，学校以"学缘传创"模式为核心，构建了"以绿色技术硬核能力为基础、创新思维为驱动、社会责任为使命"的三维人才培养体系。通过"故事圈—过程圈—平台圈—支持圈"的协同联动，将环保情怀培育、技术能力提升、实践资源整合贯穿于人才培养的全过程。学校通过"环保先锋人物案例库""环保故事分享会"等活动，厚植学生的家国情怀，激发他们的职业认同感和责任感。

在科学研究方面，学校以"绿色硬核技术"为核心，聚焦环保领域的技术研发、智库服务和生态智策，推动科学研究与产业需求的深度融合。学校在低碳技术、污染治理、生态修复等重点领域取得了一系列突破性成果，并通过"产学研用"一体化模式，推动科研成果的快速转化和应用。学校不仅为企业提供了技术解决方案，还通过智库服务为政府环保政策的制定和实施提供了智力支持，助力区域生态环境治理和绿色产业发展。

在社会服务方面，学校通过技术服务、科普宣教、政策智库等多维度的社会服务，守护碧水蓝天净土，培育全民生态意识，服务政府科学决策，贡献中国环保方案。学校积极参与污染防治攻坚战，助力打赢"蓝天、碧水、净土"三大"保卫战"，并在乡村振兴、环境应急响应等领域展现了高度的责任感和专业能力。同时，学校通过环保科普宣教活动，培育全民生态意识，推动生态文明理念的广泛传播。

在文化传承创新方面，学校以"物我同舟，天人共泰"的校训为核心理念，将生态文明价值观深度融入创新创业人才培养全过程，形成了独具特色的文化传承与创新模式，通过"思政红"引领"生态绿"的"大思政课"育人体系，将校训精神与创新创业教育相结合，以培养学生的环保情怀与创新能力。同时，学校通过环保志愿服务、校企协同与校地合作等实践传承活动，将校训精神转化为实际行动，推动环保文化的社会化推广。

综上所述，本章将从人才培养、科学研究、社会服务和文化传承创新四个方面全面总结学校在"芯"质生态环境卫士培养方面的成效，详细阐述其具体实践和成果，展示其在推动生态文明建设中的重要作用。

第一节　人才培养效果：学子报国，护佑自然

长沙环境保护职业技术学院以"芯"质生态环境卫士培养为核心目标，深度融合"学缘传创"模式，构建了"以绿色技术硬核能力为基础、创新思维为驱动、社会责任为使命"的三维人才培养体系。通过"故事圈—过程圈—平台圈—支持圈"协同联动，将环保情怀培育、技术能力提升、实践资源整合贯穿人才培养全过程，并创新性融入"四感四会"（四感：职业认同感、职业责任感、职业自豪感、职业使命感；四会：会判断、会分析、会设计、会创新）培养目标，构建"技术＋创新＋责任"三位一体育人模式。

一、"故事圈"厚植家国情怀

学校依托湖南省红色文化资源与生态文明建设典型事例，开发"环保先锋人物案例库"，收录 30 余位环保领域杰出校友及行业专家的成长故事。通过"环保故事分享会""校友面对面"等活动，以真实案例为纽带，将家国情怀融入学生成长基因，形成"以人育人、以事启智、以情铸魂"的育人生态。

（一）榜样引领：校友故事激发职业认同感

学校深挖校友资源，将优秀校友的奋斗历程转化为鲜活教材。例如以下几位校友的故事。

（1）周孟春（2003 级安全技术与管理专业）　作为中建八局西南公司中南分公司市场部营销经理，他在 2020 年新型冠状病毒感染暴发时主动请缨，担任雷神山医院建设项目青年突击队队长，仅用 11 天完成医院建设，9 小时完成 700 间病房改造，创造了"中国速度"，他的事迹成为"责任担当"的典范。学校通过组织学生观看雷神山建设纪录片、开展"抗疫精神"主题班会，引导学生感悟"环保铁军"的使命担当。

（2）彭文华（2008 级环境管理专业）　作为常德市安乡生态环境监测站分析员，这位"90 后"基层监测员以"显微镜下的坚守"闻名。她通过反复实验将监测准确率提升 20%，总结的化学需氧量分析方法被全省推广。学校将其事迹编入《平凡中的伟大》案例集，并邀请她返校分享"从外行到专家"的蜕变历程。学生们深受触动，纷纷表示彭师姐的坚持让他们明白，环保事业需要"甘坐冷板凳"的精神。

（3）黄道兵（1983 级环境生态专业）　作为全国"最美基层环保人"，他将"常德生态环境"微信公众号粉丝从 400 人做到 15 万人，打造了全国排名前三的环保政务新媒体平台。学校开设的"新媒体与环保传播"选修课正是以黄道兵的实践经验为蓝本，指导学生策划环保科普短视频，激发学生用创新手段传播生态文明理念的热情。

（4）肖化胜（2012 级生物技术与应用专业）　作为湖南瑞智信环保科技有限公司创始人，肖化胜从实验室走向创业之路，研发出"微生物除臭菌剂"并获得国家专利。他的创业故事被纳入"环保先锋人物案例库"，并于 2024 年被选入湖南卫视安德胜赛道陈勇旭创新小组制作的大学生在湘创业纪录片《何以"湘"逢》，成为"创新与坚持"的典范。学校通过"校友面对面"活动，邀请肖化胜分享从实验室到市场的创业历程，激励学生将科研成果转

化为社会价值。肖化胜表示："母校的培养让我明白，环保事业不仅需要技术，更需要坚持与创新。"他的故事激发了学生对环保科技创新的热情，许多学生表示："肖师兄的经历让我们看到，环保创业不仅是一份事业，更是一份责任。"

（二）文化浸润：红色资源筑牢职业责任感

学校生长在湖南这片红色热土上，始终将革命精神与环保使命深度融合。

1. 打造"大思政课"育人共同体

学校党委将"大思政课"建设列为"一把手工程"，构建"领导、统筹、组织、执行"四位一体工作格局。党委书记、校长带头走进课堂授课，组建国家级教师创新团队，组织教师赴革命圣地研学，提升思政教师队伍素养。联合100余家单位成立全国生态环保产教融合共同体，建立政行研校企协同师资库，邀请全国"最美基层环保人"黄道兵等劳模工匠进校园授课，形成"思政课教师＋辅导员＋校外导师＋学生朋辈"联合育人机制，实现多元师资协同育人。

2. 搭建红色实践育人平台

学校与十八洞村等红色基地共建教学点，发起"长江大保护""大思政课"共同体，开展"行走的思政课"实践教学。牵头成立湖南省大中小学思政教育一体化联盟，推动集体备课与资源共享。打造"绿色卫士名师宣讲团"等品牌，开展生态文明宣讲，年均超万人次，学生志愿服务获全国金奖。构建"两网两端两微两号全媒体矩阵"，创作"图说思政"等特色内容，获评"全国优秀易班共建高校"。组织学生赴韶山、湘江战役纪念馆等地开展"红色＋绿色"主题研学，在湘江畔，学生聆听校友李华明治理重金属污染的艰辛历程，感受"守护母亲河"的责任，在韶山，通过"环保宣誓仪式"，将"绿水青山就是金山银山"的理念与革命先辈的奉献精神相结合。

3. 将"四史"教育融入课程

学校在环境政策与法规课程中引入"长江经济带生态修复""洞庭湖湿地生态修复项目"等案例，剖析生态文明建设的战略决策以及成效。学生通过撰写"生态治理中的党员担当"等主题报告，深化对环保事业政治属性的认知。

（三）实践赋能：基层体验强化职业自豪感

学校设计"沉浸式基层体验"项目，让学生在实践中感受环保工作的价值。

1. "溯源母亲河"行动

大一新生参与湘江水质监测志愿活动，沿江采集样本并分析污染源。2022级学生在实践日志中写道："当我发现一处隐蔽排污口时，第一次体会到'环保卫士'四个字的分量。"

2. "乡村生态振兴"计划

学校的三下乡团队成功入选2023年"圆梦工程"服务农村未成年人传承优秀传统文化志愿服务团队，在湖南省永州市宁远县大界村开展志愿服务，陪伴帮扶大界村及周边村落的留守儿童，通过蜡染、剪纸、绘画、根雕等艺术形式开展美育实践，传承剪纸、蜡染等优秀传统文化，让乡村的留守儿童也能接触艺术，学习中华优秀传统文化，开发孩子们的潜能，提升孩子们的审美能力、创造美、发现美的能力。

二、"过程圈"强化技术能力

学校以"学缘传创"模式为引领，通过"过程圈"系统性设计，构建"课程奠基—实践锤炼—校企协同—认证提升"四位一体的技术能力培养链,将环保技术硬核能力锻造贯穿人才培养全过程。依托行业前沿技术、校企双元协同、技能竞赛驱动和终身学习机制,培养具有"会判断、会分析、会设计、会创新"能力的复合型环保技术人才。

(一)课程体系夯实技术基础:模块化教学对接行业需求

学校紧扣环保产业技术变革,构建"基础模块＋核心模块＋拓展模块"的阶梯式课程体系,实现了技术能力培养与行业需求的精准对接。

1. 基础模块:筑牢绿色技术根基

学校开设环境监测技术、水污染控制技术、大气污染治理等核心课程,并在课程中融入"1＋X"证书标准。例如,环境监测技术课程采用"理论＋虚拟仿真"的教学模式,学生通过 VR 设备模拟重金属污染监测全流程,掌握原子吸收光谱仪等高端仪器的操作技能。课程团队开发的环境监测虚拟仿真实验项目获评"国家级职业教育虚拟仿真示范项目"。

2. 核心模块:聚焦行业技术前沿

针对环保行业智能化、低碳化的趋势,学校新增智慧环保系统设计、碳监测与核算技术等课程。2023 年,学校与北控水务集团联合开发工业废水 AI 诊断与优化课程,引入企业真实案例库,学生可通过分析制药厂废水处理数据设计智能调控方案,实现了 COD 去除率提升的实训目标。

3. 拓展模块:培养跨界融合能力

学校开设环保设备机械设计、环境大数据分析等跨学科课程,强化"环保＋智能"复合能力。例如,校友邓涛(1994 级环境管理专业)主导的"5J 创新工作法"被纳入环卫设施设计与优化课程案例,学生通过仿制其"防盗式废弃口罩收集箱"模型,掌握了机械设计与环保需求融合的关键技术。

(二)实践教学锤炼实操能力:项目化驱动真实情境育人

学校以"真实项目、真实场景、真实问题"为导向,构建了"基础实训—综合实训—创新实训"的三级实践体系,全面提升学生的技术应用能力。

1. 基础实训:标准化技能养成

学校依托校内"环保技术实训中心"建设了水处理工艺仿真车间、大气污染控制模拟平台等 18 个实训室。学生在大一阶段完成"污水处理厂工艺调试""烟气在线监测设备运维"等标准化实训项目,技能达标率达 98%。2022 级学生在实训日志中写道:"第一次独立完成活性污泥法调试时,我才真正理解'技术硬核'的含义。"

2. 综合实训:全流程项目实战

学校联合行业龙头企业开展综合实训。学生分组完成方案设计、设备选型、施工监理全流程任务。校友周孟春作为企业导师,指导学生运用 BIM 技术优化管网布局,节省施工成本 12%。

3. 创新实训:挑战性技术攻关

学校设立"环保技术创新工坊",鼓励学生参与技术难题攻关。校友彭文华提出的"化学需氧量快速检测法"被转化为创新实训课题,学生团队通过优化试剂配比,将检测时间从 2 小时缩短至 40 分钟,相关成果获国家实用新型专利授权。

（三）校企协同深化技术应用：双元育人破解产业痛点

学校构建了"校企双主体、资源双循环、成果双转化"的协同机制，以推动技术能力培养与产业需求的深度融合。

1. 合作开发教材：实施校企合作

学校实施校企合作共同开发编写教材建设项目，开发与生产、服务对接的优质教材，已出版《清洁生产审核》《环境法规》《环境微生物》等教材50余部，其中多部教材入选"十四五"职业教育国家规划教材或荣获全国优秀教材奖。依托学校的数智生态环境技术开放型区域产教融合实践中心等实体平台，与生态环境部卫星环境应用中心、北控水务集团股份有限公司等龙头单位深度合作，引入合作单位的生产性优质素材资源和培训资源，开发活页式教材和工作手册式教材，并推动实施数字教材立项建设项目，依托国家级、省级高水平职业教育在线精品课程组织开发出版新一版数字教材。

2. 双导师制：企业专家全程介入

学校构建素质优良、专兼结合的创新创业师资队伍。学校拥有就业创业导师库成员73人，并出台了《兼职教师管理办法》，首批正式聘任34名优秀校友作为兼职创新创业导师，后备涵盖3000余名优秀校友的创新创业导师资源库，充分利用校友资源推动创新创业工作。

3. 订单式培养：精准对接岗位需求

学校与北控水务等企业共建"智慧水务工程师班""环保装备运维班"等订单班，定制化培养技术人才。2023届订单班学生表示："企业提供的训练，让我入职首月就能独立处理现场问题。"

4. 技术反哺：师生助力企业升级

学校师生团队深度参与企业技术改造。例如，针对校友黄道兵提出的"农村分散式污水处理设施运维难"的问题，通过物联网技术实现远程监控与预警，运维效率提升30%，并在湖南省推广覆盖200余个行政村。

三、"平台圈"赋能实践创新

学校以"学缘传创"模式为引领，通过"平台圈"系统性整合校内外资源，构建"校企共建实验室—产教融合基地—双创孵化中心—国际合作平台"四位一体的实践创新生态链，形成"资源集聚、能力跃升、成果转化、全球辐射"的实践育人体系。依托国家级科研平台、产业学院、国际联盟等载体，赋能学生创新思维与实践能力的深度融合，培养具有技术攻关、成果转化和国际竞争力的复合型"芯"质生态环境卫士。

（一）校企共建创新实验室：技术研发与教学深度融合

学校以"产学研用"一体化为导向，联合行业龙头企业共建高水平实验室，将企业真实技术难题转化为教学与科研项目，实现"技术研发反哺教学、学生实践驱动创新"的良性循环。

1. 国家级科研平台：支撑技术攻关

学校依托"生态环境部卫星环境应用中心湖南遥感应用（数据解译）基地""湖南省自然保护地监管政策与技术研究中心"等省部级平台开展前沿技术攻关。例如，（数据解译）基地在2022~2024年，完成长江流域重要河湖岸线缓冲带土地利用类型解译项目，学生参与率达 100％，解译精度达 95％以上，支撑国家长江经济带水生态环境考核工作。学校与北控水务集团共建"智慧水务联合实验室"，学生团队通过分析污水处理厂实时数据优化工艺参数，使 COD 去除率提升 18％，相关成果获国家发明专利 3 项。

2. 企业导师：引领项目化教学

学校引入企业技术骨干担任实验室导师，将行业新技术、新标准融入课程。近三年，校企共建实验室累计开发教学案例库 120 项，覆盖水、气、固废治理全领域。

3. 虚拟仿真技术：破解实践难题

学校针对高污染、高风险的环保场景，建设"环境监测虚拟仿真中心"，开发"重金属污染应急监测"等虚拟实训项目。学生通过 VR 设备沉浸式演练应急处置流程，实训考核通过率达 98％。2022 级学生表示："虚拟仿真让我在安全环境下掌握了危废处理的核心技术，为真实场景操作打下坚实基础。"

（二）产教融合实训基地：真实场景下的技能锤炼

学校以"真环境、真项目、真岗位"为目标，建设多层次产教融合实训基地，构建从基础技能到综合创新的递进式实践体系。

1. 校园污水处理平台：教学与生产的"无缝衔接"

学校的"校园污水处理厂"是全国高校首个融合教学科研一体化的污水处理平台，日处理量达 2000 吨。学生从大一开始参与"工艺调试—设备运维—水质监测"全流程实践，年均 3000 余人完成实训任务。2023 年，学生团队设计"活性污泥法优化方案"，使处理效率提升 15％。

2. 智能监测实训基地：对接行业智能化转型

学校与力合科技（湖南）股份有限公司共建的"智慧监测产业学院"引入大气自动在线监测系统、水质多参数分析仪等先进设备。学生通过"企业工单制"实训模式，完成"工业园区 VOCs 溯源分析""农村饮用水安全评估"等项目，年均输出技术报告 200 余份。

3. 生态修复示范基地：服务乡村振兴战略

学校在湘西土家族苗族自治州建立"矿山生态修复实训基地"，学生参与"尾矿库复绿""土壤重金属钝化"等项目。基地累计培养基层生态修复技术骨干 500 余人，服务湖南省"千村示范、万村整治"工程。

（三）双创孵化平台：培育环保科技新生力量

学校构建"课程启蒙—竞赛锤炼—项目孵化—创业扶持"全链条双创生态，激发学生创新潜能，推动科技成果转化。

学校成立了"大学生众创空间"平台，于 2024 年获得湖南省科学技术厅省级众创空间备案。该平台是集"政策咨询、指导培训、项目诊断和实践孵化"为一体的专业性双创服务平台，设有管理办公室、路演厅、直播室、会议室、洽谈室等，占地面积 948 余平方米，为自主创业学生提供创业指导服务、场地和经费等。目前，已有 4 家企业和 10 个创业团队入驻，成立以来孵化企业 8 家，其中 2024 年孵化项目成立新企业 3 家。项目类型包含环境监测、环境工程、环境管理与评价、生态环境修复、环境艺术设计、食品检验检测技术及电子商务等。

"大学生众创空间"成立以来，创建"创业导师辅导—众创空间扶持—引入社会投融资"三位一体的孵化体系，入驻团队在"互联网＋"大学生创新创业大赛、"挑战杯"等赛事中表现出色，荣获国家省级荣誉、奖项共 31 项。2024 年，《"藻"耀未来——绿藻一体化农村污水高效处理系统》项目荣获第十四届"挑战杯"秦创原中国大学生创业计划竞赛金奖，《蓝天"微"士——新型复合微生物制剂大气治理领航者》项目荣获中国国际大学生创新大赛职教赛道创业组银奖等成绩。

四、"支持圈"托举就业创业

学校注重社会资本的系统化整合与创新性运用。通过构建校友网络赋能、社会资本整合、信任机制共建、政策协同优化、信息生态构建"五位一体"的支持体系，不仅有效激活了学生创新创业的内生动力，更在环保领域形成了资源汇聚、协同发展的生态闭环，体现了"学缘传创"育人模式的力量。

（一）校友网络赋能，跨领域导师联盟提供资源对接与经验共享

学校依托环保行业校友资源优势，构建起覆盖技术研发、企业管理、政策咨询等多领域的校友资源池。为强化校友资源的常态化联动，学校设立"众创空间"，定期举办"环保创客沙龙"，邀请校友企业家分享行业趋势与实战经验。2022 年，校友企业山东清源环保科技有限公司联合学校发起"环保技术众创计划"，为在校生提供 20 个技术验证项目，其中"基于 AI 的垃圾分类智能监测系统"被长沙市城市管理局采纳试点。通过"校友—导师—学生"三级联动机制，学生团队可快速对接行业资源，缩短技术转化周期，形成"以老带新、以产哺学"的良性循环。

（二）社会资本整合，多维关系网络链接资金、技术与市场资源池

学校以环保产业需求为导向，搭建"政企校社"四维资源整合平台。一方面，与湖南省环保产业协会共建"环保创新创业基金"，联合永清环保等龙头企业设立专项扶持资金；另一方面，依托国家级平台"教育部省部共建协同创新中心"，建立"技术需求—科研攻关—成果转化"链条，通过校企合作平台实现技术转让。针对环保行业市场资源分散的特点，学校构建"环保产业链资源图谱"，分类整合 200 余家合作企业的技术需求与采购清单。这种"需求牵引、资源集成"的模式，有效破解了学生创业初期资源匮乏的痛点。

（三）信任机制共建，契约化合作框架增强创业团队协同效能

为强化信用体系建设，学校建立"环保创客社群网络""环保创投路演日"等线上社区，通过线上社区实时链接 2000 余名行业专家与投资人。以与北控水务集团的合作为例，自 2014 年起，学校与北控水务集团有限公司携手合作，共同探索和实践高等职业教育人才培养的新路径。双方的合作不仅涵盖了订单式培养、现代学徒制、产业学院共建等多个方面，还积极融入行业产教融合共同体和产教融合实践中心的建设，旨在实现教育资源与企业需求的精准对接，培养适应行业发展需求的高素质技能人才。在过去的合作历程中，双方共同见证了多个里程碑式的成果。从北控水务订单班的成立，到长沙环境保护职业技术学院-北控水务产业学院的揭牌，从参与全国生态环保行业产教融合共同体的构建，到成功申报资源循环工程职业本科专业，每一次合作都见证了校企双方对人才培养和产教融合的坚定承诺与不懈努力。

第二节 科学研究效果：创新引领，生态智策

长沙环境保护职业技术学院在"学缘传创"模式的指导下，以"绿色硬核技术"为核心，聚焦环保领域的技术研发、智库服务和生态智策，推动科学研究与产业需求的深度融合，形成了"创新引领、生态智策"的科研特色，为区域生态环境治理和绿色产业发展提供了强有力的技术支撑和智力支持。学校通过"产学研用"一体化模式，不仅在技术研发方面取得了显著成果，还在政策咨询、产业升级、生态治理等领域发挥了重要作用，推动了环保技术的创新与应用。

一、技术研发：聚焦"绿色硬核技术"攻关

（一）重点领域突破

学校围绕国家生态文明建设和"双碳"目标，聚焦环保领域的绿色硬核技术，在低碳技术研发、污染治理、生态修复等重点领域取得了一系列突破性成果。近年来，学校依托对外技术服务实体，帮助企业实现节能减排，降低生产成本，促进资源循环利用，折合直接经济效益近4亿元。

1. 低碳技术研发

学校紧密围绕湖南省生态文明建设战略部署，积极服务于绿色、低碳、减排等领域，精准定位培养高素质、技能型、创新型人才的培养目标，以当地经济发展为契机，加强"政、校、行、企"四方联动，实施"教、学、做、用"一揽子人才培养模式，为区域绿色低碳产业的转型升级提供有力的人才支撑。据统计，企业年减少二氧化碳排放量达10万吨，显著降低了碳排放强度，表明学校助力企业实现绿色转型取得良好效果。

2. 污染治理技术创新

学校在污染治理领域的技术研发成果丰硕，尤其是在水污染和大气污染治理领域。学校研究团队研发的"微生物除臭菌剂"专利，利用"微生物＋治理设备＋智能监控"的模式，形成了一套完整的、智能化的恶臭气体控制、高难度污水处理、餐厨垃圾处理的核心治理体系。该技术已成功应用于湖南省乃至全国多个城市固体废物处理场，有效解决了恶臭污染问题，提升了城市环境质量。

3. 生态修复技术突破

学校在生态修复领域的技术研发也取得了重要进展。针对湖南省尾矿库的环境污染问题，学校研发了尾矿库生态修复技术，通过植被恢复、土壤改良和微生物修复等手段，成功修复了多个尾矿库，恢复了当地的生态环境。该技术已被纳入《湖南省尾矿库污染防治技术指南》，并在全省范围内推广应用。

（二）成果转化路径

学校通过"产学研用"一体化模式，推动科研成果的快速转化和应用。近年来，学校共授权了12项实用新型专利，涵盖了污水处理、大气污染治理、生态修复等多个领域。学校

注重知识产权的保护和应用，积极推动科研成果的市场化。

1. 专利技术应用

学校的"微生物除臭菌剂"专利技术已在湖南省多个城市固体废物处理场成功应用，解决了恶臭污染问题，提升了城市环境质量。此外，学校研发的"智能污水处理系统"专利技术，已在湖南省多家污水处理厂推广应用，显著提高了污水处理效率，降低了运营成本。

2. 技术转让与合作

学校与多家企业签订了技术转让协议，推动科研成果的市场化应用。（绿色摇篮）

二、智库服务：助力"政策—产业—生态"协同治理

（一）政策咨询输出

学校充分发挥科研优势，为政府环保政策的制定和实施提供智力支持。学校科研团队积极参与地方环保标准的制定，并为生态环保重大战略提供决策依据。

1. 参与制定地方环保标准

学校科研团队参与编制了《陶瓷工业废气治理工程技术规范》《湖南省环境保护条例》等国家和地方标准50余项。以参与制定的《湖南省农村生活污水处理设施水污染物排放标准》为例，结合湖南省农村地区的实际情况，提出了适合农村地区的污水处理技术路线和标准。该标准的实施为湖南省农村污水治理提供了科学依据，推动了农村环境质量的改善。

2. 服务生态环保重大战略

学校高质量完成全国污染源普查、全国饮用水源地调查、全国土壤污染源普查、全国自然保护地与生物多样性监测、长江经济带战略环评"三线一单"等国家和省级生态环保重大专项，锤炼了一支技术过硬的人才队伍，为全省乃至全国的生态环保工作提供智力支持与技术保障，是全省环保行业的关键智库。

（二）产业升级支撑

学校通过技术研发和成果转化，为环保产业的升级提供了强有力的支撑。学校不仅为企业提供了技术解决方案，还通过开发"碳足迹核算平台"等工具，帮助企业实现绿色低碳转型。

1. 为企业提供技术解决方案

学校与湖南钢铁集团合作，为其设计了"超低排放改造方案"。通过采用先进的脱硫脱硝技术和智能化控制系统，湖南钢铁集团的污染物排放量显著降低，达到了国家超低排放标准。该方案的成功实施，不仅为企业节省了大量的运行成本，还提升了企业的环保水平。

2. 开发"碳足迹核算平台"

学校研发的"碳足迹核算平台"能够帮助企业准确核算产品生命周期内的碳排放量，并提供减排建议。目前，该平台已在湖南省多家制造企业推广应用，帮助企业实现了绿色低碳转型。例如，湖南省某制造企业通过使用该平台，成功将其产品的碳排放量降低了15%，显著提升了该企业的市场竞争力。

三、生态智策：推动区域生态环境治理

学校在生态智策方面也取得了显著成效，特别是在区域生态环境治理和绿色产业发展方面。学校通过技术研发和智库服务，为地方政府和企业提供了科学决策依据，推动了区域生态环境的改善。

1. 区域生态环境治理

学校编制的"三线一单"水环境质量底线项目成果于 2020 年经湖南省人民政府审议发布并实施。2021 年，学校编制的《湖南省尾矿库污染防治技术指南》为全面掌握湖南省尾矿库运营状况、防治尾矿库环境污染提供了重要的决策依据。学校与 500 余家企业深度合作，联合技术攻关开发 30 余项污染物深度治理新型实用技术，为 3000 余家企业提供清洁审查审核等降碳降耗技术咨询服务方案，助力湖南省有色金属冶金等典型行业能耗降低 20% 以上；产教融合成果转化率高，多项技术在超 500 家企业应用，新增经济效益超 10 亿元；开展超 300 场绿色低碳科普活动，受益群众超 60 万人次。

2. 绿色产业发展

学校通过技术研发和成果转化，推动了湖南省绿色产业的发展。学校与多家环保企业合作，共同开发了"智慧环保系统"，帮助企业实现环保管理的智能化和精细化。此外，学校还通过"碳足迹核算平台"等工具，帮助企业实现绿色低碳转型，推动了湖南省绿色产业的快速发展。

四、国际合作与交流

学校积极开展国际合作与交流，推动环保技术的全球化应用。学校与多个国际组织和机构合作，参与了多个国际环保项目。

1. 牵头实施高水平国际化科研项目

学校负责牵头实施的联合国开发计划署-全球环境基金 ABS 项目（湖南省试点）于 2021 年 9 月至 2022 年 1 月通过了联合国开发计划署组织的国内外独立专家的终期评估，得到了"高度满意"的评价（最高评价等级）。自项目实施以来，湖南在生物遗传资源和相关传统知识获取与分享的本底调查、立法及法律实践、试点物种的生物多样性保护、培训宣传等方面取得了重要成果，按计划完成了各项任务。项目重要成果之一——《湘西土家族苗族自治州生物多样性保护条例》已于 2020 年 10 月 1 日起正式施行。该《条例》是我国第一部地市级生物多样性保护地方性法规，是履行《生物多样性公约》国家在我省试点示范工作的结果，标志着我省生物多样性保护管理进入了规范化、法治化轨道，促进生物多样性保护将取得更大成效。

2. 充分发挥国培基地优势，服务"一带一路"

学校构建了立足湖南、面向中西部省份、辐射全国及"一带一路"共建国家的跨区域的专业技术培训体系。2021 年 9 月，远在万里之外的赞比亚、毛里求斯、埃塞俄比亚、南苏丹共和国等国家的 21 位学员，线上参与学校承办的"发展中国家生态环境保护与管理官员研修班"，省内外专家学者们以专题讲座、案例分析、交流研讨和"云参观"的形式，全面分享了湖南在生态环境保护领域的经验和做法，广获学员点赞。随着生态环保理念的不断深入，学校培训中心成功完成"发展中国家生态环境保护与管理官员研修班""加纳污染防治与垃圾处理研修班""非洲国家绿色使者'研修班'"等多期培训项目，进一步打开了干部

培训国际合作的新渠道。

第三节 社会服务效果：惠泽民生，绿动社会

学校作为全国首批环境保护类高职院校，始终以服务国家生态文明建设为己任，秉承"学缘传创"理念，通过技术服务、科普宣教和国际援助等多维度的社会服务，守护"蓝天、碧水、净土"，培育全民生态意识，服务政府科学决策，贡献中国环保方案，为区域和全球的绿色发展注入了强劲动力。

一、技术服务民生：守护"蓝天、碧水、净土"

（一）污染防治攻坚：助力打赢三大"保卫战"

学校充分发挥环保技术优势，积极参与污染防治攻坚战，助力打赢"蓝天、碧水、净土"三大"保卫战"。

学校圆满完成全国第一、二次污染源普查任务，累计完成 4251 家企业污染源调查；2018、2020 年承担长沙、岳阳、常德 3 个地市的重点行业企业用地土壤污染状况调查，项目合同金额 1192.33 万元；2017～2021 年，联系走访湖南省 14 个市州和长沙市各县市区排污单位 3000 余家，实现了湖南省固定污染源排污许可发证和登记的全覆盖，项目合同金额约 270 万元；2018～2021 年，承担长沙、株洲、益阳、常德、岳阳 5 个地市 358 个尾矿库的环境基础信息采集，项目合同金额 90 万元。

（二）乡村振兴赋能：破解农村环保难题

学校积极响应国家乡村振兴战略，聚焦农村环保难题，提供技术支持和解决方案。

1. 培养乡村本土人才

学校发挥科研、人才优势，聚焦乡村振兴需求，加强与湖南省永州市本地高校合作，建立"长沙环境保护职业技术学院农民培训学院"。结合宁远县特色产业，开展绿色食品研发、直播带货等方面的"技能＋产业帮扶"专题培训，围绕乡村振兴开展低碳生活、生态农业、环境健康等方面的"技能＋生态环境保护"专题培训。采用线上线下相结合的方式，培训村民 2000 余人，把农业技术教给农民，把政策讲给农民，培养适合现代农业发展的新时代农民。

2. 吸引返乡人才回流

学校协同县镇村实施系列激励政策，吸引在城市中积累了一定经验和资源的乡村出身人才回流。通过营造良好的创业环境，为返乡人才提供必要的基础设施和公共服务。通过组织各类文化活动和节庆活动，让返乡人才重新认识和体验乡土乡情，激发他们参与乡村振兴的热情。通过宣传和推广成功的人才回流案例，增强人才对家乡的认同感和归属感。

3. 激发人才创新活力

学校坚持党建引领，聚焦基层党员和党性教育，重点培养乡村基层党员干部，发挥学校生态环保专业优势，开展低碳生活、生态农业、环境健康等方面的"技能＋生态环境保护"

专题培训。整合当地"土专家""土秀才"，加大新型职业农民培育力度，重点培养懂规划、懂运营、爱农村的复合型人才，激发人才干事创业活力。

4. 推进农村生态治理

以 2024 年度为例，学校成功孵化 6 个特色鲜明且极具潜力的项目。"互联网＋"大赛成果丰硕，蓝天"微"士项目助力乡村大气治理，"'藻'耀未来——绿藻一体化农村污水高效处理系统"项目荣获第十四届"挑战杯"秦创原中国大学生创业计划竞赛国赛金奖，为解决乡村生活污水及农业面源污染提供了创新且高效的解决方案，有效改善了乡村水域生态，提升了乡村水资源质量。积极鼓励学生将竞赛成果转化为创业项目，以创新推动创业，以创业带动就业联动，涵盖技术研发、生产加工、市场营销、旅游服务等多个领域，为乡村创造就业机会，同时拓宽学生高质量就业路子，为乡村振兴战略提供有力的人才支撑与产业活力源泉。

（三）应急响应担当：筑牢环境安全防线

学校在环境应急响应领域展现了高度的责任感和专业能力，多次参与重大环境突发事件的处理。

1. 生态环境保护综合行政执法省级实战实训

2023 年 10 月，湖南省生态环境保护综合行政执法省级实战实训基地在我校挂牌成立，该基地由湖南省生态环境厅和我校共同建设。学校紧扣打造生态环境执法尖兵的基地建设定位，紧盯全省重点产业企业，统筹制订培训计划，以在线数据监控，大气生态环境、水环境、固体废物、噪声现场执法与非现场执法，无人机、卫星遥感监控，便携式执法装备运用等执法技能为实训科目，依托学校优秀的师资团队、成效显著的育人模式、高水平的社会服务能力、国家级的生态环境培训基地、覆盖生态环境全领域的专业设置，将基地打造成全省生态环境执法队伍专业理论培训、实操演练和实战模拟教学为一体的"练兵场"和"竞技场"。下一步，学校将和湖南省生态环境厅共享资源、通力合作，进一步完善和打造"理论＋实践""专家＋实战"的实战实训体系，以更高标准、更严要求，着力构建"教、学、训、练、战"一体化的实战实训基地，为进一步提升全省生态环境保护综合行政执法队伍业务能力水平贡献新的力量。

2. 生态环境监测专业技术人员大比武

全省生态环境监测专业技术人员大比武是全省性的职业技能重要竞赛之一，对全省生态文明建设和生态环境保护工作意义重大。学校连续七届承办该活动。在 2023 年湖南省第十六届生态环境监测专业技术人员大比武中，教师欧阳彬在社会机构环境噪声与振动监测组一举夺魁，获得个人一等奖与环境噪声与振动监测工种第 1 名，并由此荣获"湖南省五一劳动奖章""湖南省技术能手""湖南省巾帼建功标兵"等荣誉。这次大比武中，和她同台比赛的人员中不乏其指导和培训过的学生，他们也取得了不错的成绩。如浏阳生态环境监测站的王静是其 2006 年的学生，获县市分析组二等奖。师生同台，双双得奖，一时传为佳话。

二、环保科普宣教：培育全民生态意识

（一）社会培训品牌优质

学校是生态环境部"国家环境保护培训基地"、人力资源和社会保障部"国家级专业技术人员继续教育基地"。学校高质量承办了生态环境部、人力资源和社会保障部、中国环境

监测总站、湖南省生态环境厅等干部培训项目，联合举办发展中国家生态环境保护与官员管理研修班等商务部援外培训项目，与浙江、湖北、四川等 14 个省建立环保干部培训合作关系。学校每年开展全国各级各类培训 50 余期，完成若干线上线下干部培训、职业技能培训、农民学院和社区培训等服务，共计培训 2 万余人次。

（二）生态环保科普基地开放共享

学校是"湖南省教育科学研究基地""湖南省环境保护与教育科普基地"。通过开放环保教育基地，打造沉浸式环保教育场景。组建"绿色卫士名师宣讲团""学生志愿服务团队"等生态环保教育和生态文明思想宣讲队伍，现有志愿者数千人；创建"我是生态环境讲解员""入学第一课""生态科普进社区"等多个环保科普品牌，开展多样化环保宣讲活动，受众人群每年达 2 万余人次。环保科普馆作为湖南省环境保护与教育科普基地，在全国科普日、科技工作者日、六五环境日等各种环保节日向社会开放，每年接受校内学生参观学习上百次，开展主题科普活动数十次，科普馆参观受众群众每年达 1 万余人次。以暑期"三下乡"、志愿服务、社会实践等活动为载体，深入社区、学校、企业、乡村开展生态环保公益服务，形成多主体、多载体、多阶段、多形式的服务体系，举办志愿实践服务活动 280 余场，服务社区居民、学生、企业员工等 2 万余人，打造了"绿色卫士下三湘"这个具有全国影响力的生态环境志愿服务品牌，获国家级及省级奖励 15 项。学校"绿色卫士名师宣讲团"被省文明办、省生态环境厅联合授予"湖南好人—最美生态环境保护者"荣誉称号，1 名学生的环保志愿服务项目获中国青年志愿服务大赛金奖，1 名教师被生态环境部、中央文明办评为"2022 年百名最美生态环境志愿者"。

第四节　文化传承创新效果：物我同舟，天人共泰

长沙环境保护职业技术学院以校训"物我同舟，天人共泰"为核心理念，将生态文明价值观深度融入创新创业人才培养全过程，形成了独具特色的文化传承与创新模式。通过"学缘传创"模式的实践，学校不仅培养了一批具有环保情怀与创新能力的学子，更在文化传承与创新方面取得了显著成效，为生态文明建设注入了深厚的文化动力。

一、理念浸润："思政红"引领"生态绿"

（一）校训精神与生态文明教育的深度融合

作为全国首所环保类高职院校，学校秉持"物我同舟，天人共泰"的校训精神，以"三全育人"综合改革为抓手，创新构建"思政红"＋"生态绿"的"大思政课"育人体系，为生态文明建设培养了一大批兼具家国情怀与专业素养的高素质技术技能人才。

1. 课程思政改革

学校开设了"生态文明思想""环保文化传承与创新"等特色课程，系统阐释校训的深刻内涵及其在当代环保实践中的应用价值。

2. 沉浸式教学模式

学校构建了"一课一景"的沉浸式教学模式，将生态美景、产业转型、科技创新、乡村

振兴等场景融入课堂，强化学生"四个自信"。

3. 三位一体培养体系

学校构建了"生态润心"立德、"项目淬身"赋能、"创新活源"增值的三位一体培养体系，将工匠精神融入专业教育，培养"三特"环保铁军。

（二）校训文化的可视化与体验化

1. 校训文化长廊

学校打造"校训文化长廊"，以"物我同舟"为主题，展示环保领域的文化传承与创新成果。通过环保主题话剧、生态摄影展等活动，有效提升了师生对校训理念的认同感。

2. 环保主题文化活动

学校通过环保主题话剧、生态摄影展等活动，将校训理念融入校园文化生活中。例如，在"绿色卫士下三湘"项目中，学生通过参与环保志愿服务，将校训精神转化为实际行动。

二、实践传承：校训指导下的环保文化行动化表达

（一）环保志愿服务与社会实践

1. "大手拉小手"环保志愿服务项目

学校"大手拉小手"环保志愿服务社会实践项目，充分结合专业优势与社会热点，聚焦环保领域专项问题，构建了以培养实践能力、创新精神、社会责任为目标的全员化、精准化、协同化实践育人模式。通过"1＋2＋N"的模式，即政府部门、专家学者、环保企业的"大手"拉起大学生志愿者的"小手"，大学生志愿者的"大手"拉起中小学生的"小手"，中小学生的"大手"拉起长辈的"小手"。项目启动以来，参与服务的注册志愿者累计超过10万人次，志愿者从单纯的宣传员、服务者变为观察员、取证者，普通民众从单一的被动接受到共同参与，赢得了良好的社会声誉。项目曾获2016年第三届中国青年志愿服务项目大赛"金奖"，在全国第十一届中国青年志愿服务大赛上喜获"优秀项目奖""优秀组织奖"。

2. "绿色卫士下三湘"项目

学校以暑期三下乡、志愿服务、社会实践等活动为载体，深入社区、学校、企业、乡村开展生态环保公益服务，形成多主体、多载体、多阶段、多形式的服务体系。举办志愿实践服务活动280余场，服务社区居民、学生、企业员工等2万余人，打造了"绿色卫士下三湘"这个具有全国影响力的生态环境志愿服务品牌，获国家级及省级奖励15项。

（二）校企协同与校地合作的环保实践

1. 北控产业学院：校企协同

学校与北控水务集团合作，通过"绿色创客空间"项目，推动校企协同育人。学生在企业导师的指导下，参与真实环保项目的研发与应用，将校训精神转化为技术创新和创业实践。

2. 大界村驻村工作队：校地合作

学校帮扶对口大界村开展生态振兴实践项目。通过推广生态农业技术、建设污水处理设施等方式，助力乡村生态振兴。学生在校地合作项目中，将校训理念转化为实际行动，推动乡村环保事业的发展。

三、文化辐射：校训指导下的环保理念社会化推广

（一）环保科普与公众教育

1. "绿色卫士名师宣讲团"

学校"绿色卫士名师宣讲团"由专业背景深厚、行业知名专家和教授组成，宣讲内容涉及水、气、土壤等生态环境保护专业知识，旨在唤醒公众人与自然和谐共生的观念。宣讲团以技术服务社会，组建技术团队，出色完成国家生态环保重点任务，助力污染防治攻坚。

2. 环保科普品牌活动

学校创建了"我是生态环境讲解员""入学第一课""生态科普进社区"等多个环保科普品牌，开展多样化环保宣讲活动，受众人群每年达 2 万余人次。环保科普馆作为湖南省环境保护与教育科普基地，在全国科普日、科技工作者日、六五环境日等各种环保节日向社会开放，每年接受校内学生参观学习上百次，开展主题科普活动数十次，科普馆参观受众群众每年达 1 万余人次。

（二）环保理念的社会化推广

学校通过"文化输出＋社会联动"模式，将生态文明理念辐射至更广泛的社会领域。例如，学校"绿色卫士名师宣讲团"被省文明办、省生态环境厅联合授予"湖南好人·最美生态环境保护者"荣誉称号，1 名学生环保志愿服务项目获中国青年志愿服务大赛金奖，1 名教师被生态环境部、中央文明办评为"2022 年百名最美生态环境志愿者"。

四、高校职能文化传承与创新："学缘传创"的实践路径

（一）传承价值以立魂：校训精神的传承与创新

1. 校训精神的传承

学校通过"物我同舟，天人共泰"的校训精神，将生态文明价值观融入学生的日常学习和生活中。例如，在"环保文化传承与创新"课程中，学生通过学习环保运动的历史进程与生态文明等内容，深刻理解中国古代"天人合一"思想与校训的内在联系。

2. 校训精神的创新

学校通过"思政红"＋"生态绿"的"大思政课"育人体系，将校训精神与创新创业教育相结合，培养学生的环保情怀与创新能力。例如，在"环保铁军"计划中，学生通过分层递进的课程体系和真实项目驱动的实战训练，逐步提升环保技术能力和创新创业能力。

（二）传授知识以奠基：课程体系的优化与创新

1. 课程体系的优化

学校通过科学配置理论与实践课程的比例，确保学生在掌握理论知识的同时，具备较强的实践能力。例如，在"卫星遥感实训基地"项目中，学生通过遥感影像数据分析，直观感受生态环境的变化，增强了环保责任感。

2. 课程体系的创新

学校通过引入真实项目驱动的实战训练模式，将创新创业教育融入课程体系中。例如，在"绿色创客空间"项目中，学生通过参与真实环保项目的研发与应用，将校训精神转化为

技术创新和创业实践。

（三）传替技术以更新：技术创新的推动与实践

1. 技术创新的推动

学校通过校企协同与校地合作，推动环保技术的创新与应用。例如，在大界村驻村工作队校地合作项目中，学生通过推广生态农业技术、建设污水处理设施等方式，助力乡村生态振兴。

2. 技术创新的实践

学校通过"卫星遥感实训基地"项目，推动环保技术的数字化应用和创新发展。例如，学生通过遥感影像数据分析，开发基于遥感技术的环保解决方案，如环境监测、生态评估等。

（四）传袭资本以续力：资本助力的引入与运用

1. 资本助力的引入

学校通过校企合作引入企业资本，以支持学生的创新创业项目。例如，在"绿色创客空间"项目中，学生通过企业导师的指导，参与真实环保项目的研发与应用，获得资本支持。

2. 资本助力的运用

学校通过"环保铁军"计划，推动学生创新创业项目的落地。例如，学生通过分层递进的课程体系和真实项目驱动的实战训练，逐步提升环保技术能力和创新创业能力，以获得资本支持。

综上所述，通过理念浸润、实践传承和文化辐射，学校将"物我同舟，天人共泰"的校训精神深度融入创新创业人才培养全过程，形成了独具特色的文化传承与创新模式，为生态文明建设注入了深厚的文化动力。同时，学校通过"学缘传创"的实践路径，传承价值以立魂、传授知识以奠基、传替技术以更新、传袭资本以续力，为"芯"质生态环境卫士的培养提供了有力保障。

第六章
"芯"质生态环境卫士学缘传创培养模式的保障

在当今全球环境问题日益严峻的背景下，"芯"质生态环境卫士的培养显得尤为重要。长沙环境保护职业技术学院作为一所专注于环保教育的高等职业院校，始终致力于培养具备技术硬核能力、创新思维和社会责任感的"芯"质生态环境卫士。为了实现这一目标，学校构建了"学缘传创"培养模式，通过政校企协同、工学评一体、技艺道融合、家校社联动，形成"主体—过程—功能—资本"四位一体的保障机制，确保人才培养的可持续性与高质量发展。

"学缘传创"模式的核心在于通过多方资源的协同联动，构建一个全方位、多层次的培养体系。政府、企业、学校、家庭和社会共同参与，形成合力，推动环保人才的培养。政府通过政策支持和资源整合，为学校提供了坚实的政策保障；企业通过校企合作和资源共享，为学生提供了丰富的实践机会和市场对接；学校通过课程优化、平台建设和师资培养，夯实了学生的理论基础和实践能力；家庭通过情感支持和初始资源的注入，增强了学生的创业信心和韧性；社会通过社会资本和生态资源的联动，为学生提供了资金支持和市场机会。

在这一模式下，学校不仅注重学生的技术能力培养，还强调创新思维和社会责任感的塑造。通过"技艺道一体化"的共长机制，学校实现了技术硬核能力、创新思维与社会责任的三维赋能。学生在掌握环保技术的同时，培养了创新意识和解决复杂环境问题的能力，并通过社会服务和公益活动，增强了社会责任感和职业素养。未来，学校将继续深化"学缘传创"模式，进一步优化政校企协同、家校社联动和技艺道融合的保障机制，为生态文明建设输送更多高素质的环保人才，助力"美丽中国"愿景的全面实现。

第一节　主体保障：构建政校企一体化的学缘传创共管机制

在"芯"质生态环境卫士的培养过程中，主体保障是确保学缘传创模式顺利实施的关键。通过政府、企业和学校的协同合作，构建政校企一体化的共管机制，能够有效整合各方资源，形成合力，推动环保人才培养的可持续发展。本节将从政府主导、校企协同、学校主体三个方面，详细阐述如何建立政校企一体化的学缘传创共管机制。

一、政府主导：政策支持与资源整合

在国家生态文明建设与"双碳"目标的指引下，湖南省人民政府与生态环境部联合出台了一系列环保人才培养专项政策，构建了从顶层设计到监督评估的全链条政策支持体系，为长沙环境保护职业技术学院培养创新创业人才提供了系统性保障。

湖南省人民政府以《湖南省加快经济社会发展全面绿色转型实施方案》为纲领，提出"到2025年，建成全国领先的环保职业教育高地"的目标。2021年，生态环境部与湖南省人民政府签署的《强化支撑以生态环境高水平保护促进经济高质量发展的合作框架协议》中，特别强调"强化人才支撑，办好长沙环境保护职业技术学院"，特别是加大对生态环境部卫星环境应用中心湖南遥感应用（数据解译）基地等平台的建设，并为该基地成为国家级"芯"质生态环境卫士培养核心基地加大政策与资金支持。在此基础上，学校制定了《"十四五"环保人才培养专项规划》，系统提出了"三链融合"（教育链、产业链、创新链）的培养模式，重点围绕长江经济带生态保护、减污降碳协同增效、绿色技术研发等领域，设置环境监测、污染治理、生态修复等8个核心专业，构建覆盖环保全产业链的人才培养体系。例如，针对"双碳"目标，学校新增"碳核算与监测技术""智慧环保系统设计"等前沿课程。

二、校企协同：共建"芯"质生态环境卫士培养生态

校企协同是"芯"质生态环境卫士培养的核心保障机制。长沙环境保护职业技术学院以"绿色技术硬核能力"为核心，以"守护绿水青山"为使命，通过与行业龙头企业建立深度合作关系，构建了"资源共享、技术共研、人才共育"的协同育人生态，为培养兼具技术硬核能力与社会责任感的"芯"质生态环境卫士提供了坚实基础。

1. 行业企业支持力度引领国内同类院校

学校以专业建设聚力产教融合，共建校企命运共同体。2009年，学校牵头成立"环境保护职业教育集团"，集团集合了全国近20所开设环境类专业的本科、高职、中职院校，30多家科研院所，30余家环保企业以及湖南省环保产业协会，是环保职教领域阵容最大的产学研联合体，中国环保领域的3家科研技术机构——中国环境科学研究院、生态环境部环境规划院、中国环境监测总站也为集团成员。2022年，该集团立项为省级示范性环保职教集团。2022年，学校与北控水务集团有限公司、南京大学牵头，联合国内148所院校（含普通高等学校69所、高职院校72所、中职学校7所）和440家企业共同发起成立全国生态环保行业产教融合共同体，共同体成员覆盖全国四大区，跨区域汇聚产教资源，赋能区域经济发展，服务地方特色产业，促进产教深度融合。

2. 资源共享共建

学校通过校企合作建设了智慧水务、智能监测、遥感生态3个现代职业教育产业学院，搭建了遥感应用、VOC监测与控制、自然保护地监管三大特色智库。其中智慧水务产业学院为湖南省高职院校建设的首个产业学院，为湖南高职院校产业学院建设提供示范标杆。联合企业共建数智生态环境实践中心，建设有数智环境工程、数智环境监测、数智环境生态3个高水平实践教学基地，建成"生态环境部卫星环境应用中心湖南遥感应用（数据解译）基地""湖南省环境保护大气挥发性有机污染物监测与控制工程技术中心""湖南省自然保护地监管政策与技术研究中心""湖南省危险废物处理处置工程技术研究中心"4个省级以上工程技术研究中心。

3. 协同育人

学校现已建立中国环境科学研究院、中国环境监测总站、深圳市环境监测中心站、浙江省农业科学院、四川华西生态集团、长沙市污水处理厂等行业龙头单位、龙头企业组成的综合性校外实习实训基地，实训基地建设为国内同类院校领先水平。

学校积极探索多元化路径适配产业需求，打造"订单式培养＋现代学徒制＋产业学院"的多元合作模式。例如，学校与长沙华时捷环保科技发展股份有限公司签订"环保设备运维工程师"定向培养协议，学生毕业后直接进入企业技术岗位，近三年输送人才120名；联合北控水务推行"工学交替"模式，累计培养"双师型"技术骨干80人；与力合科技（湖南）股份有限公司共建产业学院，开发活页式教材12部，获评"湖南省产教融合示范项目"；企业全程参与课程开发，将"绿色技术硬核能力"分解为"污染治理技术""智慧监测系统开发""碳资产管理"等模块。

三、学校主体：完善内部管理机制

学校以"政校企协同、资源链贯通"为核心理念，搭建了覆盖全流程的"平台建设—资源共享—项目对接"合作机制，形成了"政府定方向、行业给支撑、企业供资源、学校育人才"的生态闭环，为创新创业人才培养提供全方位资源保障。

（一）基础保障

1. 平台建设

学校与行业企业共建有生态环境部卫星环境应用中心湖南遥感应用（数据解译）基地等7个数智技术创新平台，利用数智创新技术，开展全国生态保护红线监管、长江流域重点河湖缓冲带土地利用解译、全国自然保护地和生态保护红线保护成效评估、湖南省空气治理技术及应用产品链的发展、湖南省自然保护地监管等工作，为国家和地方生态环保提供技术支持与政策依据，赋能环保产业高质量发展。近三年来，学校依托这些技术创新中心共承担国家重点科技研究课题30项，承担省级科技项目73项，各类教育科学研究项目64项，应用技术研究课题88项，共获得经费1000余万元。学校在减污降碳、清洁生产审核、环境监测、环境修复等领域开展技术服务654项，服务中小微企业609家，总金额2932.23万元。学校每年的科研技术服务在全国职业院校中排名靠前，在省内更是位居前列。2024年，根据《高等职业教育质量年度报告（2023）》的数据统计分析，学校专业群在全国高职院校科研社会服务总经费TOP200中排名列第108位、湖南省第五位；横向技术服务到款额TOP100中排名列第96位、湖南省第五位。学校立项省级科研项目449项，师生获得专利283项，建成省级双创孵化基地1个，获得"互联网＋""挑战杯""黄炎培职业教育奖创业规划大赛"等大赛奖项，其中包括国家级奖项5个、省级奖项26个，学生思政素质和科研素养同步提升。

2. 师资力量

学校创新企业人员聘用机制，搭建在线兼职教师信息管理平台，畅通校企合作人才交流通道，聘请来自企事业单位的劳动模范、技术能手等担任客座教授、技能大师、产业导师和创新创业导师，通过传帮带培养、科研引导、实践锻炼、竞赛赋能，引入前沿技术和理念，弥补教师队伍实践短板，促进学生综合能力发展。学校与力合科技（湖南）股份有限公司、北控水务集团等企业共建教师实践基地，不断加强"双师型"教师队伍的教学能力、学识水平、实践操作能力，健全"校级—省级—国家级"全链条进阶团队培养体系。学校有省级以上教师创新团队 11 个，获全省教育系统"师德师风建设年"工作成效明显单位的通报表扬。学校实践环境优越，建有开放型区域产教融合实践中心等性能先进、工位充足的实践教学基地 200 余个。学校治理机制健全，协同成立专业群建设发展决策咨询委员会，建立教学管理等文件 100 余个。学校校企合作紧密，与 20 余家头部企业构建发展命运共同体，建设高水平科创平台 10 个，获捐赠 3000 万余元，提供岗位 2 万余个。学校产教深度融合，与国家级、省级环保产业协会等单位共育实战型人才，牵头组建全国性产教融合平台 2 个，完成培训科普 110 多万人次，承担课题 600 余项，获技术成果 100 余项，服务 3000 余家企业降碳减污。

（二）组织保障

学校是环保人才培养的主体，完善内部管理机制是确保环保人才培养质量的重要保障。通过成立专项工作组、制定管理制度、引进和培养高水平"双师型"教师，有效提升环保人才培养的质量和效率。学校成立创新创业工作领导小组（学校领导、教师代表、企业代表等参与其中），负责学缘传创培育专项工作，确保工作的系统性和协同性。

1. 工作组职责

专项工作组负责环保人才培养的总体规划、课程设计、教学实施、师资培训、科研创新等工作。工作组定期召开会议，研究解决环保人才培养中的重大问题。

2. 工作机制

通过建立定期会议制度、项目管理制度、评估反馈制度等工作机制，确保工作的高效实施。

3. 工作评估机制

通过建立工作评估机制，定期对环保人才培养的效果进行评估，确保工作的持续改进和优化。评估结果应作为后续工作的重要依据。

（三）制度保障

学校制定了一系列有助于学缘传创培育的相关制度，以确保环保人才培养的规范性和系统性，包括课程管理、教学管理、师资管理、科研管理等方面的内容。

1. 课程管理

学校制定课程管理制度，以确保课程内容与行业需求紧密结合。例如，学校建立课程开发机制，定期邀请企业参与课程设计，确保课程内容的实践性和针对性。

2. 教学管理

学校自 2016 年以来，每年召开大学生创新创业大赛，以赛促教、以赛促创、创教结合，发现和培养学生科技创新与创业的能力，加大宣传力度，营造氛围，形成声势，使广大学生更加充分地了解创新创业大赛的意义、目的和要求，鼓励教师将科技成果产业化，积极带领学生创新创业。

3. 师资管理

学校制定师资管理制度，确保师资队伍的高水平建设。建立师资培训机制，定期组织教师参加企业实践和行业培训，提升教师的实践能力和行业认知。

4. 科研管理

学校制定《科研成果奖励办法》《科技成果转化管理办法》《横向科研项目管理办法》等一系列管理制度，定期组织教师和企业开展科研合作，提升科研创新的实效性，确保科研创新的高效实施。

（四）师资保障：引进与培养高水平"双师型"教师

师资队伍是环保人才培养的重要保障。通过引进和培养高水平"双师型"教师，有效提升环保人才培养的质量和效率。

1. 引进机制

学校建立高水平"双师型"教师的引进机制，吸引行业专家和企业技术骨干加入师资队伍。例如，学校与企业签订合作协议，引进企业技术专家担任兼职教师，提升师资队伍的实践能力。

2. 培养机制

学校建立高水平"双师型"教师的培养机制，提升教师的实践能力和行业认知。例如，学校组织教师参加企业实践和行业培训，提升教师的实践能力和行业认知。

3. 激励机制

学校建立高水平"双师型"教师的激励机制，鼓励教师积极参与环保人才培养。例如，学校的《业绩考核制度》对在环保人才培养中取得突出成绩的教师给予奖励和支持。

综上所述，通过政府主导、校企协同和学校主体的协同合作，建立政校企一体化的学缘传创共管机制，能够有效整合各方资源，形成合力，推动环保人才培养的可持续发展。

第二节　过程保障：构建工学评一体化的学缘传创共育机制

在"芯"质生态环境卫士的培养过程中，过程保障是确保学缘传创范式有效实施的关键环节。通过工学结合、多元化评价和反馈改进，能够实现理论与实践的深度融合，确保培养过程的高效性和科学性。本节将从工学结合、评价机制和反馈改进三个方面，详细阐述如何建立工学评一体化的学缘传创共育机制。

一、工学结合：理论与实践深度融合

工学结合是环保人才培养的核心环节。通过优化课程体系、实施项目驱动教学以及引入企业导师制，能够实现理论与实践的深度融合，提升学生的实践能力和创新能力。

（一）课程体系优化：理论与实践课程比例科学配置

课程体系的优化是工学结合的基础。通过科学配置理论与实践课程的比例，能够确保学生在掌握理论知识的同时，具备较强的实践能力。

（1）理论课程与实践课程的合理配置　根据环保行业的需求和学生的实际情况，学校应合理配置理论课程与实践课程。例如，学校在创新创业课程中，将理论课程与实践课程的比例设置为5：5，确保学生在理论学习的基础上，有足够的时间进行实践操作。

（2）理论课程的优化　理论课程应注重基础知识的传授和前沿技术的介绍。例如，学校开设了环境工程原理、环境监测技术、生态修复技术等课程，帮助学生掌握环保领域的基础理论和前沿技术。

（3）实践课程的优化　实践课程注重实际操作技能的培养。例如学校开设了环境工程实验、环境监测实训、生态修复实训等课程，帮助学生在真实的工作环境中进行实践操作。北控产业学院的"绿色创客空间"项目通过真实项目的驱动，让学生在污水处理、垃圾分类、节能减排等领域进行实践操作，提升了学生的实践能力。

（4）课程内容的更新 定期更新课程内容，确保课程内容与行业需求紧密结合。学校邀请企业专家参与课程设计，确保课程内容的实践性和针对性。在"卫星遥感实训基地"项目中，学校与生态环境部卫星环境应用中心合作开发了遥感技术应用、大数据分析在环保领域的应用等课程，确保课程内容紧跟行业前沿。

（二）项目驱动教学：以真实项目为载体，提升实践能力

项目驱动教学是工学结合的重要方式。以真实项目为载体，能够有效提升学生的实践能力和创新能力。

（1）项目选择 选择与环保行业密切相关的真实项目作为教学载体。例如，学校"绿色卫士下三湘"项目选择社区、农村和学校的环保问题作为实践内容，帮助学生在真实环境中进行环保宣传、垃圾分类指导等实践操作。

（2）项目实施 制订详细的项目实施计划，确保项目的高效实施。例如，北控产业学院的"绿色创客空间"项目将项目分为多个阶段，每个阶段都有明确的任务和目标，确保学生在项目实施过程中逐步提升实践能力。

（3）项目评估 建立项目评估机制，定期对项目的实施效果进行评估。学校通过项目报告、项目展示、项目答辩等方式，评估学生的实践能力和创新能力。例如，在"环保铁军"计划中，学校通过项目总结与反馈，帮助学生了解自己在实践中的表现和存在的问题。

（4）项目合作 学校与企业合作，共同开展项目驱动教学。例如，学校与北控水务集团合作，邀请企业专家参与项目的设计和实施，确保项目的实践性和针对性。

（三）企业导师制：企业专家参与教学与指导

企业导师制是工学结合的重要保障。学校出台实施《学院兼职教师管理办法》等一系列制度，通过引入企业导师，能够有效提升学生的实践能力和行业认知。

（1）导师选择 学校选择具有丰富实践经验和行业认知的企业专家作为导师，如优秀校友，特别是创业校友为导师，此外还选择环保企业的技术骨干、项目经理等作为导师，确保导师的实践能力和行业认知。

（2）导师职责 企业导师参与课程设计、教学实施、实践指导等工作。例如，北控产业学院的企业导师参与课程设计，确保课程内容的实践性和针对性；参与教学实施，提供实践教学指导；参与实践操作指导，帮助学生在真实的工作环境中进行实践操作。

（3）导师评估 建立导师评估机制，定期对导师的工作效果进行评估。学校通过学生反馈、导师自评、学校评估等方式，评估导师的工作效果，确保导师的工作质量。

（4）导师激励 建立导师激励机制，鼓励企业导师积极参与环保人才培养。例如，学校设立导师奖励基金，对在环保人才培养中取得突出成绩的导师给予奖励和支持。

二、评价机制：多元化评价体系

评价机制是"芯"质生态环境卫士培养的重要保障。学校通过建立多元化的评价体系，能够全面评估学生的学习过程、成果和社会认可度，确保培养质量的高效性和科学性。通过绘制专业能力图谱实施专业课程体系，对标企业典型生产需求进行数智化提质改造，推动课

程标准生产化、教学任务项目化，并开发了生态环境遥感图像处理与数据解译、气态污染物智能监测等新课程。依托信息化教学服务平台，打造"学校立体教室＋线上虚拟课堂＋企业实践空间"一体协同的数智化教学共同体，全方位跟踪教师的教学活动和学生的学习进度，建立了以过程性评价为主、终结性评价为辅的全过程课业评价机制，基本适应了学生自主探究、分段学习、深度研修等多样化的学习需求。

（一）过程评价：注重学习过程与能力提升

过程评价是多元化评价体系的重要组成部分。注重学习过程与能力提升，能够全面评估学生的学习效果。

（1）评价内容　过程评价应涵盖学生的学习态度、学习过程、学习效果等方面。学校通过课堂表现、作业完成情况、实验操作、项目参与等方式，评估学生的学习态度和学习过程。

（2）评价方式　过程评价应采用多种评价方式，确保评价的全面性和科学性。学校通过教师评价、学生自评、同学互评等方式，全面评估学生的学习效果。

（3）评价反馈　过程评价应及时反馈，帮助学生及时调整学习策略。学校通过定期反馈、个别辅导、小组讨论等方式，帮助学生及时了解自己的学习效果，调整学习策略。

（4）评价记录　过程评价应建立详细的评价记录，确保评价的系统性和连贯性。学校通过建立学生成长档案，记录学生的学习过程和学习效果，确保评价的系统性和连贯性。

（二）成果评价：以实际成果为导向，考核创新能力

成果评价是多元化评价体系的重要组成部分。以实际成果为导向，能够全面评估学生的创新能力和实践能力。

（1）评价内容　成果评价应涵盖学生的实践成果、创新成果、科研成果等方面。学校应通过成果评价评估学生的实践成果和创新能力。

（2）评价标准　成果评价应制定详细的评价标准，确保评价的科学性和公正性。学校通过制定项目报告、项目展示、项目答辩等的评价标准，确保评价的科学性和公正性。

（3）评价方式　成果评价应采用多种评价方式，确保评价的全面性和科学性。学校通过教师评价、企业评价、社会评价等方式，全面评估学生的实践成果和创新能力。

（4）评价反馈　成果评价应及时反馈，帮助学生及时调整创新策略。学校通过定期反馈、个别辅导、小组讨论等方式，帮助学生及时了解自己的创新成果，调整创新策略。

（三）社会评价：引入企业与社会第三方评价机制

社会评价是多元化评价体系的重要组成部分。通过引入企业与社会第三方评价机制，能够全面评估学生的社会认可度和行业适应能力。

（1）评价内容　社会评价应涵盖学生的职业素养、实践能力、创新能力等方面。学校通过企业实习评价、社会实践评价、行业认证评价等方式，评估学生的职业素养和实践能力。

（2）评价方式　社会评价应采用多种评价方式，确保评价的全面性和科学性。学校通过企业评价、社会评价、行业评价等方式，全面评估学生的社会认可度和行业适应能力。

（3）评价反馈　社会评价应及时反馈，帮助学生及时调整职业规划。学校通过定期反馈、个别辅导、职业规划指导等方式，帮助学生及时了解自己的社会认可度，调整职业规划。

（4）评价记录　社会评价应建立详细的评价记录，确保评价的系统性和连贯性。学校通

过建立学生职业档案，记录学生的社会评价和行业适应能力。

三、反馈改进：动态调整与优化

反馈改进是环保人才培养的重要保障。通过定期评估、建立反馈机制和持续改进，能够确保培养过程的动态调整和优化。

（一）定期评估：对培养效果进行定期评估

定期评估是反馈改进的基础。通过对培养效果进行定期评估，能够及时发现问题，确保培养过程的高效性和科学性。

（1）评估内容　定期评估应涵盖课程设置、教学实施、实践教学、师资队伍、学生成果等方面。学校通过课程评估、教学评估、实践评估、师资评估、学生评估等方式，全面评估培养效果。

（2）评估方式　定期评估应采用多种评估方式，确保评估的全面性和科学性。学校通过问卷调查、校友座谈会、专家评审等方式，全面评估培养效果。

（3）评估反馈　定期评估应及时反馈，帮助学校及时调整培养策略。学校通过定期反馈、个别辅导、小组讨论等方式，及时了解培养效果，调整培养策略。

（4）评估记录　定期评估应建立详细的评估记录，确保评估的系统性和连贯性。学校通过建立培养评估档案，记录培养效果和评估结果，确保评估的系统性和连贯性。

（二）建立反馈机制：建立学生、企业、教师三方反馈渠道

反馈机制是反馈改进的重要保障。通过建立学生、企业、教师三方反馈渠道，能够及时了解培养过程中的问题，确保培养过程的高效性和科学性。

（1）学生反馈　应建立学生反馈渠道，及时了解学生的学习体验和学习效果。学校通过学生座谈会、学生问卷调查、学生意见箱等方式，及时了解学生的学习体验和学习效果。

（2）企业反馈　应建立企业反馈渠道，及时了解企业的需求和评价。学校通过企业座谈会、企业问卷调查、企业意见箱等方式，及时了解企业的需求和评价。

（3）教师反馈　应建立教师反馈渠道，及时了解教师的教学体验和教学效果。学校通过教师座谈会、教师问卷调查、教师意见箱等方式，及时了解教师的教学体验和教学效果。

（4）反馈处理　应建立反馈处理机制，及时处理反馈意见，确保反馈的有效性。学校通过定期反馈、个别辅导、小组讨论等方式，及时处理反馈意见，确保反馈的有效性。

（三）持续改进：根据反馈结果优化培养方案

持续改进是反馈改进的最终目标。根据反馈结果优化培养方案，能够确保培养过程的动态调整和优化。

（1）优化课程设置　应根据反馈结果，优化课程设置，确保课程内容与行业需求紧密结合。学校根据企业反馈，适当调整课程内容，增加实践课程的比重。

（2）优化教学实施　应根据反馈结果，优化教学实施方案，确保教学质量的高效提升。学校根据学生反馈，调整教学方式，增加互动教学和实践教学。

（3）优化实践教学　应根据反馈结果，优化实践教学过程，确保实践教学的高效实施。学校根据企业反馈，调整实践教学内容，增加真实项目的比重。

（4）优化师资队伍　应根据反馈结果，优化师资队伍，确保师资队伍的高水平建设。学校根据教师反馈，调整师资培训内容，增加企业实践和行业培训。

综上所述,通过工学结合、多元化评价和反馈改进,建立工学评一体化的学缘传创共育机制,能够有效提升"芯"质生态环境卫士培养的质量和效率,确保培养过程的高效性和科学性。

第三节　功能保障:构建技艺道一体化的学缘传创共长机制

在"芯"质生态环境卫士的培养过程中,"技艺道一体化"不仅是教师教学能力的体现,更是师生共同成长的核心机制。这一机制强调技术能力(技)、创新思维(艺)与道德价值观(道)的深度融合,通过系统性设计实现知识传递、能力提升与价值引领的协同发展。长沙环境保护职业技术学院基于其深厚的环保教育积淀和产学研合作优势,构建了"技艺道一体化"的学缘传创共长机制,为培养兼具技术硬核能力、创新思维和社会责任感的复合型环保人才提供了坚实保障。

一、技艺融合:技术能力与创新思维并重

(一)技术能力培养:强化环保技术基础与实操能力

长沙环境保护职业技术学院采取以"技术能力为核心"的理念,构建了"基础—应用—创新"三阶递进的课程体系。在技术基础层面,开设环境监测技术、污染控制工程、生态修复技术等核心课程,结合模块化教学,确保学生掌握水质分析、大气治理、固废处理等基础技能。

学校依托国家级环保实训基地和校企共建实验室,打造沉浸式教学场景。如与北控水务集团合作建设的"碳中和产业学院",配备智能化污水处理模拟系统、重金属土壤修复实验平台等设备,让学生在真实工作环境中完成项目化任务。近三年来,学生参与开发的"模块化垃圾分选系统"已在中联重科实现技术转化,授权实用新型专利 12 项,充分体现了技术能力培养的实效性。

(二)创新思维训练:通过双创教育激发创新意识

学校将创新创业教育深度融入人才培养全流程,构建"课程—竞赛—孵化"三位一体的双创体系。在课程设计上,开设环保技术创新方法论、绿色商业模式设计等选修课,引入 TRIZ 理论、设计思维等工具,培养学生的问题分析与解决能力。例如,在"环保＋大数据"跨学科课程中,学生团队利用遥感技术开发对"洞庭湖湿地生态修复项目"实时监控湿地水质变化。

学校还设立"环保创客空间"和双创孵化平台,联合企业提供技术指导与资金支持。2022 年,学生团队研发的"低成本农村分散式污水处理设备"通过校内孵化后,成功应用于湘西地区 20 余个村落,日均处理污水量达 500 吨,助力乡村振兴工作。此类实践不仅激发了学生的创新热情,更推动了环保技术的普惠化应用。

(三)跨界融合:推动环保技术与多学科交叉融合

为应对环保领域的复杂问题,学校打破学科壁垒,构建"环保技术＋X"交叉融合课程群。例如,学校联合计算机专业开设智慧环保系统设计课程,融入物联网、AI 算法等内容,学生开发的"环保卫士 APP"已接入长沙市环保局监管平台,实现公众实时监督污染源;

与商学院合作开设碳交易与绿色金融课程，通过模拟碳排放权交易沙盘，帮助学生理解市场机制在环保中的应用。此外，学校还与德国高校合作引入"双元制"课程包，将国际化标准与本土需求结合，培养具有全球视野的跨界人才。

二、道义引领：社会责任与职业素养并重

（一）社会责任教育：强化环保卫士的社会责任感

学校通过"故事圈—实践圈—文化圈"三重路径深化社会责任教育。在"故事圈"建设中，邀请校友中的环保先锋（如参与长江生态修复的工程师）分享职业经历，以榜样力量激发学生的使命感；在"实践圈"层面，组织学生参与"守护母亲河"志愿行动、社区垃圾分类培训等公益活动，年均服务时长超 1 万小时；在"文化圈"打造上，将生态文明思想融入思政课程，并联合湖南省生态环境厅开展"绿色讲堂"，筑牢学生的生态价值观。

（二）职业素养提升：通过实践与案例教学提升职业素养

学校引入企业真实案例构建"情境化"教学场景。例如，在环境工程管理课程中，以湖南钢铁集团"超低排放改造"项目为案例，学生分组模拟项目竞标、方案设计与风险评估，企业导师现场点评并择优推荐实习机会。同时，学校建立"职业素养积分制"，将团队协作、沟通能力等软技能纳入考核，与技能证书挂钩。近三年来，毕业生就业率保持在 98% 以上，企业反馈显示其职业适应力显著优于行业平均水平。

（三）伦理教育：注重环保技术应用的伦理与道德教育

针对环保技术可能引发的伦理问题（如生态干预边界、数据隐私保护），学校开设环境伦理学、科技与社会等课程，通过辩论、情景剧等形式引导学生思考技术应用的道德维度。例如，在"重金属污染修复技术"研讨中，学生须权衡技术效率与生态风险，提出兼顾经济性与可持续性的解决方案。

三、长效发展：构建可持续发展机制

（一）终身学习：建立环保人才终身学习体系

学校依托"环保云学院"平台，面向毕业生和行业从业者提供在线课程、微证书认证等服务。平台涵盖碳中和前沿技术、ISO14001 体系实务等 200 余门课程，并与企业合作开发"技能更新计划"，例如为长沙华时捷环保科技发展股份有限公司定制"智能监测设备运维"培训模块，累计参加培训人次超 5000。此外，学校设立"校友导师库"，邀请资深从业者定期返校分享行业动态，形成"在校—毕业—职业"的全周期学习生态。

（二）职业发展：提供职业规划与持续发展支持

学校通过构建"一对一导师制"和"职业发展地图"，强化创业指导的作用，充分利用高校的资源和创业导师的专业优势，构建一个由"创业导师辅导-众创空间扶持-引入社会投融资"组成的三位一体的孵化体系，不断完善培训、资本、人才、环境平台，提供包括创业教育、服务、资本、网络和文化在内的全方位服务要素，形成一个具有独特特色的创新创业促进系统，从而构建一个完整的创新创业孵化生态链，全力支持大学生的创新创业之路。

（三）社会服务：鼓励学生参与社会服务，提升社会影响力

学校将社会服务纳入学分体系，推动学生投身环保公益。例如，2023年启动"绿动乡村"计划，学生团队为湘西农村设计的低成本污水处理方案，已累计覆盖50个村落，减少COD排放量超100吨；学校选拔团队参与"一带一路"环保援建项目，赴柬埔寨推广秸秆资源化技术，获外交部"南南合作"表彰。此类实践不仅提升了学生的社会影响力，更强化了其"守护绿水青山"的职业认同。

综上所述，通过建立"技艺道一体化"的共长机制，长沙环境保护职业技术学院实现了技术硬核能力、创新思维与社会责任的三维赋能。这一机制不仅为"芯"质生态环境卫士的培养提供了可持续的保障，更通过"师生共长、校企共育、社会共建"的生态闭环，推动了环保教育链与产业链的深度融合。通过以上保障机制的建立与完善，确保学缘传创范式在培育"芯"质生态环境卫士的过程中，实现人才培养的可持续性与高质量发展。未来，学校将继续深化技艺道融合，为生态文明建设输送更多"技术有深度、创新有锐度、担当有温度"的高素质环保卫士，助力"美丽中国"愿景的全面实现。

第四节　资本保障：构建家校社一体化的学缘传创共生机制

资本保障是创新创业人才培养的重要支撑。当前，立足国家生态文明建设和绿色低碳发展的战略需求，长沙环境保护职业技术学院的人才培养目标已深化为培养具备创新精神、创业能力与前沿科技素养的"芯"质生态环境卫士。因此，培养"芯"质生态环境卫士的本质是创新创业教育在生态环保与智慧科技交叉领域的精准落地和更高要求。构建家校社一体化的学缘传创共生机制，正是服务于这一新目标的核心路径，旨在通过家庭、学校和社会三方资源的协同联动，为学生提供全方位、多层次的资本支持。家庭通过情感资本和初始资源的注入，为学生投身环保科创事业提供精神动力和探索基石；学校通过教育资本和平台资源的整合，为学生锻造"芯"质能力提供知识技能和实践场景；社会通过社会资本和生态资源的联动，为学生提供技术应用平台、市场验证及发展机遇。家校社协同不仅能够分散探索前沿环保技术的风险，更能形成价值共创的良性循环，推动智慧环保领域的创新突破与可持续创业。长沙环境保护职业技术学院家校社协同的实践已为此奠定基础，未来将进一步深化这一机制，培养更多兼具社会责任感和"芯"质创新能力的生态环境守护者。

一、家庭支持：情感资本与初始资源的注入

（1）情感资本　家庭作为学生创新创业的情感后盾，提供精神支持与心理激励，帮助学生克服创业初期的困难与挑战。家庭的情感支持不仅能够增强学生的心理韧性，还能在创业失败时提供情感修复的缓冲，帮助学生快速恢复信心。家庭的情感资本在创业初期起到了关键的稳定作用，学生创业初期会面临资金短缺和市场不确定性，家庭通过情感支持帮助其度过心理低谷。

（2）初始资源　家庭通过资金、人脉等资源的注入，为学生提供创业初期的启动资本，降低学生创业门槛。家庭的社会资本（如亲友网络、行业资源等）能够为学生提供更多的创业机会和信息，帮助其在创业初期快速建立社会关系网络。家庭初始资源在创业初期的关键

作用尤其体现在资金和人脉方面的支持，学生可以借助家庭提供初始资金进行创业。

（3）价值观传承　家庭通过言传身教，传递勤俭、诚信、责任等价值观，塑造学生的创业精神与社会责任感。家庭的文化资本（如教育背景、职业经验等）也能够为学生提供创业所需的隐性知识和社会规范，帮助其在创业过程中更好地应对挑战。家庭的价值观传承对学生的创业精神和社会责任感具有深远影响，家庭通过长期的价值观教育，帮助其在创业过程中始终坚定信念。

二、学校赋能：教育资本与平台资源的整合

（1）教育资本　学校通过系统的创新创业课程、导师指导、实践平台等，为学生提供知识与技能的支持，夯实创新创业基础。学校的教育资本不仅包括课程资源，还包括教师的专业知识和经验，能够为学生提供创业所需的智力支持。学校教育资本在创新创业中的重要作用尤其体现在知识传授和技能培养方面。

（2）平台资源　学校整合校内外资源，搭建创新创业孵化基地、校企合作平台等，为学生提供实践机会与资源对接。学校的社会资本（如校友网络、企业合作资源等）能够为学生提供更多的创业机会和资源，帮助其在创业过程中获得更多的支持。如学生可以通过学校的校企合作平台，与环保企业开展合作，将其技术应用于实际生产中。

（3）校友网络　学校通过职教集团、共同体、校友会等渠道，构建校友资源网络，为学生提供经验分享、资金支持与合作机会。校友网络在创业过程中的重要作用尤其体现在资金支持和市场对接方面，学生可以通过校友网络获得风险投资，成功将其环保项目推向市场等。

三、社会协同：社会资本与生态资源的联动

（1）社会资本　社会资本可通过风险投资、天使基金等方式，为学生创新创业项目提供资金支持，助力项目落地与规模化发展。社会资本的市场化运作能够为学生提供更多的资金支持和市场机会，帮助其在创业过程中获得更多的资源。社会资本的市场化运作为学生创业提供了重要的资金支持。

（2）生态资源　学校是生态环境部与湖南省人民政府共建高校，是生态环境部、省生态环境厅干部培训基地，是湖南省生态环境系统党校、团校，与中国环境科学研究院、生态环境部卫星环境应用中心等多所部属单位有长期战略合作关系，与长沙市生态环境局等地市单位有良好的合作基础，行业背景深厚、资源丰富。学校与政府、企业、社会组织等共同构建创新创业生态系统，为学生创业提供政策支持、市场对接、技术转化等服务。社会资本的生态化运作能够为学生提供更多的政策支持和市场机会，帮助其在创业过程中获得政策支持和市场资源。

（3）社会认同　通过媒体宣传、社会活动等方式，提升学生创新创业项目的社会影响力，增强其市场竞争力与可持续发展能力。社会认同在创业过程中起到关键的推动作用，学生可以通过媒体宣传和社会活动，成功提升其环保项目的社会影响力，吸引更多的投资者和合作伙伴。

四、家校社协同：构建学缘传创的资本共生机制

（1）资本联动　家庭、学校、社会三方资本形成联动机制，构建多元化的资本支持体系，实现资源互补与共享。家庭的情感资本、学校的教育资本和社会资本的联动能够为学生提供全方位的支持，帮助其在创业过程中获得更多的资源。家校社协同在创业过程中的重要作用尤其体现在资源整合和共享方面。

（2）风险共担　通过家校社协同，分散创新创业风险，降低学生创业失败的成本，增强其创业信心与韧性。家庭、学校和社会共同承担创业风险，能够为学生提供更多的安全保障，帮助其在创业过程中更好地应对挑战。家校社协同在风险共担方面起到了关键作用，特别是当学生在创业过程中面临市场风险时，家庭、学校和社会共同提供了支持，帮助其渡过难关。

（3）价值共创　家庭、学校、社会共同参与学生创新创业过程，形成价值共创的良性循环，推动学缘传创的可持续发展。家庭、学校和社会共同参与创业过程，能够为学生提供更多的支持和资源，帮助其在创业过程中获得更多的成功机会，发挥家校社协同在价值共创中的重要作用。

五、实践成效

（1）家庭参与　通过家长会、家校联动活动等形式，增强家庭对学生创新创业的理解与支持，形成家校合力的局面。学校通过家校联动活动，增强了家庭对学生创业的支持，帮助学生在创业过程中获得更多的家庭资源。

（2）学校赋能　学校通过"环保创新创业基金""校企合作项目"等，为学生提供资金、技术、平台等多维度的支持。学校通过校企合作项目，为学生提供了更多的创业机会和资源，帮助其在创业过程中获得更多的支持。

（3）社会协同　学校与地方政府、环保企业、社会组织等建立长期合作关系，构建了"政产学研用"一体化的创新创业生态。学校通过政产学研用的合作模式，为学生提供了更多的政策支持和市场机会，帮助其在创业过程中获得更多的资源。

学校涌现出一批成功创业的典型案例，如环保技术研发、生态修复项目等，充分体现了家校社协同的资本保障机制的有效性。学校通过典型案例的推广，增强了学生创业的信心和动力，帮助其在创业过程中获得更多的成功机会。从中可以看到家校社协同在创新创业人才培养中的重要作用。家庭、学校和社会三方资源的协同联动，不仅能够为学生提供全方位的资本支持，还能分散创业风险，形成价值共创的良性循环，推动创新创业的可持续发展。

综上所述，在"芯"质生态环境卫士的培养过程中，主体保障是确保"学缘传创"模式顺利实施的关键。政府作为环保人才培养的主导力量，通过顶层设计、政策激励和标准制定，为学生创业提供坚实的政策保障。校企协同是"芯"质生态环境卫士培养的核心保障机制。通过与行业龙头企业建立深度合作关系，构建"资源共享、技术共研、人才共育"的协同育人生态，为学生提供丰富的实践机会和资源对接。师资队伍是环保人才培养的重要保障。通过引进和培养高水平"双师型"教师，提升环保人才培养的质量和效率。通过政府主导、校企协同和学校主体的协同合作，建立政校企一体化的学缘传创共管机制，能够有效整合各方资源，形成合力，推动环保人才培养的可持续发展。

第七章
研究总结

本书以"理论范畴—实践路径—案例验证—成效反思"为主线，构建了一个完整的闭环研究体系。

理论篇（第一章、第二章）：通过梳理全球环保教育的发展趋势以及本土实践经验，首次明确了"学缘传创"育人模式，即以大学生创新创业为出发点和最终目标，紧密依托各类学缘关系，在情怀驱动、技术支撑、能力培养与资本助力下，融合创新创业教育理念与实践，从而传承价值以立魂、传授知识以奠基、传替技术以更新、传袭资本以续力的动态过程和结果。同时，深入剖析了"学缘传创"模式的三大支柱，包括学术传承的系统性、创新转化的动态性以及跨界协同的生态性，为后续的实践探索奠定了坚实的理论基础。

实践篇（第三章）：提出了"四圈层"行动模型。首先是"故事圈"，通过环保叙事激发学生的使命认同；其次是"过程圈"，通过设计"问题探究—技术研发—社会应用"的螺旋式项目，如城市垃圾分类智能系统的开发，让学生在实践中提升能力；然后是"平台圈"，通过搭建政校企协同的"环保创客空间"，促进技术孵化与资源共享，为学生提供更广阔的实践平台；最后是"支持圈"，通过整合政校企资源，为学生提供政策、资本与社会网络支持。

验证篇（第四章、第五章、第六章）：通过高校试点案例以及多维成效评估，如统计专利数量、社会服务覆盖率、毕业生绿色创业率等指标，验证该范式的可行性与普适性，并提炼出"主体—过程—功能—资本"四位一体的保障机制，确保该模式能够持续有效地运行。

第一节　研究结论

本研究围绕"芯"质生态环境卫士的学缘传创培养模式，通过理论分析与实践探索，系统构建了"故事圈—过程圈—平台圈—支持圈"四圈联动的培养体系，并结合典型案例验证了其有效性。研究的主要结论如下：

一、学缘传创培养模式的理论价值与实践意义

学缘传创模式以"情怀、知识、技术、资本"四维素养为核心，通过"故事圈、过程

圈、平台圈、支持圈"四圈联动，实现了环保人才培养的系统性与协同性。在理论层面，该模式突破了传统环保教育的单一技术导向，将学科传承与创新转化深度融合；在实践层面，通过校企协同、校地合作等路径，有效提升了学生的创新创业能力与社会责任感。例如，长沙环境保护职业技术学院的"绿色创客空间"和"卫星遥感实训基地"等案例表明，学缘传创模式能够显著增强学生的技术硬核能力与跨界协同力。

二、四圈联动机制的有效性

通过个案研究发现："故事圈"通过环保先锋人物的榜样力量（如优秀校友的创业故事），厚植学生的家国情怀与生态价值观；"过程圈"以模块化课程和项目制实践（如"环保铁军"计划的分层递进培养）夯实学生的专业基础与创新能力；"平台圈"依托校企联合实验室、创客空间等载体（如卫星遥感实训基地、北控产业学院），推动技术研发与成果转化；"支持圈"通过整合政校企资源，为学生提供政策、资本与社会网络支持（如大界村校地合作中的政府支持），为创新创业提供持续保障。

数据显示，自 2014 年以来，长沙环境保护职业技术学院连续五届、连续十年被评为湖南省普通高校毕业生就业工作"一把手工程"优秀单位。近三年应届毕业生行业就业率达到96.77％，毕业生就业质量显著提升。学校学生参加全国职业院校技能大赛和创新创业大赛获国家级奖项 20 余项，其中，创新创业团队获得"挑战杯"中国大学生创业计划竞赛全国级奖项 9 个（金奖 2 个，银奖 3 个，铜奖 3 个，"卫星级"1 个），省级奖项 32 个（一等奖 7 个，二等奖 8 个，三等奖 17 个）；获得"互联网＋"大学生创新创业大赛全国银奖 2 个、铜奖 2 个，省级奖项 16 个。2024 年起，学校与湖南城市学院联合培养环境工程专业本科学生。学校紧密对接产业行业，充分发挥生态环境保护专业优势和生态环保人才培养资源优势，联合北控水务集团牵头全国 100 余所高校、单位等组建全国生态环保行业产教融合共同体。

三、多维成效的实证验证

研究表明，学缘传创模式在人才培养、科学研究、社会服务和文化传承方面均取得显著成效。

（1）人才培养方面　近年来，长沙环境保护职业技术学院 2 名学生获评湖南省高校最美大学生，6 名学生获评湖南省百佳大学生党员，5 名学生获评中国大学生自强之星，1 名学生作为全省高职院校唯一代表参加中国共产主义青年团第十八次全国代表大会。建校 45 年来，学校始终秉承"技术服务社会，实践融于教学"的办学理念，通过不断探索与实践"学缘传创"培养模式，致力为生态文明建设培养高素质技术技能人才，累计为社会输送高素质技术技能型人才 7 万余人，其中 2 万余人成长为全国各地环保行业领域内的环保干部和基层环保技术骨干，培养了"全国脱贫攻坚先进个人"索南杰布、"全国人民满意的公务员"马青、"全国劳动模范"姜鹏鹏、"全国最美基层环保人"黄道兵等为代表的一大批扎根基层、致力生态环境保护的高素质专业人才，为基层生态环保事业做出积极贡献。

（2）科学研究方面　据统计，长沙环境保护职业技术学院科研社会服务总经费在全国高职院校（1560 所）排名第 108 位、全省排第 5 位；科研团队撰写的研究咨询报告连续六年编入《湖南蓝皮书》；建有生态环境部卫星环境应用中心湖南遥感应用（数据解译）基地、湖南省自然保护地监管政策与技术研究中心、湖南省环境保护大气 VOC 工程技术研究中心、湖南省众创空间等高水平科创平台 10 余个，联合行业企业开展技术攻关和创新；参与编制了《陶瓷工业废气治理工程技术规范》《湖南省环境保护条例》等国家和地方标准 50 余项；高质量完成全国污染源普查、全国饮用水源地调查、全国土壤污染源普查、全国自然保护地与生物多样性监测、长江经济带战略环评"三线一单"等国家级和省级生态环保重大专项，锤炼了一支技术过硬的人才队伍，为全省乃至全国生态环保工作提供智力支持与技术保障，是全省环保行业的关键智库。

（3）社会服务方面　学校是人力资源和社会保障部"国家级专业技术人员继续教育基地"和生态环境部"国家环境保护培训基地"，是湖南省首批省级生态环境科普基地、省生态环境系统党校、系统团校，充分发挥国家级和省级培训基地优势，构建立足湖南、面向中西部省份、辐射全国及"一带一路"共建国家的跨区域的专业技术培训体系，为16个省（地区）提供线上＋线下培训服务，全省超九成基层生态环境管理干部接受培训。"绿色卫士名师宣讲团"被省文明办、省生态环境厅联合授予"湖南好人·最美生态环境保护者"荣誉称号。学校深入实施大学生志愿服务西部计划、开展"大手拉小手""暑期三下乡"环保志愿服务等品牌活动。其中，"大手拉小手"项目在全国第十一届中国青年志愿服务大赛上获得金奖，得到了共青团中央、水利部、中央文明办等多部委的高度赞扬。

（4）文化传承方面　长沙环境保护职业技术学院将"物我同舟，天人共泰"的校训精神深度融入创新创业人才培养全过程，通过理念浸润、实践传承和文化辐射，形成了独具特色的文化传承与创新模式，为生态文明建设注入了深厚的文化动力。这种以文化为纽带、以创新为驱动的模式，不仅丰富了高校文化传承与创新的内涵，更为生态文明建设注入了持久的文化动力。

四、保障机制的关键作用

学校通过"学缘传创"的实践路径，传承价值以立魂、传授知识以奠基、传替技术以更新、传袭资本以续力，为"芯"质生态环境卫士的培养提供了有力保障。政校企共管、家校社联动等机制为该模式的运行提供了制度支撑。例如，生态环境部、省生态环境系统与学校共建的各类主要科创平台通过政策引导与资源整合，解决了校企"合而不融"的难题。

第二节　创新与不足

一、创新点

从模式构建到价值升华，本书的核心贡献主要体现在以下几方面。

（1）理论创新提出"学缘传创"概念，将教育生态学、技术创新理论与职业教育的类型化特征有机结合，构建了"传承为基、创新为翼、价值为魂"的人才培养模型，填补了环保教育领域学科交叉研究的空白，为环保人才培养提供了全新的理论视角。

（2）实践突破设计了"故事圈—过程圈—平台圈—支持圈"协同推进的路径，有效解决了"情感认同弱、实践场景虚、资源整合难、长效保障缺"等实际问题，为职业院校提供了一套可落地实施的操作框架，具有很强的实践指导意义。

（3）价值升华本书超越了"技术工具论"的局限，着重强调创新创业环保人才的生态伦理与社会责任感，推动环保教育从单纯的"技能培训"向"价值引领"转变，呼应了"人与自然生命共同体"的哲学理念，为环保教育赋予了更高的价值追求。

（4）路径创新 设计"四圈协同"行动体系，实现情怀培育、技术锤炼与资本整合的闭环联动。例如，"卫星遥感实训基地"将遥感大数据与 AI 算法融入教学，开创了数字化赋能的实践范式。

（5）方法创新 融合案例研究、实证分析与系统建模，揭示了环保人才培养的生态规律。如通过对比德国"双元制"理论与本土实际案例，提炼出"校企双向嵌入"的协同机制。

二、不足之处

（1）资源分配不均 部分偏远地区院校在平台建设与企业对接上存在困难，导致模式推广受限。

（2）评价体系局限 现有成效评估偏重量化指标（如专利数量）对学生价值观塑造、社会影响力等质性维度关注不足。

（3）跨文化适应性不足 案例多集中于湖南省，对西部地区或国际化学缘网络的适配性研究较少。

（4）国际案例库建设滞后 亟待建立包含金砖国家、东盟地区在内的比较研究数据库。

第三节 研究展望

本书离不开环保领域一线工作者的辛勤付出、合作院校师生的积极参与、产学研专家团队的智力支持，以及无数"环保卫士"的默默奉献。他们的宝贵案例、实践经验、专业指导与生动故事，共同构成了本书的核心内容，为环保创新创业教育的探索提供了坚实的基础。在此，衷心感谢环保领域一线工作者提供的宝贵案例，他们的实践经验为本书提供了丰富的素材；感谢合作院校师生的积极参与和实践反馈，使本书的研究能够不断完善；感谢产学研专家团队的智力贡献，为本书的创作提供了专业的指导。

环保事业任重而道远，教育改革也需要持之以恒的努力。本书仅仅是"学缘传创"模式探索的开端，未来还需要在动态发展中不断完善理论体系，拓展应用场景，如乡村生态振兴、海洋污染治理等领域，并推动该范式纳入职业教育专业教学标准体系。期望本书能够引发更多教育者、实践者以及政策制定者的深入思考，共同培育守护绿水青山的创新力量，为全球环境治理书写精彩的中国篇章。

为了不断深化理解并推动生态文明建设与建设美丽中国，未来的研究与实践工作可从以下几个关键方向持续推进。

一、深化理论构建：绿色科技与创新生态的动态模型构建

在理论层面，未来研究需进一步挖掘"学缘传创"模式与"新质生产力"发展的内在联系，构建一套涵盖"绿色科技—硬核创新—商业转化"的动态模型。该模型旨在揭示环保科技如何通过教育创新转化为具有市场竞争力的绿色产品与服务，进而推动经济社会的可持续发展。具体而言，模型应包含以下几个关键要素。

（1）绿色科技研发 关注环保科技的前沿动态，结合实际需求进行技术研发与创新，形成具有自主知识产权的绿色科技成果。

（2）教育创新引领　通过教育模式的创新，如项目制教学、跨学科融合等，培养学生的创新意识与实践能力，为绿色科技的转化提供人才支撑。

（3）商业转化机制　构建完善的商业转化机制，包括市场调研、产品设计、营销推广等环节，将绿色科技成果转化为具有市场竞争力的绿色产品与服务。

（4）加强跨文化比较研究　提炼可适配全球绿色治理的通用范式。通过对比不同国家与地区的环保教育模式与实践案例，总结成功经验与教训，为国际环保教育合作提供理论支撑与实践指导。

二、优化实践路径：技术赋能与资源整合的双重驱动

在实践层面，未来研究与实践需关注技术赋能与资源整合的双重驱动作用。一方面，拓展 AI、区块链等前沿技术在环保教育中的应用，如开发"碳足迹算法开源平台"等，为学生提供直观、便捷的学习工具与平台，提升其环保意识与创新能力。另一方面，建立"家校社联动"的资本支持网络，设立环保创新创业专项基金，为环保项目提供稳定的资金来源与保障。

此外，引入"技艺道一体化"的多维评估工具，关注学生社会责任感的长期追踪与评估。通过构建包含技能、知识、态度与价值观等多维度的评估体系，全面考察学生的环保素养与创新能力，确保环保教育的实效性与可持续性。

三、拓展应用场景：从本土实践到全球贡献的跨越

在应用场景拓展方面，未来研究与实践需将"学缘传创"模式推广至乡村振兴、海洋保护等更广泛的领域。通过开发"生态规划—治理—产业"一体化的校地合作项目，促进地方经济与环境的协调发展。同时，推动国际协作，输出中国方案，如与"一带一路"共建国家共建环保实训基地，共享卫星遥感技术等先进环保技术，提升全球环境治理的效能与水平。

在具体实施中，应注重项目的本土化与可持续性。结合当地实际情况与需求，制订切实可行的实施方案与计划。同时，加强项目管理与监督，确保项目的顺利实施与长期效益。

四、政策与机制创新：构建生态环保创新创业教育的生态系统

在政策与机制创新方面，未来研究需关注政府、学校、企业等多方主体的权责划分与利益协调。政府应明确各方在环保教育中的责任与义务，为环保创新创业教育的健康发展提供法律保障与政策支持。

同时，鼓励企业设立"环保创客奖学金"等激励措施，形成"教育链、人才链、产业链、创新链"的共生生态。通过构建完善的产学研合作机制与平台，促进环保教育与产业发展的深度融合与协同发展。

此外，还应加强政策宣传与推广力度，提高社会各界对环保创新创业教育的认识与重视程度。通过举办论坛、研讨会等活动，搭建交流平台与合作桥梁，推动各方主体积极参与环保创新创业教育的实践与发展。

五、持续迭代与跨界协同：推动"学缘传创"模式的全球升级

未来，"学缘传创"模式的发展需持续迭代与跨界协同。

一方面，应通过持续的理论研究与实践探索，不断优化教育模式与教学方法，提升环保

创新创业教育的质量与效果。关注国内外环保领域的最新动态与趋势，及时调整与更新教学内容与课程体系，确保教育的时效性与前沿性。

另一方面，应加强与国际环保组织、教育机构、科研机构的合作与交流，共同推动环保教育的全球化发展。通过共享资源、互学互鉴，形成全球环保教育的合力与共识。同时，积极参与国际环保项目与活动，展示中国环保创新创业教育的成果与经验，提升国际影响力与话语权。

在具体实施中，应注重合作项目的落地与实施效果。通过签订合作协议、建立联合实验室等方式，确保合作项目的顺利实施与长期效益。同时，加强人才培养与交流力度，为合作项目的可持续发展提供人才支撑与智力保障。

六、培养全球视野下的"芯"质生态环境卫士

在全球化的背景下，"芯"质生态环境卫士的培养需具备全球视野与国际竞争力。未来研究与实践需关注如何培养学生的跨文化沟通能力、国际视野与创新能力，使其能够在全球环保领域发挥积极作用。

首先，应加强国际交流与合作力度。通过国际交流项目、海外实习机会、跨国合作项目等方式，拓宽学生的国际视野与跨文化沟通能力。同时，邀请国际知名专家与学者来校开展讲座与交流活动，为学生提供与国际接轨的学习机会与平台。

其次，应注重培养学生的创新能力与实践能力。通过项目制教学、跨学科融合等方式，激发学生的创新思维与实践能力。同时，鼓励学生参与科研项目与创新创业活动，积累实践经验与成果。

最后，应加强学生的社会责任感与环保意识培养。通过组织社会实践活动、环保志愿服务等方式，引导学生关注社会热点问题与环保事业。同时，加强环保教育与思想政治教育的融合与渗透，培养学生的社会责任感与使命感。

综上所述，"学缘传创"模式为环保创新创业教育提供了兼具理论深度与实践张力的中国方案。未来，需通过持续的理论迭代、技术赋能与跨界协同，推动该模式从"本土实践"向"全球贡献"升级。同时，应加强政策与机制创新，构建生态环保创新创业教育的生态系统，为培养具有全球视野的"芯"质生态环境卫士提供有力支撑。在全球环境治理的舞台上，中国将继续发挥积极作用，为全球生态文明建设贡献智慧与力量。

参考文献

[1] 郑杭生. 社会学概论新修 [M]. 5 版. 北京：中国人民大学出版社，2019.

[2] 王晓平. 亚洲汉文学 [M]. 天津：天津人民出版社. 2009：3-4..

[3] 朱潇潇. 专科化时代的通才：1920—1940 年代的张荫麟 [M]. 上海：复旦大学出版社，2011.

[4] 彭玉平. 王国维词学与学缘研究 [M]. 北京：中华书局，2015.

[5] P. 布尔迪厄，著. 杨亚平，译. 国家精英：名牌大学与群体精神 [M]. 北京：商务印书馆，2018.

[6] ELIOT C W. University Administration [M]. Boston：Houghton mifflin，1908：89-90.

[7] 黑格尔，著. 杨祖陶，译. 精神哲学——哲学全书第三部分 [M]. 北京：人民出版社，2017.

[8] 伯顿·克拉克. 高等教育新论——多学科的研究 [M]. 王承绪译. 杭州：浙江教育出版社，2001.

[9] 王志彦. 中国大学学术组织结构与运行模式研究 [M]. 辽宁：辽宁人民出版社，2014：32-35.

[10] 何东昌. 中华人民共和国重要教育文献（1949-1975）[M]. 海口：海南出版社，1998：1-3.

[11] 陈春花，曹洲涛，刘祯等. 组织行为学：互联时代的视角 [M]. 北京：机械工业出版社，2016（08）：109-110.

[12] 杨乃桥. 比较诗学与跨界立场 [M]. 上海：复旦大学出版社，2011.

[13] 黄瑞霖. 严复思想与中国现代化 [M]. 福州：海峡文艺出版社，2008.

[14] 余卓群. 建筑创作理论 [M]. 重庆：重庆大学出版社，1995.

[15] 林文勋. 中国古代"富民"阶层研究 [M]. 昆明：云南大学出版社，2008.

[16] 刘进，王辉. "近亲繁殖"对学术产出究竟有何影响——基于文献综述的视角 [J]. 重庆高教研究，2019，7（05）：76-90.

[17] 曹悦，吴梦园，齐萌，等. "竞赛牵引—科教融通"环境类创新创业人才培养模式探索及实践 [J]. 创新创业理论研究与实践，2024，7（18）：179-181.

[18] 黄巨臣. "双一流"背景下高校跨学科建设的动因、困境及对策 [J]. 当代教育科学，2018，（06）：21-25.

[19] 陈晓宇，张存禄. "双一流"建设 A 类高校的学术声望及其在学术劳动力市场的影响——基于 35 所高校输出与聘用博士学位教师的学缘关系分析 [J]. 高等教育研究，2021，42（05）：62-73.

[20] 戴丽昕. "硬科技"为新质生产力发展注入新动能 [N]. 上海科技报，2024：001.

[21] 沈雅玲. 财政补贴、税收优惠对节能环保产业创新能力提升的影响研究 [D]. 呼和浩特：内蒙古财经大学，2024.

[22] 单志强，石少明，程宁. 产教融合视域下生态环保专业人才培养思考 [J]. 教育教学论坛，2024，（24）：180-184.

[23] 马莉. 从"学缘结构"看高校人才流动 [J]. 中南民族学院学报（人文社会科学版），2001，（02）：124-125.

[24] 王傲珩，邱家学. 从本科教学工作水平评估看我国高校学缘结构现状 [J]. 药学教育，2007，（05）：1-3.

[25] 卢昌宁. 当前高校教师队伍学缘结构问题的思考和建议 [J]. 科教导刊（上旬刊），2011，（21）：82+136.

[26] 张智红. 地方高校教师学缘结构调查研究 [D]. 武汉：武汉工程大学，2017.

[27] 吴丹英. 高校教师的学缘结构与逻辑终点 [J]. 教育评论，2013，（03）：60-62.

[28] 黄建雄，卢晓梅. 高校教师队伍学缘结构的三重特征及其优化 [J]. 江苏高教，2011，（05）：41-43.

[29] 王珍珍. 高校教师队伍学缘结构的现状及优化——以"近亲繁殖"现象为视角 [J]. 苏州教育学院学报，2012，29（01）：92-95.

[30] 于汝霜，阎光才. 高校教师跨学科交往研究 [J]. 高等教育研究，2017，38（06）：23.

[31] 于汝霜. 高校教师跨学科交往在其学术创新中的作用机制 [J]. 复旦教育论坛，2013，11（01）：34-39.

[32] 黄建雄. 高校教师学缘的社会资本特征及其优化 [J]. 江苏高教，2012，（02）：64-65.

[33] 李扬裕，何东进. 高校师资队伍学缘结构评价和预测方法研究 [J]. 福建农林大学学报（哲学社会科学版），2010，13（05）：102-105.

[34] 李扬裕，何东进. 高校师资队伍学缘结构评价和预测方法研究Ⅱ：案例分析 [J]. 内蒙古农业大学学报（社会科学版），2010，12（02）：111-112+119.

[35] 方健. 高校实践教学与应用型人才培养体系构建研究 [J]. 集宁师范学院学报，2021，43（05）：5-8.

[36] 王雪梅，乔锦忠. 高校学术"近亲繁殖"的学科差异及其对科研产出的影响——以 2 所研究型高校部分学科为例 [J]. 长江师范学院学报，2024，40（01）：104-113.

[37] 成霞霞. 关于地方高校教师学缘结构对学校发展影响的研究综述 [J]. 学理论，2013，（15）：343-344.

[38] 易明柏. 关于高职高专师资队伍学缘结构的问题与对策 [J]. 科技进步与对策，2003，20（01）：20-21.

[39] 朱玲，陈家庆，彭越，等. 基于环保设备专业特色的大气污染控制工程课程改革与实践 [J]. 大学教育，2025，（03）：40-45.

[40] 王清楠. 基于旋转森林和 LightGBM 分类算法的高校实践教学数据分析 [D]. 长春：吉林大学，2020.

[41] 吴福光. 教师队伍的学科结构和学缘关系 [J]. 高等教育研究，1991，（04）：37-42.

[42] 程飞，景晓栋，田泽. 节能环保产业政策对企业技术创新的影响研究 [J]. 科研管理，2024，45（10）：102-111.

[43] 韩建，韩雨哲，王伟. 节能环保养殖技术引领下的跨学科人才培养模式创新研究 [J]. 创新创业理论研究与实践，2024，7（16）：152-154.

[44] 李秀霞，庞瑞欣. 跨学科知识元创新组合识别与学术创新机会发现研究 [J/OL]. 情报科学，2025：1-13.

[45] 谢明霞，刘富林，王芷，等. 论学缘结构在高等中医药院校学科建设中的重要性——以湖南中医药大学为例 [J]. 科教导刊，2023，（02）：28-30.

[46] 李素琴, 王淑娟, 阎效鹏, 等. 美国高校避免研究生导师队伍"近亲繁殖"的做法及启示 [J]. 河北师范大学学报 (教育科学版), 2002, (06): 61-64.

[47] 向洪华. 农业龙头企业绿色创业动机、战略导向与企业竞争优势研究 [D]. 南昌: 江西财经大学, 2023.

[48] 陈其荣. 诺贝尔自然科学奖与跨学科研究 [J]. 上海大学学报 (社会科学版), 2009, 16 (05): 48-62.

[49] 严晓红, 杨云霞. 青年女性科技工作者如何打破发展"天花板"——基于"中国青年女科学家奖"获得者的履历分析 [J/OL]. 科学学研究, 2025: 1-18.

[50] 姜远平, 刘少雪. 世界一流大学教师学缘研究 [J]. 江苏高教, 2004, (04): 106-108.

[51] 华青. 税收优惠对节能环保产业创新能力的影响研究 [D]. 重庆: 中南财经政法大学, 2022.

[52] 肖梦婷. 税收优惠政策对节能环保产业创新能力影响研究 [D]. 石家庄: 河北经贸大学, 2022.

[53] 赵世奎, 沈文钦. 我国博士研究生学缘结构分析——以2006届博士毕业生为例 [J]. 教育研究, 2010, 31 (04): 50-55.

[54] 胡学实. 我国高校教师队伍学缘结构研究 [D]. 武汉: 华中师范大学, 2014.

[55] 李朝有, 乔朋超, 刘超洋, 等. 我国高校专任教师队伍结构优化研究 [J]. 煤炭高等教育, 2016, 34 (04): 103-107.

[56] 张梦微. 我国税收优惠政策对节能环保产业技术创新的影响研究 [D]. 长春: 吉林财经大学, 2023.

[57] 郭明维. 西部高校高层次人才激励机制研究 [D]. 兰州: 兰州大学, 2007.

[58] 彭娟, 张光磊. 学缘结构对高校科研团队成员工作绩效的影响 [J]. 中国高校科技, 2016, (11): 22-25.

[59] 方蒙蒙. 燕山大学师资博士后青年人才引进政策研究 [D]. 保定: 河北大学, 2017.

[60] 刘传明, 胡欢欢. 中央环保督察对产业结构升级的影响研究——基于技术创新和环境绩效视角 [J]. 山东财经大学学报, 2023, 35 (03): 63-74+97.

[61] 刘士林. 2009中国都市化进程报告 [M]. 上海: 上海人民出版社, 2010.

[62] 苏勇主. 东方管理评论第二辑 [M]. 上海: 复旦大学出版社, 2008.

[63] 维高. 感情投资学 [M]. 北京: 中国财富出版社, 1999.

[64] 唐海江. 清末政论报刊与民众动员一种政治文化的视角 [M]. 北京: 清华大学出版社, 2007.

[65] 许纪霖. 近代中国知识分子的公共交往 1895—1949 [M]. 上海: 上海人民出版社, 2008.

[66] 吴文盛. 企业核心竞争力的文化根源 [M]. 北京: 中国经济出版社, 2006.

[67] 张威. 跨国婚恋: 悲剧. 喜剧. 正剧 [M]. 上海: 世界知识出版社, 2000.

[68] 阎光才. 精神的牧放与规训: 学术活动的制度化与学术人的生态 [M]. 北京: 教育科学出版社, 2011.

[69] 李志何. 我国高校教学科研人员绩效考评研究 [M]. 北京: 科学出版社. 2012.

[70] 徐光春. 马克思主义大辞典 [M]. 武汉: 崇文书局, 2017: 58.

[71] 胡莹, 方太坤. 再论新质生产力的内涵特征与形成路径——以马克思生产力理论为视角 [J]. 浙江工商大学学报, 2024, (02): 39-51.

[72] 马克思恩格斯选集: 第2卷 [M]. 北京: 人民出版社, 1995: 198-215.

[73] 马克思. 资本论: 第1卷 [M]. 北京: 人民出版社, 2018: 53-698.

[74] 丁任重, 李溪铭. 新质生产力的理论基础、时代逻辑与实践路径 [J]. 经济纵横, 2024, (04): 1-11

[75] 童晓玲. 研究型大学创新创业教育体系研究 [D]. 武汉: 武汉理工大学, 2012: 22-25.

[76] 坚毅. 全面地准确地理解生产力的要素 [J]. 青岛海洋大学学报 (社会科学版), 2001, (01): 15-18.

[77] 吴雨洋, 孙大飞. 新质生产力赋能交通运输高质量发展研究——理论内涵、掣肘问题与现实路径 [J]. 商展经济, 2024, (15): 23-26.

[78] 丁璐扬, 李华晶. 商业模式创新赋能农业企业新质生产力发展: 理论机制与实证检验 [J/OL]. 北京林业大学学报 (社会科学版), 2024, (12): 1-19.

[79] 彭鑫政. 生产方式在不同地方有不同含义 [J]. 中国社会科学, 1985, (05): 112-116+103.

[80] 姚毓春. 信息化背景下中国创业型经济发展问题研究 [J]. 北华大学学报 (社会科学版), 2011, 12 (05): 41-44.

[81] 齐亚伟. 环境约束下要素集聚与区域经济可持续发展 [D]. 南昌: 江西财经大学, 2012: 3-53.

[82] 蒋辅昆. 从"讲解—接受"模式到"活动—发展"模式——优化思想政治课教学的探索 [J]. 中学政治教学参考, 2000, (Z2): 33-36.

[83] 刘杰, 付瑞峰, 胡姝璠, 等. 培养学生创新创业精神与能力的实践研究 [C].《教师教学能力发展研究》科研成果集 (第二卷). 呼和浩特: 内蒙古建筑职业技术学院, 2017: 45-52.

[84] 郝辑. 深入推进创新创业教育 [N]. 吉林日报, 2020-03-30 (06).

[85] 汪大兰. 后疫情时代"双创"人才培养模式问题及对策研究 [J]. 中国市场, 2022, (26): 84-86.

[86] 杜丹丽, 姜铁成, 曾小春. 企业社会资本对科技型小微企业成长的影响研究——以动态能力作为中介变量 [J]. 华东经济管理, 2015, 29 (06): 148-156.

[87] 黄娟. 农民工城市社会网络研究 [D]. 南京: 南京大学, 2012.

[88] 姜铁成. 企业社会资本、动态能力与科技型小微企业成长关系研究 [D]. 哈尔滨: 哈尔滨工程大学, 2014.

[89] 童卉, 李中良, 吴警. 社会资本对高职学生创业意向影响机制研究——主动性人格的中介作用 [J]. 黑龙江生态工程职业学院学报, 2024, 37 (04): 125-129.

[90] 黄含韵, 石丽红, 裴欣. 社会资本影响社交媒体沉迷的双重路径——基于社会资本类型与数字代际的分析 [J]. 新闻大学, 2024, (09): 60-73+119-120.

[91] 孙静宇. 家庭资本如何影响大学生就业选择 [J]. 中国外资, 2024, (18): 114-117.

[92] 马瑶瑶. 社会资本、就业质量与农民工获得感 [J]. 农业经济，2024，(09)：89-91.

[93] 王树涛，李彦. 社会资本影响教育获得的四种范式 [J]. 教育与经济，2024，40 (04)：3-13.

[94] 崔维敏. G20：行动比承诺更重要 [J]. 环境教育，2016 (9)：42-43.

[95] 张浪. 风景园林科技创新支撑碳汇能力提升的思考与实践 [J]. 园林，2023 (1)：4-9.

[96] 刘兴华. 迎接新的大考实现"双碳"目标 [J]. 中国林业产业，2022 (3)：37-42.

[97] 冯浩. 智能教育时代数字逻辑的危机与化解 [J]. 教育理论与实践，2025 (7)：19-27.

[98] 田芬. 我国一流大学二级学院学术委员会功能研究 [M]. 厦门：厦门大学出版社，2022.

[99] 张三夕. 学缘漫忆 [J]. 华中学术，2015，(02)：1.

[100] 佘斯大. 忆先师石声淮先生 [J]. 华中学术，2013，(01)：2-5.

[101] 李树强. 基于学术资本的高校学缘结构研究 [D]. 北京：北京交通大学，2017.

[102] 侯剑华，耿冰冰，张洋. 中国高校科技人才学缘结构和流动网络研究 [J]. 农业图书情报学报，2021，33 (06)：66-80.

[103] JONASSEN D H. Objectivism versus constructivism：do we need a new philosophical paradigm? [J]. Educational technology research and development 1991.

[104] DEWEY J. Experience and education [M]. London：Macmillan，1938.

[105] POSNER M I. Foundations of cognitive science [M]. Massachusetts：MIT Press，1989.

[106] BANDURA A. Self-efficacy：The Exercise of control [M]. NewYork：W. H. Freeman. 1997.

[107] 石伟平，徐国庆. 时代特征与职业教育创新 [M]. 上海：上海教育出版社，2004.

[108] KEEP E，MAYHEW K. Apprenticeships in England：From boom to bust and back again? [J] Journal of Vocational Education & Training [J]. 2017.

[109] 别敦荣. 发展知识经济必须提高大学学术生产力 [J]. 现代大学教育，2007 (5)：21-23.

[110] 董泽芳，黄燕，黄建雄. 我国高校教师队伍学缘结构问题及优化对策——基于三个视角的调查与分析 [J]. 教育科学，2012 (5)：48-52.

[111] 陈志刚，刘莉平. 加强高校教师队伍建设的若干思考 [J]. 计算机教育，2009 (16)：99-102.

[112] 张立平. 师资队伍教师学缘结构的定量评价方法 [J]. 现代教育管理. 2007 (3)：89-91.

[113] 夏纪军. 近亲繁殖与学术退化—基于中国高校经济学院系的实证研究 [J]. 北京大学教育评论，2014 (4)：130-140.

[114] 闫建璋，余三. 高校教师学术"近亲繁殖"分析及文化管理 [J]. 高校教育管理，2015 (3)：120-124.

[115] 孙心菲. 高校师资结构的学缘关系 [J]. 教育发展研究，1997 (9)：68.

[116] 吴振球. 中西高等学校教师队伍学缘结构比较研究 [J]. 中国地质大学学报（社会科学版），2003 (2)：56-59.

[117] 王莹. 以教育评估为契机推进师资结构整体发展——基于全国 14 所体育学院教师队伍结构之量化分析 [J]. 广州体育学院学报，2009 (1)：14-20.

[118] 朱芬菊. 高校师资队伍结构的统计分析及优化对策研究——以河南农业大学为例 [J]. 河南广播电视大学学报，2005 (4)：73-74.

[119] 邓海霞，姜海. 浅谈改善高校教师队伍学缘结构——以"近亲繁殖"现象为视角 [J]. 法制与社会，2008 (17)：224.

[120] 张光. 高校教师队伍的学缘优化 [J]. 经济与社会发展，2007 (5)：202-204.

[121] 王旭红. 论高校教师队伍学缘结构不合理的原因及其制度建设 [J]. 社会科学家，2005 (1)：598-599.

[122] 陈苑，阎凤桥，文东茅. 北京市高校教师学缘关系与职业发展轨迹的调查与分析 [J]. 大学·研究与评价，2008 (3)：83-96.

[123] 钟云华. 学缘关系对大学教师学术职业发展影响的实证研究—以 H 大学为个案 [J]. 教育发展研究，2012 (1)：61-68.

[124] JEAN C，WYER CLIFTON F，CONRAD. Institutional Inbreeding Reexamined [J]. American educational research journal，1984 (1)：99-102.

[125] ARIMOTO A. The Academic structure in japan：institutional hierarchy and academic mobility [J]. Bureaucracy，1978 (12)：39.

[126] 张冰冰，沈红. 研究型大学教师近亲繁殖状况与论文产出 [J]. 复旦教育论坛，2015 (1)：56-62.

[127] 阎光才. 高校学术"近亲繁殖"及其效应的分析和探讨 [J]. 复旦教育论坛，2009 (4)：31-38.

[128] 刘道玉. 必须遏制大学教师队伍的近亲繁殖 [J]. 高等教育研究，2006 (11)：56-59.

[129] 夏纪军. 近亲繁殖与学术退化——基于中国高校经济学院系的实证研究 [J]. 北京大学教育评论，2014 (4)：130-140.

[130] 雷焕贵，段云青. "近亲繁殖"制约地方高校发展的思考 [J]. 长春理工大学学报：社会科学版，2011 (5)：97-99.

[131] 朱慕水. "近亲繁殖"对高校发展的负面影响探析 [J]. 福建教育学院学报，2004 (10)：89-91.

[132] 陈红. "近亲繁殖"与学术创新初探 [J]. 辽宁行政学院学报，2008 (12)：147-148.

[133] MCGEE R. The Faction of Institution Inbreeding. [J]. American Journal of Sociology，1960，65 (5)：483-488.

[134] 梁建洪. 高校学术近亲繁殖的范式理论解读——以经济学家为例 [J]. 江苏高教，2013 (2)：6-9.

[135] 何俊，钟秉枢. "近亲繁殖"：一种拟制的宗族现象——我国优势项目教练员群体的社会学研究 [J]. 体育与科学，2015 (4)：57-65.

[136] 胥秋. 柏拉图教育思想探析—兼论苏格拉底、柏拉图、亚里斯多德的师承关系 [J]. 煤炭高等教育, 2013 (5): 48-50.

[137] 卜晓勇, 徐飞. 中国现代数学精英师承关系及其特征状况研究 [J]. 科学技术哲学研究, 2009 (4): 102-107.

[138] 哈里特·朱克曼, 著. 周叶谦, 冯世则, 译. 科学界的精英——美国的诺贝尔奖金获得者 [M]. 北京: 商务印书馆, 1982.

[139] 张继平, 董泽芳, 黄建雄. 中外高校教师学缘结构的近亲繁殖强度比较 [J]. 高教发展与评估, 2011 (6): 93-99.

[140] 刘莉莉. 高校师资队伍结构优化及其对策研究——基于世界一流大学的经验分析 [J]. 东南大学学报 (哲学社会科学版), 2010 (6): 126-129.

[141] 黄建雄. 地方本科院校教师队伍结构优化问题研究 [D]. 武汉: 华中师范大学, 2012.

[142] 吴家玮. 同创香港科技大学初创时期的故事和人物志 [M]. 北京: 清华大学出版社.

[143] 汪润珊, 傅文第, 孙悦. 香港科技大学高水平师资队伍建设的特点与启示 [J]. 教育探索, 2011 (3): 141-144.

[144] 袁治杰. 德国 "留校任教禁止" 原则 [J]. 清华法学, 2011 (1): 141-148.

[145] 姜英敏. 韩国大学教师聘任制改革分析 [J]. 比较教育研究, 2001 (7): 14-18.

[146] 陈道志, 邓琦琦. 新加坡南洋理工学院师资培养经验对我国职教师资建设的启示 [J]. 教育教学论坛, 2014 (29): 18-20.

[147] 符娟明. 比较高等教育 [M]. 北京: 北京师范大学出版社. 1987. 485.

[148] 伯顿·克拉克. 高等教育系统 [M]. 王承绪译. 杭州: 杭州大学出版社. 1994. 145-148.

[149] 贾莉莉. 基于学科的大学学术组织研究 [D]. 上海: 华东师范大学, 2008.

[150] 黄一岚. 大学学科组织的生成研究 [D]. 杭州: 浙江工业大学, 2007.

[151] 张文静. 大学基层学术组织变革研究 [D]. 武汉: 华中科技大学, 2012.

[152] 阎光才. 识读大学: 组织文化的视角 [D]. 上海: 华东师范大学, 2001.

[153] 陈何芳. 大学学术生产力引论 [D]. 武汉: 华中科技大学, 2005.

[154] 王卉. 论大学校园的公共关系传播 [D]. 济南: 山东大学, 2010: 22-24.

[155] 朱晓雯. 我国大学专业共同体的学术制度构建研究 [D]. 重庆: 西南大学, 2018.

[156] 阳婷婷. 研究生学术沙龙的模式研究 [D]. 长沙: 湖南大学, 2013.

[157] 李旖. 学术活动视角下文科硕士研究生科研能力培养研究 [D]. 南昌: 江西师范大学, 2013.

[158] 田仙贵. 大学学术讲座与人才培养的研究 [D]. 南昌: 江西师范大学, 2008.

[159] 杨冯. 高校师生关系及师生交往状况调查研究 [D]. 上海: 上海师范大学, 2010.

[160] 杨勇, 张丽英. 人际关系的第四缘——学缘关系 [J]. 中北大学学报 (社会科学版), 2014, 30 (05): 61-64.

[161] 钟云华. 学缘关系与大学教师学术职业发展——基于 H 大学的实证研究 [J]. 中国地质大学学报 (社会科学版), 2012, 12 (03): 87-92.

[162] 罗志敏, 苏兰. 论大学校友关系中的校友捐赠表现 [J]. 现代大学教育, 2017 (04): 21-29.

[163] PANS. A study of faculty in breeding at eleven land-grant universities [J]. Iowa State University, 1993 (3): 1-153.

[164] TAVARESO, LANAV, AMARALA. Academic inbreeding in Portugal: does insularity play a role [J]. Higher education policy, 2017, 30 (3): 381-399.

[165] 刘琳. 大学教师 "近亲繁殖" 会抑制学术生产力吗——以东西部两所 "双一流" 建设高校 H 学科为例 [J]. 中国高教研究. 2019: 80-87.

[166] 李峰, 蒋惠敏. 学术 "近亲繁殖" 概念、起因与影响: 一个文献综述 [J]. 科技进步与对策. 2020: 160-166.

[167] 吴振球, 熊卫华. 中西高等学校教师队伍学缘结构比较研究 [J]. 建材高教理论与实践. 2000 (01): 14-16.

[168] 王作权. 学缘结构: 大学建设与发展的重要因素 [J]. 煤炭高等教育 (04). 2002: 92-94.

[169] 吴蔼; 朱佳妮. 学术 DNA: 我国高校海归教师的学缘研究——以清华大学、北京大学、复旦大学和上海交通大学为例 [J]. 江苏高教. 2018 (04): 55-59.

[170] 杨天平. 学科概念的沿演与指谓 [J]. 大学教育科学, 2004 (01): 13-15.

[171] 宣勇, 凌健. "学科" 考辨 [J]. 高等教育研究, 2006 (04): 18-23.

[172] 唐玉光, 潘奇. 大学学术组织变革的学科逻辑 [J]. 教育发展研究, 2010, 30 (19): 8-11.

[173] 宣勇. 论大学学科组织 [J]. 科学学与科学技术管理, 2002 (05): 30-33.

[174] 刘宝存. 国外大学学科组织的改革与发展趋势 [J]. 教育科学, 2006 (02): 73-76.

[175] 张金磊. 论大学学科组织的历史演变与发展趋势 [J]. 黑龙江高教研究, 2014 (02): 19-21.

[176] 武建鑫, 郭霄鹏. 学科组织健康: 超越学术绩效的理性诉求——兼论世界一流学科的生成机理 [J]. 学位与研究生教育, 2019 (06): 19-25.

[177] 陈良雨, 汤志伟. 群落生态视角下一流学科组织模式研究 [J]. 高校教育管理, 2020, 14 (01): 8-15.

[178] 胡成功, 田志宏. 我国高校学术组织结构现状研究 [J]. 大学教育科学, 2003 (04): 5-8.

[179] 王梅, 王怡然, 柳洲. 基于自组织理论的高校学科建设研究 [J]. 科学学与科学技术管理, 2008 (06): 197-198.

[180] 宣勇, 张凤娟, 黄一岚. 大学学科组织的生成逻辑 [J]. 高等工程教育研究, 2008 (03): 69-73.

[181] 胡成功. 五国大学学术组织结构演进研究 [J]. 东北师大学报 (哲学社会科学版), 2005 (5): 49-55.

[182] 张宵. 评析 "正式组织与非正式组织" 的关系 [J]. 湖北经济学院学报 (人文社会科学版), 2009, 6 (11): 27-28.

[183] 杨娟. 通过"霍桑实验"谈谈对我国高校非正式组织的认识 [J]. 文教资料. 2013 (08)：131-133.

[184] 张晓兰. 巴纳德组织结构思想及对行政改革的启示 [J]. 西南农业大学学报（社会科学版），2008 (01)：47-52.

[185] 张康之、李圣鑫. 组织分类以及任务型组织的研究 [J]. 河南社会科学，2007 (01)：123-126.

[186] 苏娜、熊建辉. 教育是社会可持续发展的不竭动力——访新中国第一批教育学研究生、著名教育家陈信泰教授 [J]. 世界教育信息. 2009 (11)：39-42.

[187] 赵炬明. 精英主义与单位制度——对中国大学组织与管理的案例研究 [J]. 北京大学教育评论，2006 (01)：179-197.

[188] 刘兴平. 学术会议的兴起与发展 [J]. 科技导报，2010 (06)：21-26.

[189] 张晖，付晓春. 论学术论坛的教育价值及其开发理念 [J]. 教育与职业，2007 (32)：180-181.

[190] 林杰，晁亚群. 师门对研究生发展的影响——基于非正式组织理论的质性研究 [J]. 研究生教育研究，2019：5-12.

[191] 胡玲，张妮. 大学生"考研热"的现状与动因分析 [J]. 大学教育，2020，(07)：163-167.

[192] 樊德轩，朱丽娟. 基于O2O模式的个性化考研综合服务平台研究——"考研僧APP" [J]. 现代商贸工业，2019，40 (11)：92-95.

[193] 陈宇波. "内涵式发展"进程中高校组织化风险探析及防治研究 [D]. 南宁：广西民族大学，2020.

[194] 王巧丽. 大学学科组织中的学缘关系类型及作用研究 [D]. 湘潭：湖南科技大学，2020.

[195] 黎雪芳，黄全勇. 学缘关系在西部高校中的利弊探讨 [J]. 法制博览，2016，(33)：54+53.

[196] 孟科学，涂飞宇. 高管学缘关系的多样性与企业非效率投资：来自产融结合型企业的证据 [J]. 山东科技大学学报（社会科学版），2023，25 (01)：84-94.

[197] 高千茗，李宇峰. 面向考研的教育App分类与应用解析 [J]. 信息与电脑（理论版），2021，33 (21)：237-239.

[198] 杨旭东. 移动考研App用户使用意愿影响因素的研究 [D]. 昆明：昆明理工大学，2019.

[199] 秦振. 基于微信小程序的考研调剂游戏策划与软件设计 [D]. 南昌：江西财经大学，2021.

[200] 李林，徐天浩，韦千子等. 基于安卓平台的掌研APP的设计与开发 [J]. 办公自动化，2021，26 (13)：14-16.

[201] 周忠玉，陈汝特，张建标等. 基于Android的考研"小助手" [J]. 电脑知识与技术，2016，12 (27)：82-84.

[202] 郭屹坚，游子毅，周训年等. 基于理工科学生考研辅导类APP的开发设计探究 [J]. 科技创新导报，2020，17 (20)：227-231.

[203] HATTIE J. Visible learning：feedback [M]. Routledge. 2019.

[204] NONAKA I，TAKEUCHI H. The knowledge-creation company：how Japanese companies create the dynamics of innovation [M]. Oxford University Press，1995.

[205] DWECK C S. Mindset：The new psychology of success [M]. Ballantine Books，2018.

[206] ROGERS E M. Diffusion of innovations [M]. Free Press，2003.

[207] GRANOVETTER M. Society and economy：framework and principles [M]. Harvard University Press，2017.

[208] KLEIN J T. Creating interdisciplinary campus cultures：a model for strength and sustainability [M]. Jossey-Bass，2010.

[209] VYGOTSKY L S. Mindin society：the development of higher psychological processes [M]. Harvard University Press，1978.

[210] RHODES R A W. Understanding governance：policy networks，governance，reflexivity and accountability [M]. Open University Press，1997.

[211] YAMAMOTO K. Academic inbreeding in Japanese universities：causes and consequences [J]. Higher education policy，2020.

[212] HORTA H. Deepening our understanding of academic inbreeding effects on research information exchange and scientific output：new insights for academic based research [J]. Higher education，2013，65 (4)：487-510.

[213] PAGE S E. The Difference：How the power of diversity creates better groups，firms，schools，and societies [M]. Princeton University Press，2007.

[214] FLEMING L. Recombinant uncertainty in technological search [J]. Management science，2001，47 (1)：117-132. 2001.

[215] BURT R S. Structural holes and good ideas [J]. American journal of sociology，2004，110 (2)：349-399.

[216] WUCHTY S，JONES B F，UZZI B. The increasing dominance of teamsin production of knowledge [J]. Science，2007，316 (5827)：1036-1039.

[217] WIEK A，WITHYCOMBE L，REDMAN C L. Key competencies in sustainability：a reference framework for academic program development [J]. Sustainability science，2011，6 (2)：203-218.

[218] KOLB D A. Experiential learning：experience as the source of learning and development [M]. Pearson education，2014.

[219] DEDE C. Immersive interfaces for engagement and learning [J]. Science，2009，323 (5910)：66-69.

[220] BREWER G D. The Challenges of Interdisciplinarity [J]. Policy sciences，2013，46 (1)：1-15.

[221] MORICHIKA N，SHIBAYAMA S. Impact of academic inbreeding on research productivity：a case study of Japanese universities [J]. Research policy，2015，44 (10)：1991-2004.